总主编 伍 江　副总主编 雷星晖

余倩倩　顾祥林　著

粘贴碳纤维增强复合材料改善焊接结构和含缺陷钢板的疲劳性能研究

Fatigue Behavior of Welded Joints and Centre Cracked Steel Plates Strengthened with Carbon Fibre Reinforced Polymer Materials

内 容 提 要

钢结构构件在服役过程中，受到外界荷载和环境因素的共同作用，疲劳裂纹易从应力集中处萌生、扩展。粘贴碳纤维符合增强复合材料补强，能够有效地改善钢结构构件疲劳性能。本书对碳纤维增强复合材料补强含先天细小缺陷的焊接结构和不同程度初始损伤的构件展开研究，为不同形式补强钢构件疲劳曲线提供基础数据，为设计修缮提供理论依据。

本书适合土木、材料专业科研人员阅读。

图书在版编目(CIP)数据

粘贴碳纤维增强复合材料改善焊接结构和含缺陷钢板的疲劳性能研究 / 余倩倩，顾祥林著. —上海：同济大学出版社，2017.8

(同济博士论丛 / 伍江总主编)

ISBN 978-7-5608-7003-8

Ⅰ. ①粘… Ⅱ. ①余…②顾… Ⅲ. ①非金属复合材料—补强—焊接接头—研究 Ⅳ. ①TG441.2

中国版本图书馆 CIP 数据核字(2017)第 093839 号

粘贴碳纤维增强复合材料改善焊接结构和含缺陷钢板的疲劳性能研究

余倩倩　顾祥林　著

出 品 人　华春荣　　责任编辑　吕　炜　熊磊丽

责任校对　徐春莲　　封面设计　陈益平

出版发行　同济大学出版社　　www.tongjipress.com.cn

(地址：上海市四平路 1239 号　邮编：200092　电话：021-65985622)

经　　销　全国各地新华书店

排版制作　南京展望文化发展有限公司

印　　刷　浙江广育爱多印务有限公司

开　　本　787 mm×1092 mm　1/16

印　　张　15

字　　数　300 000

版　　次　2017 年 8 月第 1 版　　2017 年 8 月第 1 次印刷

书　　号　ISBN 978-7-5608-7003-8

定　　价　71.00 元

“同济博士论丛”编写领导小组

“同济博士论丛”编辑委员会

总序

在同济大学110周年华诞之际，喜闻“同济博士论丛”将正式出版发行，倍感欣慰。记得在100周年校庆时，我曾以《百年同济，大学对社会的承诺》为题作了演讲，如今看到付梓的“同济博士论丛”，我想这就是大学对社会承诺的一种体现。这110部学术著作不仅包含了同济大学近10年100多位优秀博士研究生的学术科研成果，也展现了同济大学围绕国家战略开展学科建设、发展自我特色，向建设世界一流大学的目标迈出的坚实步伐。

坐落于东海之滨的同济大学，历经110年历史风云，承古续今、汇聚东西，秉持“与祖国同行、以科教济世”的理念，发扬自强不息、追求卓越的精神，在复兴中华的征程中同舟共济、砥砺前行，谱写了一幅幅辉煌壮美的篇章。创校至今，同济大学培养了数十万工作在祖国各条战线上的人才，包括人们常提到的贝时璋、李国豪、裘法祖、吴孟超等一批著名教授。正是这些专家学者培养了一代又一代的博士研究生，薪火相传，将同济大学的科学研究和学科建设一步步推向高峰。

大学有其社会责任，她的社会责任就是融入国家的创新体系之中，成为国家创新战略的实践者。党的十八大以来，以习近平同志为核心的党中央高度重视科技创新，对实施创新驱动发展战略作出一系列重大决策部署。党的十八届五中全会把创新发展作为五大发展理念之首，强调创新是引领发展的第一动力，要求充分发挥科技创新在全面创新中的引领作用。要把创新驱动发展作为国家的优先战略，以科技创新为核心带动全面创新，以体制机制改革激发创新活力，以高效率的创新体系支撑高水平的创新型国家建设。作为人才培养和科技创新的重要平台，大学是国家创新体系的重要组成部分。同济大学理当围绕国家战略目标的实现，作出更大的贡献。

大学的根本任务是培养人才，同济大学走出了一条特色鲜明的道路。无论是本科教育、研究生教育，还是这些年摸索总结出的导师制、人才培养特区，"卓越人才培养"的做法取得了很好的成绩。聚焦创新驱动转型发展战略，同济大学推进科研管理体系改革和重大科研基地平台建设。以贯穿人才培养全过程的一流创新创业教育助力创新驱动发展战略，实现创新创业教育的全覆盖，培养具有一流创新力、组织力和行动力的卓越人才。"同济博士论丛"的出版不仅是对同济大学人才培养成果的集中展示，更将进一步推动同济大学围绕国家战略开展学科建设、发展自我特色、明确大学定位、培养创新人才。

面对新形势、新任务、新挑战，我们必须增强忧患意识，扎根中国大地，朝着建设世界一流大学的目标，深化改革，勠力前行！

万　钢

2017 年 5 月

论丛前言

承古续今，汇聚东西，百年同济秉持“与祖国同行、以科教济世”的理念，注重人才培养、科学研究、社会服务、文化传承创新和国际合作交流，自强不息，追求卓越。特别是近20年来，同济大学坚持把论文写在祖国的大地上，各学科都培养了一大批博士优秀人才，发表了数以千计的学术研究论文。这些论文不但反映了同济大学培养人才能力和学术研究的水平，而且也促进了学科的发展和国家的建设。多年来，我一直希望能有机会将我们同济大学的优秀博士论文集中整理，分类出版，让更多的读者获得分享。值此同济大学110周年校庆之际，在学校的支持下，“同济博士论丛”得以顺利出版。

“同济博士论丛”的出版组织工作启动于2016年9月，计划在同济大学110周年校庆之际出版110部同济大学的优秀博士论文。我们在数千篇博士论文中，聚焦于2005—2016年十多年间的优秀博士学位论文430余篇，经各院系征询，导师和博士积极响应并同意，遴选出近170篇，涵盖了同济的大部分学科：土木工程、城乡规划学(含建筑、风景园林)、海洋科学、交通运输工程、车辆工程、环境科学与工程、数学、材料工程、测绘科学与工程、机械工程、计算机科学与技术、医学、工程管理、哲学等。作为“同济博士论丛”出版工程的开端，在校庆之际首批集中出版110余部，其余也将陆续出版。

博士学位论文是反映博士研究生培养质量的重要方面。同济大学一直将立德树人作为根本任务，把培养高素质人才摆在首位，认真探索全面提高博士研究生质量的有效途径和机制。因此，“同济博士论丛”的出版集中展示同济大学博士研究生培养与科研成果，体现对同济大学学术文化的传承。

“同济博士论丛”作为重要的科研文献资源，系统、全面、具体地反映了同济大学各学科专业前沿领域的科研成果和发展状况。它的出版是扩大传播同济科研成果和学术影响力的重要途径。博士论文的研究对象中不少是“国家自然科学基金”等科研基金资助的项目，具有明确的创新性和学术性，具有极高的学术价值，对我国的经济、文化、社会发展具有一定的理论和实践指导意义。

“同济博士论丛”的出版，将会调动同济广大科研人员的积极性，促进多学科学术交流、加速人才的发掘和人才的成长，有助于提高同济在国内外的竞争力，为实现同济大学扎根中国大地，建设世界一流大学的目标愿景做好基础性工作。

虽然同济已经发展成为一所特色鲜明、具有国际影响力的综合性、研究型大学，但与世界一流大学之间仍然存在着一定差距。“同济博士论丛”所反映的学术水平需要不断提高，同时在很短的时间内编辑出版110余部著作，必然存在一些不足之处，恳请广大学者，特别是有关专家提出批评，为提高同济人才培养质量和同济的学科建设提供宝贵意见。

最后感谢研究生院、出版社以及各院系的协作与支持。希望“同济博士论丛”能持续出版，并借助新媒体以电子书、知识库等多种方式呈现，以期成为展现同济学术成果、服务社会的一个可持续的出版品牌。为继续扎根中国大地，培育卓越英才，建设世界一流大学服务。

伍　江

2017年5月

前言

钢结构构件在服役过程中，受到外界荷载和环境因素的共同作用，疲劳裂纹易从应力集中处萌生、扩展。近年来，粘贴纤维增强复合材料补强成为一种新兴的钢结构疲劳损伤修补方式。已有研究表明，粘贴碳纤维增强复合材料(carbon fibre reinforced polymer, CFRP)补强，能够有效改善钢构件疲劳性能。但是，现有的研究大多关注于CFRP补强含微小人工缺陷的试件，有必要对CFRP补强含先天细小缺陷的焊接结构和不同程度初始损伤的构件展开进一步研究。

选取非承重十字形焊接接头，研究其粘贴CFRP布补强后的疲劳性能，主要考虑CFRP补强率的影响。试验过程中，观察到试件在焊趾处或母材处断裂。补强后，试件疲劳强度提高16.2%～29.1%。

继而采用有限元数值方法，对此类焊接接头焊趾处应力集中系数和裂纹尖端应力强度因子进行参数分析。主要考虑了焊趾半径、补强率、补强材料弹性模量、裂纹深度和单/双面粘贴等多种因素的影响。计算结果表明，相比未补强试件，应力集中系数和应力强度因子在补强试件中下降趋势明显。焊趾半径和补强率是影响此类焊接接头疲劳性能的重要因素。提高CFRP布和粘结材料的弹性模量有助于进一步提高补强效果。

对21个平面外纵向焊接接头试件进行疲劳试验，分别采用CFRP布和CFRP板双面粘贴补强。试验过程中记录试件破坏模式和对应的疲劳寿命。发现疲劳裂纹从焊趾处萌生，逐步扩展直至试件断裂破坏。试验数据略显离散，补强试件疲劳寿命最多延长至135%。

与之类似，采用有限元方法对试验试件进行建模，分析补强后试件焊趾处应力集中系数的变化情况。参数分析结果表明，粘贴CFRP材料补强能够有效改善此类焊接接头焊趾处应力集中程度，降低钢板应力场。补强率的增加有利于提高试件疲劳性能。采用较高弹性模量的CFRP材料可以获得更好的补强效果，且这种趋势在CFRP板补强体系中更为明显。已有的数据显示，粘结材料弹性模量对应力集中系数影响不大。进一步采用边界元方法分析经CFRP补强的此类焊接接头疲劳裂纹扩展全过程。首先通过对比数值结果和文献中CFRP板补强含单面焊接钢板的试件试验结果来验证该方法，继而对补强体系中单/双面补强、单/双面焊接和CFRP弹性模量等因素进行研究分析。计算结果表明，双面粘贴CFRP板补强更为有效。双面焊接试件相比单面焊接试件疲劳寿命较短。对于双面粘贴试件，提高CFRP板弹性模量能够有效提高补强效率；而对于单面粘贴试件，CFRP弹性模量对试件疲劳寿命影响不大。

为了剔除焊缝内初始缺陷和焊趾几何参数离散性对研究结果的影响，进一步调查初始疲劳损伤对CFRP补强钢构件疲劳性能的影响，采用含不同长度线裂纹的钢板试件进行疲劳试验，以研究在不同程度疲劳损伤情况下粘贴CFRP材料的补强效率。同时考虑了补强粘贴方式和CFRP弹性模量的影响。试验结果表明，不论初始损伤程度如何，采用CFRP材料补强均能够有效减缓裂纹扩展速率，延长试件残余疲劳寿命。采用高弹性模量CFRP板、覆盖初始裂纹粘贴和在裂纹扩展初期（损伤程度较小）采取补强措施，能够进一步提高补强效率。

采用有限元方法对含缺陷钢板裂纹尖端应力强度因子进行参数分析。变量包括裂纹长度、单/双面粘贴和CFRP板弹性模量。数值结果表明，在裂纹扩展后期采取补强措施，应力强度因子下降更为明显。单面补强钢板试件，存在平面外弯曲的现象，相比双面粘贴试件补强效率降低。提高CFRP板弹性模量，对双面或单面补强钢板试件，均能够大幅降低裂纹尖端的应力强度因子值。同时采用边界元方法对此类试件疲劳裂纹扩展全过程进行分析。预测得到的疲劳裂纹扩展过程及疲劳寿命和试验结果吻合良好,表明边界元法能够有效预测 CFRP 板补强钢板的疲劳性能。在此基础上,采用边界元模型对补强体系中的重要参数,包括粘贴长度、补强率、CFRP 板弹性模量以及粘结层剪切模量进行分析,研究它们对裂纹尖端应力强度因子的影响。参数分析结果显示,补强体系中存在一个有效粘结长度。相比普通弹性模量 CFRP 补强体系,高弹性模量 CFRP 补强体系中的有效粘结长度较大。随着补强率的增加,裂纹尖端应力强度因子明显下降。采用高弹性模 CFRP 材料能够达到更好的补强效果。提高粘结层剪切模量能够降低补强钢板裂纹尖端应力强度因子,但当粘结层剪切模量超过 350 MPa 后,应力强度因子下降速率明显减缓。

采用线弹性断裂力学,基于未补强钢板裂纹尖端应力强度因子经典解法,考虑补强后钢板中应力场的变化和由此引起的几何修正系数变化,提出 CFRP 补强含中心缺陷钢板裂纹尖端应力强度因子计算方法。采用本书和文献中试验结果比较验证,试验数据涵盖多种不同参数,包括不同程度初始缺陷、补强材料几何尺寸及力学性能和补强粘贴方式等。结果表明,这种方法能够偏于保守地计算粘贴 CFRP 的含缺陷钢板裂纹尖端应力强度因子,且结果合理准确。进一步采用这种方法分析 CFRP 弹性模量、补强率和粘贴长度对裂纹尖端应力强度因子的影响。数值计算结果的趋势和边界元方法参数分析结论一致。

本书拓展了 CFRP 补强焊接接头和含不同程度初始损伤构件方面的研究,并对这种补强方法提出了一些建议。为不同形式焊接接头的疲劳曲线提供基础数据,为设计修缮提供理论依据。

目录

第1章 引言

1.1 研究背景

建筑业研究与信息协会(Construction Industry Research and Information Association, CIRIA)[1]报告指出,世界范围内存有大量建于19世纪末20世纪初的金属结构基础设施,包括工业建筑、桥梁、高架桥和地铁等。美国有12万座以上含有焊接接头的钢桥,其中超过5万座已经服役30年以上。据统计研究,大多公路桥梁每年需承受150万次通行车辆荷载,折合在100年服役寿命中约要承受10 000万次应力循环,有些甚至高达30 000万次[2]。因此,美国国有公路运输管理员协会(American Association of State Highway and Transportation Officials, AASHTO)中规定的200万次疲劳寿命设计要求其实远低估了工程实际需求。这些建筑结构中的钢构件在使用过程中受到外荷载和环境因素的共同作用,产生各种损伤,如焊接钢桥的疲劳裂纹和环境腐蚀,直接影响结构的使用功能,甚至造成灾难性的事故,如1994年韩国Seongsu大桥倒塌事故[3]和2000年美国威斯康星州Hoan大桥断裂事故[4]。事故调查结果表明,疲劳损伤累积是裂纹出现和扩展的主要原因,进而造成大桥的突然断裂。我国近年来兴建的大量钢结构桥梁和钢-混凝土组合桥梁在使用寿命期内亦要承受大量车辆循环荷载,其疲劳性能将是设计和使用过程中的重要关注对象。同时,随着经济发展,汽车通行数量不断增加,基础结构设施实际承受荷载超过设计安全范围的风险也在不断增加。因此,研究如何修复损伤后的钢结构,提高承载能力,维护正常使用性能,延长疲劳寿命,是土木工程领域的一项重要内容。

工程师们采用各种方法对疲劳损伤的钢结构进行补强。新近出现的粘贴碳纤维增强复合材料法[5],所采用的CFRP材料是继钢材和混凝土之后的第三大现代结构材料，具有强度高、耐腐蚀、自重轻、体积小、补强效果好和施工方便等特点[6-7]，在国内外工程界应用愈加广泛。粘贴复合材料补强方法最早于始于20世纪70年代航空工业领域[8]，随着研究的不断深入和拓宽，其应用范围逐渐从航空业[7,9-17]拓展到土木工程领域[18-20]。70年代末80年代初，纤维增强复合材料开始应用于桥梁结构中。迄今为止，世界范围内最大规模采用CFRP材料补强修复的工程结构为澳大利亚墨尔本市的West Gate大桥[21]。

在土木工程领域，粘贴CFRP材料补强已在混凝土结构和砌体结构中得到广泛的研究和应用[22,18]，但在钢结构中的研究尚处在起步阶段[23-25]，特别是对于疲劳裂纹易于出现的焊接接头更是少有。大量的钢结构建筑，例如桥梁和海上平台等，在使用过程中承受疲劳荷载，容易产生疲劳裂纹，需要进行修缮维护。如何在钢结构中有效地应用CFRP材料，将是未来发展的一个重要课题[6,26]。已有研究表明，CFRP材料修缮钢构件能够有效降低钢构件局部应力。尤其在改善构件疲劳性能方面，具有其他方法所不能比拟的优点，即不需要在损伤部位钻孔或焊接，避免产生新的应力集中区域，对延长钢构件的疲劳寿命具有很高的研究和应用价值，是未来复合材料补强钢结构发展的新趋势和新方向。

1.2 研究目的

本书主要围绕非承重十字形焊接接头、平面外纵向焊接接头和含不同程度初始损伤的钢板三大类试件，采用CFRP材料粘贴补强，研究补强体系参数，如材料种类、补强率、粘贴方式和补强材料弹性模量等对试件疲劳寿命的影响；探寻补强后焊接接头和含缺陷钢板的疲劳失效机理；揭示其疲劳寿命规律；建立科学的疲劳寿命评价准则，用于指导疲劳损伤钢结构的修复补强设计。

1.3 研究现状

纤维增强复合材料在土木工程中的研究和应用源于20世纪80年代。迄今为止，CFRP补强技术已经广泛应用于混凝土结构，国内外研究人员也就纤维复合材料补强混凝土结构展开了深入的研究和分析[6,27-28]，包括补强后的混凝土构件抗弯、抗剪承载力的模型或原型试验[29]及疲劳性能试验等[30-31]。为了进一步研究破坏机理，学者们设计各种试件并基于各自的试验结果，提出不同的界面力学模型[32-33]。相比而言，纤维增强复合材料在钢结构中的补强研究应用尚处于起步阶段[34-38]。

1.3.1 钢结构疲劳损伤及其补强方法

基础结构设施的维护和修缮是土木工程的重要组成部分。例如在钢结构桥梁中，年久失修、环境锈蚀和车辆荷载增加等多种因素都会引起结构性能退化[39-41]。在美国，高速公路桥梁不合格数量多达 167 000 座，其中一半以上为结构性能损伤[42]，每年用于损伤或废弃桥梁的支出高达 1 800 亿美元[43]，其中，钢桥花费占 43%[2]。在英国，国家路网内的许多钢结构和钢-混凝土组合桥梁已经服役超过 100 年[44]。

疲劳荷载是钢结构的常见荷载之一，疲劳裂纹通常在应力集中处萌生。尤其在焊接结构中，由于焊缝本身特性，往往存在裂纹、气泡和夹渣等多种初始缺陷；焊缝的位置往往也是结构的不连续处，存在应力集中的现象，如图 1-1 所示。

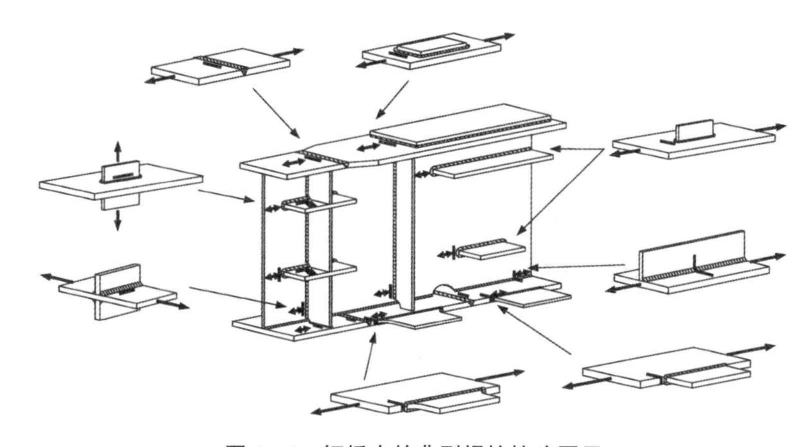

图 1-1 钢桥中的典型焊接接头图示

因此，疲劳裂纹更易从焊缝处萌生扩展。既有事故调查结果表明，疲劳破坏是钢结构建筑设施破坏的重要原因之一，疲劳裂纹一旦产生，有可能会在外荷载的作用下不断扩展，甚至引起灾难性的事故。图 1-2(a)、(b)和(c)、(d)所示分别为钢结构桥梁和路标桅杆结构中的疲劳裂纹和构件断裂照片。

(a) Kinuura 大桥（日本）[45]　(b) Hoan 大桥（美国）[4]

(c) 桅杆疲劳裂纹[46]　(d) 圆钢管焊接接头断裂[46]

图 1 - 2　疲劳裂纹与断裂

对于损伤结构，相较完全推倒重建，采用各种补强方法对结构进行修缮维护，能够节约时间和经济成本，同时减少对环境资源的破坏。传统钢结构维修方法中最常用的为机械补强法和止裂孔法。机械补强方法在钢构件损伤部位通过螺栓连接或者焊接连接替换损伤钢板或增加新钢板，从而增大截面面积，降低构件应力幅。止裂孔方法通过在裂纹尖端钻孔，达到修正几何形状和应力分布的目的，降低裂纹尖端应力强度因子。此类传统方法存在如下问题[51,47]：机械补强方法会增加恒荷载，新增或替换的钢板仍然存在因环境因素而导致腐蚀的风险，同时在施工过程中引入的螺孔或焊缝，易成为新的疲劳源，进一步引起新的破坏[48]，从现场施工来说，这种方法相对操作不便，设备要求较高，劳动力需求较大；而止裂孔方法则会削弱构件截面，可能引起承载力不足，同时开孔产生新的应力集中，可能成为新的疲劳源。

近年来，粘贴 CFRP 材料补强方法渐渐兴起，成为传统方法之外的一个新选择[49-50]。CFRP 材料粘贴在损伤钢构件表面，能够搭接裂纹，承担部分外荷载，降低裂纹尖端应力强度因子，延长构件疲劳寿命。不同于传统补强方法，粘贴复合材料补强技术可以有效避免机械修补引起的应力集中，止裂孔导致的构件截面损失等问题，同时具有施工方便和质轻高强的特点，可以快速修复并不增加结构自重。

CFRP材料补强钢构件所使用的材料主要包括纤维增强复合材料和粘结材料。典型的补强示意图如图1-3所示[51]。

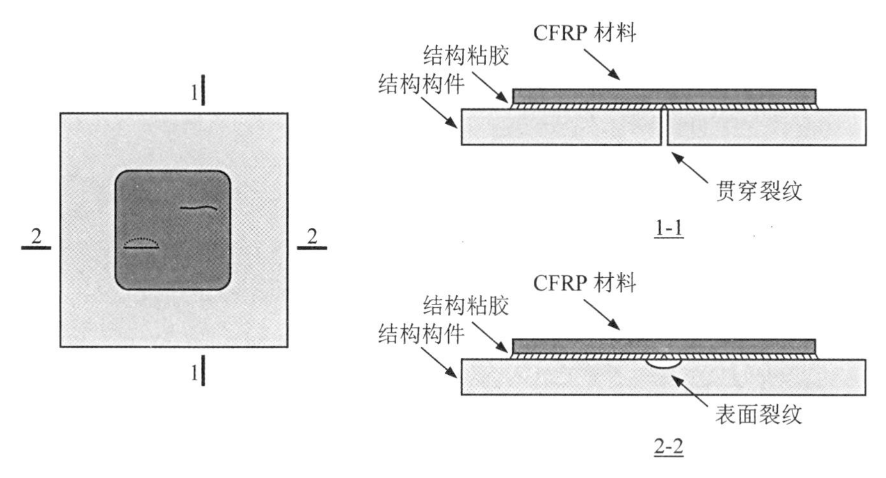

图1-3 CFRP补强钢结构示意图

1.3.2 用于钢结构补强的纤维增强复合材料及粘结剂

纤维增强复合材料主要由纤维材料和环氧树脂等基质材料组成，具有良好的物理和力学性能。相比钢材，纤维增强复合材料具有轻质高强的特点。同时，纤维增强复合材料耐久性良好，抗腐蚀和抗疲劳性能优越。纤维增强复合材料质地柔软，适用于各种工程实际形状，同时便于施工过程中的运输和存放。尽管价格较钢材昂贵，但采用这种方法施工方便，节约劳动力，良好的耐久性能能够降低结构后期维护修缮开支，因此从结构全寿命角度考虑，这种补强方法仍较为经济可靠。

根据纤维材料种类，纤维增强复合材料主要分为玻璃纤维复合材料(glass fibre reinforced polymer, GFRP)、碳纤维增强复合材料(carbon fibre reinforced polymer, CFRP)和芳纶纤维增强复合材料(aramid fibre reinforced polymer, AFRP)三大类。它们和钢材的力学性能比较如表1-1所列[7]。其中，CFRP材料由于抗拉强度和弹性模量较高，因而被广泛应用于航空航天和土木工程等领域。

粘结剂被定义为，涂抹于材料表面将它们连接在一起，达到避免分开的目的的一种材料[52]。粘结剂种类繁多，根据多种分类标准也有多种类别。其中，结构粘胶是指一类具有承受较大荷载，粘结两边附着物能力的材料，广泛应用于航空航天和工程建设领域[51]。

表 1-1 纤维增强复合材料和钢材力学性能比较

材 料	纤维含量(重量)	比 重	抗拉强度(MPa)	弹性模量(GPa)
GFRP	50%～80%	1.5～2.0	500～1 600	25～75
CFRP	65%～75%	1.6～2.0	1 000～3 700	60～350
AFRP	60%～70%	0.5～1.3	1 200～1 700	55～65
钢材	—	7.0	400～700	200

采用CFRP材料补强技术，CFRP材料和钢材之间的粘结性能非常重要，直接决定了构件的破坏模式以及CFRP材料的有效利用程度[53]。在CFRP材料补强的混凝土结构中，由于混凝土材料强度较低，界面破坏一般发生在离开混凝土/粘结材料界面一定距离外的混凝土中。但在CFRP材料补强的钢构件中，钢材强度远大于粘结材料，因此不可能发生此类破坏模式，界面破坏只可能发生在粘结材料内部或两种材料之间界面(钢材/粘结材料界面，粘结材料/CFRP界面)[34,36]。粘结层内部破坏由粘结材料力学性能控制，而材料之间界面的破坏则取决于试件表面处理方式和粘贴CFRP材料的施工工艺。因此，在钢结构补强体系中，推荐选取合适的表面处理方式和施工工艺以防止材料之间界面破坏的发生[36]。

纤维增强复合材料与金属表面的粘结过程是一个复杂的物理、化学过程。粘结力的产生，不仅取决于粘结剂和金属表面及纤维增强复合材料表面的结构与状态，而且和粘贴工艺密切相关。CFRP材料通过粘结材料粘贴在钢构件表面上的粘结强度主要包括两部分：化学粘结力和力学粘结力[54-56]。化学粘结力主要取决于两者表面的化学性能，一旦钢材表面和粘结剂表面接触，化学粘结力即刻产生。形成良好粘结的首要条件是钢材和粘结材料表面紧密接触，这就要求粘结材料流动性较大，易于在钢材表面和CFRP材料表面扩散[57]，同时需要钢材表面清洁程度和活性程度较高，防止粘结剂和污染物接触而降低粘结性能[55]。因此，在粘结之前钢材表面的清洁工作非常重要。力学粘结力的产生主要依赖于钢材表面的微小孔洞，当粘结剂填充这些孔洞后产生力学粘结作用[55]。因此，它主要取决于粘结剂的力学性能以及钢板表面的粗糙程度[55-56,58]。

目前常用的钢材表面处理方法包括表面磨砂处理和有机溶剂去污[47,55]。表面磨砂处理可以增加钢材表面粗糙程度，去除表面较弱的氧化层等物质，提高表面化学活性[55,59]。表面磨砂处理可以采用多种仪器，如砂轮机和喷砂机等。在完成表面磨砂后，一般选择挥发性有机溶剂，如丙酮溶液擦拭构件表面，尽可能减少表面污物[54,60]。表面处理结束后，需要尽快粘贴CFRP材料以避免钢材表面氧化和污损[61],Cadei 等[1]推荐间隔时间不超过 2 小时,Deng 等[62]推荐不超过 4 小时,而 Schnerch 等[63]建议最长不超过 24 小时。

1.3.3 粘贴 CFRP 材料改善钢结构构件疲劳性能试验研究

CFRP 材料因其良好的疲劳性能和轻质高强的力学性能,能够从以下方面改善钢构件的疲劳性能[64]:① 阻止裂纹从钢板向 CFRP 材料扩展;② 提高构件整体刚度,CFRP 材料承担一部分荷载,降低构件焊接接头处或初始缺陷处的应力集中程度,降低裂纹尖端的应力幅;③ CFRP 材料约束裂纹进一步扩展,对裂纹提供搭接作用,同时,荷载能通过 CFRP 材料继续传递,从而降低裂纹尖端应力强度因子[65];④ CFRP 材料强度高,允许采用预拉应力,提高补强效果。

各国学者对 I 型截面钢梁试件、钢-混凝土组合梁试件进行试验研究,表明 CFRP 材料能够提高构件的静力刚度和静力极限强度[66-68]。钢管结构补强试验研究表明,CFRP 材料补强能够显著提高承载力并能避免局部屈曲破坏[69-71]。采用 CFRP 材料对钢构件补强的静力性能研究对疲劳性能研究奠定了基础。

目前,国内外学者试验研究内容主要集中在 CFRP 补强含长度固定且尺寸较小的人工缺陷的钢板试件,同时有少量焊接接头试验研究。主要的试验形式如表 1-2 所列。

表 1-2 试验形式分类

<table>
<tr><td>加载方式</td><td colspan="2">静力荷载;疲劳荷载</td></tr>
<tr><td>补强体系</td><td colspan="2">材料参数(CFRP 布/板,弹性模量,粘结材料弹性模量);
粘贴方式(粘贴层数,粘贴长度和宽度,是否施加预应力,单/双面粘贴,开裂前/后粘贴,粘贴位置)</td></tr>
<tr><td rowspan="3">试件形式</td><td colspan="2">梁式构件</td></tr>
<tr><td colspan="2">板式构件</td></tr>
<tr><td>焊接接头</td><td>对接焊缝;平面外焊接接头;K 型节点;
承重/非承重十字形焊接接头;薄壁方钢管节点</td></tr>
<tr><td>初始缺陷模拟</td><td colspan="2">中心孔洞;边缘缺口;线裂纹;焊缝处理</td></tr>
</table>

CFRP 材料粘贴钢构件补强体系在荷载作用下可能出现以下六种破坏模式:① 钢材和粘结层界面破坏;② 粘结材料层内破坏;③ CFRP 材料和粘结层界面破坏;④ CFRP 材料层离破坏;⑤ CFRP 材料断裂;⑥ 钢材屈服。如图1-4所示[34]。

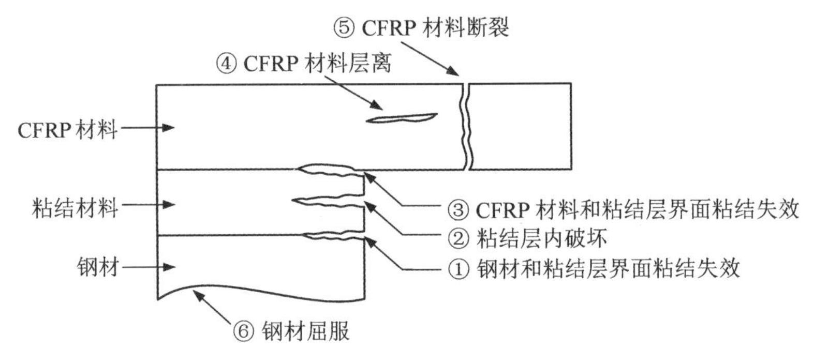

图 1-4　破坏模式示意图

在实际工程结构中，存在多种形式的焊接接头。目前的试验研究主要集中在承重/非承重十字形焊接接头、平面外纵向焊接接头、交通指示牌中常见的 K 型铝制圆管焊接接头和薄壁方钢管焊接节点等，如图 1-5 和图 1-6 所示，部分疲劳试验结果汇总于表 1-3 中。

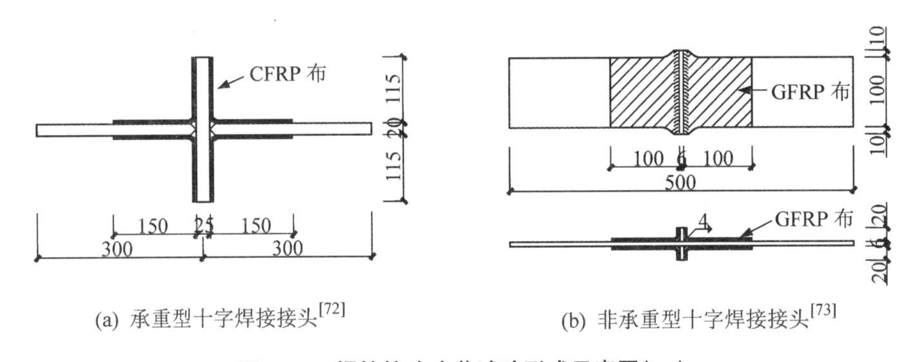

(a) 承重型十字焊接接头[72]　　(b) 非承重型十字焊接接头[73]

图 1-5　焊接接头疲劳试验形式示意图(一)

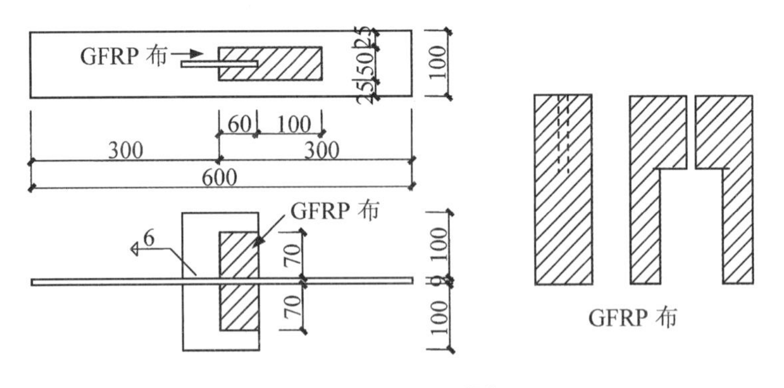

(a) 纵向焊接接头[74]

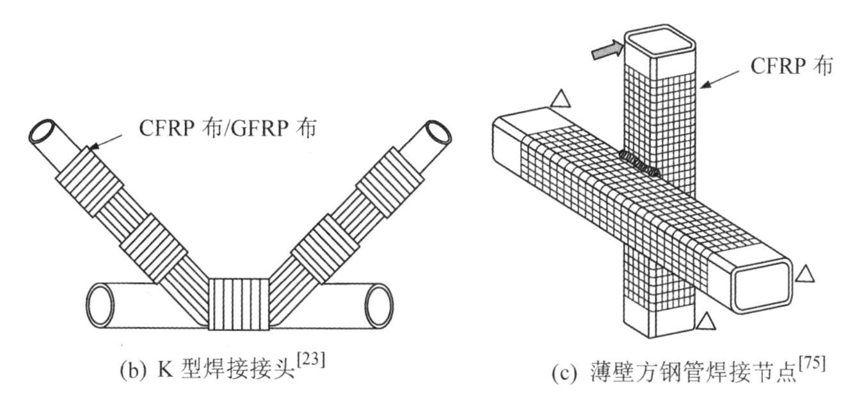

(b) K 型焊接接头[23]　　(c) 薄壁方钢管焊接节点[75]

图 1-6　焊接接头疲劳试验形式示意图(二)

表 1-3　各类焊接接头试验结果汇总

焊接接头类型	加载方式	补强效果及主要结论
承重型十字焊接接头[72]	轴向疲劳荷载	CFRP 布补强度件疲劳寿命延长 318%,疲劳强度提高 58.9%
非承重型十字焊接接头[73]	轴向疲劳荷载	GFRP 布能够承载一部分远端荷载,同时粘结剂能够改善焊趾局部形状,从而达到降低局部应力集中程度的效果
平面外纵向焊接接头[74,76-79]	轴向疲劳荷载	CFRP 材料/GFRP 材料能在一定应力范围内延长试件疲劳寿命,改善疲劳性能。覆盖裂纹位置粘贴更为有效。研究成果已经应用到实际的桥梁结构补强中
K 型焊接接头[23-24,80]	轴向静力荷载	通过打磨焊缝模拟焊接接头因疲劳损伤引起的 90%的强度损失,CFRP 布粘贴试件能达到约 100%补强效果,GFRP 布补强效果稍弱一些,约为 70%[23] 对从实际工程取材的含损伤焊接接头和点焊试件采用 GFRP 布补强,均能够达到无损伤焊接接头强度[80]
	轴向疲劳荷载	GFRP 布补强后,焊缝损失达 90%的试件仍能满足规范要求[24]
方钢管焊接接头[75]	弯曲疲劳荷载	由于过早出现剥离破坏,补强后疲劳寿命仅提高 19.4%,若采用环向和纵向约束粘贴的修补方法,可以有效避免过早发生粘结失效破坏,提高补强效果

无论是直接对焊接接头进行疲劳试验,还是通过焊缝处理来模拟因疲劳荷载引起的损伤累积继而进行静力加载试验,试验结果均表明,纤维增强复合材料补强能够在一定程度上延长试件疲劳寿命,提高疲劳强度,对因疲劳荷载引起的

损伤进行补强。

除焊接接头外，学者们采用板式构件或梁式构件，通过各种人工缺陷来模拟钢构件在服役寿命中由于荷载或外界因素造成的损伤。人工缺陷类型一般可以分为受拉翼缘处缺口、钢板中心圆孔结合线裂纹和钢板两侧边缘缺口等。典型试验试件如图 1－7 和图 1－8 所示。

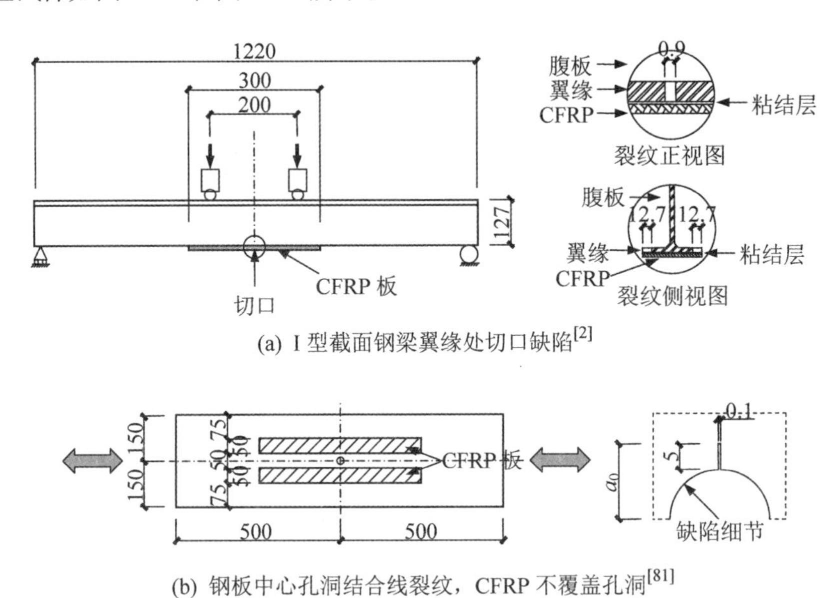

(a) I 型截面钢梁翼缘处切口缺陷[2]

(b) 钢板中心孔洞结合线裂纹，CFRP 不覆盖孔洞[81]

图 1－7　疲劳试验形式示意图(一)

为了提高补强效果，部分学者采用高弹性模量 CFRP 材料进行补强。Liu 等[84]、Wu 等[85]、Monfared 等[86]和 Zheng 等[87]等对含缺陷钢板试件进行疲劳试验研究，对比普通弹性模量 CFRP 材料和高弹性模量 CFRP 材料补强效果，发现提高 CFRP 弹性模量能够有效减缓裂纹扩展速率，进一步延长疲劳寿命。Jones 等[82]通过试验研究指出，随着 CFRP 板弹性模量的增加，在受力过程中，粘结层需要传递更多应力，容易发生粘结失效。因此，在使用高弹性模量 CFRP 材料时，更应注意选择合适的粘结材料和施工工艺。

CFRP 材料强度很高，极限抗拉强度可达 1 000～3 700 MPa。因此，可以在粘贴之前对 CFRP 材料施加预拉力，然后对钢构件进行补强。相比未采用预应力的补强体系，预应力 CFRP 材料引入的应力场使钢板处于受压状态，产生使裂纹闭合的力，并降低疲劳荷载应力比，从而更有效抑制疲劳裂纹的扩展，延长疲劳寿命[64]。Colombi[81]、Täljsten 等[88]和 Huawen 等[89]采用预应力 CFRP 板对

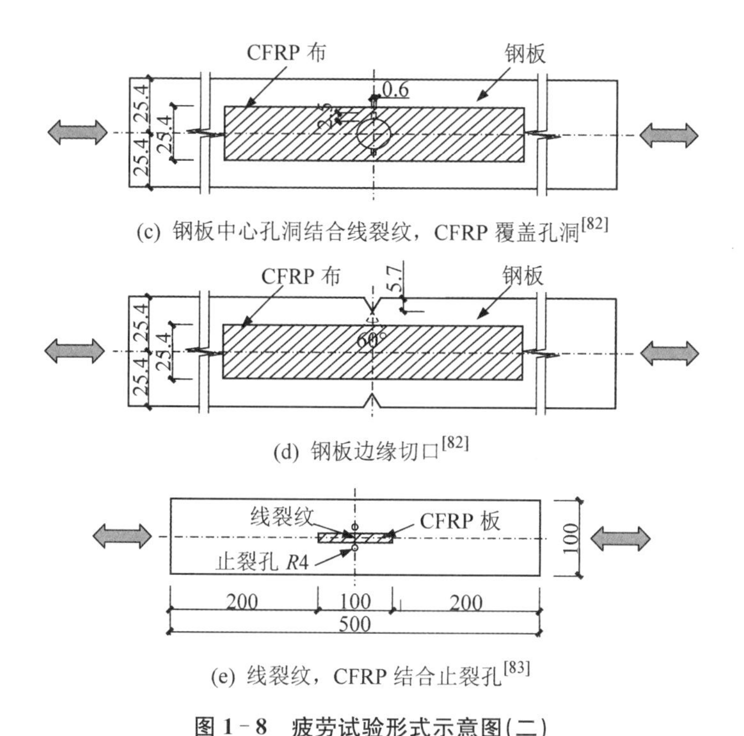

(c) 钢板中心孔洞结合线裂纹，CFRP 覆盖孔洞[82]

(d) 钢板边缘切口[82]

(e) 线裂纹，CFRP 结合止裂孔[83]

图 1-8 疲劳试验形式示意图(二)

含缺陷钢板试件进行补强，研究其疲劳性能。试验结果表明，相比无预应力补强体系，预应力 CFRP 板使钢板疲劳裂纹扩展速率进一步下降，甚至能够完全抑制裂纹扩展，具体改善程度取决于预应力水平和补强形式。考虑到预应力 CFRP 补强试件中粘结层应力复杂的问题，也有学者 Ghafoori 等[90] 尝试采用无粘结预应力 CFRP 补强体系，取得了良好的效果。

除此之外，学者们在试验设计中考虑了 CFRP 几何参数、力学性能和补强形式等多种参数影响，如粘贴长度、粘贴宽度、粘贴层数、单/双面粘贴、粘贴位置等。部分含缺陷钢板试件试验研究内容总结如表 1-4 所列。

表 1-4 含缺陷钢板试件试验结果汇总

缺陷形式	补强方式	预应力	CFRP 材料	补强效果及主要结论
中心圆孔+线裂纹[91]	单/双面粘贴	否	普通/高弹性模量 CFRP 板	疲劳寿命延长 2.6～5.5 倍
中心圆孔+线裂纹[92]	不同宽度/长度/层数，单面粘贴，覆盖初始缺陷	否	普通弹性模量 CFRP 布	裂纹尖端应变明显下降

续 表

缺陷形式	补强方式	预应力	CFRP 材料	补强效果及主要结论
中心圆孔+线裂纹[84]	不同宽度/层数/位置，单/双面粘贴	否	普通/高弹性模量 CFRP 布	双面粘贴普通弹性模量 CFRP，疲劳寿命延长 1.2～7.9 倍，双面粘贴高弹性模量 CFRP，疲劳寿命延长 4.7～7.9 倍
中心圆孔+线裂纹[85]	不同宽度/长度/位置，双面粘贴	否	高弹性模量 CFRP 板	疲劳寿命延长 3.3～7.5 倍
中心圆孔+线裂纹[87]	单/双面粘贴，覆盖初始缺陷	否	普通/高弹性模量 CFRP 板	疲劳寿命延长 1.6～5.8 倍
中心圆孔+线裂纹[81]	双面粘贴，不覆盖初始缺陷	是	普通弹性模量 CFRP 板	无预应力试件疲劳寿命延长 3 倍，有预应力试件疲劳寿命延长 5～16 倍
中心圆孔+线裂纹[88]	双面粘贴，不覆盖初始缺陷	是	普通弹性模量 CFRP 板	无预应力试件疲劳寿命延长 2.45～3.74 倍，有预应力试件疲劳裂纹扩展停止
中心圆孔/边缘缺口+线裂纹[82]	单/双面粘贴，覆盖初始缺陷	否	普通弹性模量 CFRP 板	疲劳寿命延长 104%～115%
中心线裂纹[93]	单面粘贴，覆盖初始缺陷	否	普通弹性模量 CFRP 布	疲劳寿命延长 2 倍
中心线裂纹[83]	不同宽度，结合止裂孔，双面粘贴，覆盖初始缺陷	否	普通弹性模量 CFRP 板	裂纹扩展速率降低 40%
边缘缺口[86]	不同表面处理方式，单/双面粘贴，不覆盖初始缺陷	否	高弹性模量 CFRP 布	单面补强试件疲劳寿命延长 79%，119%。双面补强相比提高不大
边缘缺口+线裂纹[89]	双面粘贴，不覆盖初始缺陷	是	普通弹性模量 CFRP 板	随着预应力大小的不同，疲劳寿命提高幅度不同

以上试验研究成果表明，CFRP 材料补强是一种有效改善钢构件疲劳性能的手段。目前的研究主要集中于采用人工缺陷模拟疲劳荷载引起损伤的试件，通常缺陷尺寸固定而且较小，可以精确地控制裂纹起始位置，进行参数分析也更为有效。但在实际工程结构中，钢桥的疲劳裂纹通常出现在焊接接头处，焊接接头形式多样，焊缝中通常存在一些先天的细小缺陷。此外，实际钢构件的疲劳损伤程度千差万别。因此，有必要对采用 CFRP 补强焊接接头和含不同程度初始损伤的构件进行进一步分析，为科学地补强提供依据。

1.3.4 粘贴 CFRP 材料改善钢结构构件疲劳性能数值模拟分析

随着计算机技术飞速发展，各种分析软件应用愈加广泛。在试验研究的同时，各国学者运用数值模拟软件对复合材料粘贴钢构件补强体系开展了各种数值分析计算。

Mitchell 等[94]于 1975 年，首次对复合材料补强金属板受力性能进行二维有限元分析，通过数值模拟得出的应变数据和试验结果符合较好。随后，RATWANI[95]对复合材料补强构件进行类似分析，主要计算了裂纹尖端应力强度因子值，同时考虑了平面外弯曲的影响，计算结果与试验结果吻合良好。

针对 CFRP 补强钢构件体系的数值分析方法，现行的主要是有限元方法和边界元方法。已有文献研究主要集中在有限元分析中，也有少量边界元分析。有限元方法基于区域上的变分原理和剖分插值，边界元方法基于边界归化及边界上的剖分插值；有限元方法属于区域法，其剖分涉及整个区域，而边界元方法只需对边界离散，因此，可以降低求解问题的维数；有限元方法待求未知数多，要求解的方程规模大，导致输入数据多，计算的准备工作量大，边界元方法则相对规模小一些；有限元方法必须同时对所有域内节点和边界节点联立求解，边界元方法只需对边界节点联立求解，然后可以相互独立、完全并行地计算域内各点的函数值；有限元方法的系数矩阵带状稀疏，且保持对称正定性，边界元方法的矩阵为满矩阵，一般不能保证正定对称性；有限元方法适应复杂的几何形状和边界条件，适于求解非线性、非匀质问题，边界元方法仅适应规则区域及边界条件，适于求解线性、匀质问题；有限元方法适合于求解有界区域无奇异性问题，而边界元方法适合于求无界区域问题及若干奇异性问题；对于狭长区域，有限元方法的精度高于边界元，其他情况下，边界元方法的精度较高。有限元方法和边界元方法比较如表 1－5 所列。

表 1－5　有限元方法和边界元方法比较

方　法	优　　点	缺　　点	方法评价
有限元方法	适应复杂的几何形状和边界条件	计算工作量大	适于求解非线性、非匀质问题，有界区域无奇异性问题
边界元方法	求解精度较高，降低求解问题的维数，计算规模小，适应规则区域及边界条件	解题的规模受到满秩矩阵限制。无法求解处理弹塑性问题或大的有限变形问题	适于求解线性、匀质问题，无界区域问题及若干奇异性问题

对于焊接接头或含缺陷钢板，考虑 CFRP 材料的补强作用，目前数值模拟的工作主要包括以下三方面的内容：1）通过静力分析求解焊趾或人工缺陷处的应力集中系数；2）基于断裂力学理论求解裂纹尖端的应力强度因子；3）对试件疲劳裂纹扩展全过程进行模拟，进而预测疲劳寿命。

焊接接头或含人工缺陷钢板试件在外荷载作用下，焊趾或人工缺陷附近存在明显的应力集中现象。第一类问题旨在分析粘贴 CFRP 材料后试件疲劳源位置应力场的改变。应力强度因子是结构疲劳性能评估分析中一个重要参数。在线弹性断裂力学中，它主要用来表征裂纹尖端的应力场大小，从而估算裂纹扩展速率和对应的疲劳寿命。第二类问题旨在求解裂纹尖端的应力强度因子，比较粘贴 CFRP 材料前后试件疲劳性能的改善情况。第三类问题关注构件疲劳裂纹扩展的全过程情况，基于疲劳裂纹扩展模型，计算构件疲劳寿命，评价补强效率。

由于粘结层厚度远小于钢板厚度和 CFRP 材料厚度，可采用有限元分析中比较成熟的二维三层 Mindlin 板模型来模拟开裂钢板、粘结材料和 CFRP 材料，假定层内位移线性，通过层间位移协调求解。各国学者应用二维三层模型进行了大量的数值模拟研究，与试验结果符合较好。NABOULSI & MALL[96] 采用二维三层模型分析 CFRP 补强后钢构件受力性能，结果表明此建模方式相对简单的二维二层模型更为优越。NABOULSI & MALL[97-98] 采用此模型对 CFRP 补强的开裂铝板疲劳裂纹扩展情况进行数值模拟分析，考虑在粘贴和加载过程中不同尺寸和位置的粘结失效，计算裂纹尖端应力强度因子，从而推导裂纹扩展速率，与试验结果吻合得较好。LAM 等[92] 在传统 Mindlin 板的基础上，提出修正的三层模型，计算裂纹尖端应力场和应力强度因子，表明采用三维实体单元模拟开裂钢板的修正模型能够更为准确地预测裂纹尖端应力强度因子，并反映单面补强试件裂纹尖端应力强度因子不均匀的情况。

同时，也有学者采用三维模型对CFRP补强钢板试件进行数值模拟分析[99-101]。SUZUKI等[74]采用三维模型分析试验试件，表明CFRP补强后焊接接头焊趾处应力集中系数明显降低。

已有大量文献对CFRP材料粘贴含缺陷钢板试件补强体系中的各种因素进行参数分析，调查它们对裂纹尖端应力强度因子的影响，以尽可能优化这种补强方法[14-15,91,99,102-108]，包括补强材料粘贴位置、尺寸、力学性能等。也有学者采用生物学中的遗传算法，优化补强材料粘贴位置和形状，尽可能地降低裂纹尖端应力强度因子[109-110]。单面补强的钢板试件，在厚度方向上应力强度因子差异较大。Seo & Lee[12]提出一定裂纹长度对应的名义应力强度因子，比较表明，采用应力强度因子的均方根值和未补强面至中面的平均值得到的试件疲劳寿命与试验结果符合较好。在疲劳裂纹扩展过程中，裂纹尖端由于应力应变高度集中，存在局部粘结失效的情况。Ouinas等[111]和Colombi等[112]重点讨论了这种粘结失效对试件疲劳性能的影响，研究结果表明，应力强度因子增长速率和裂纹尖端粘结失效面积密切相关。

目前的研究内容主要集中在一定裂纹长度对应的裂纹尖端应力强度因子，对疲劳裂纹扩展全过程的模拟，即第三类问题较为有限。尽管有部分有限元方面的研究成果[113-117]，但采用这种方法往往需要对三维实体单元划分网格，在疲劳裂纹扩展分析中比较复杂且费时。

相比有限元方法，边界元方法更适用于疲劳裂纹扩展全过程模拟分析。边界元方法最大的特点在于只需要划分模型的边界，从而降低问题求解维数。因而在疲劳裂纹扩展问题中，随着裂纹扩展需要不断重新划分裂纹尖端附近网格的工作量得到简化。Young & Rooke[118]采用二维边界元模型模拟复合材料补强的开裂平板，计算应力场和应力强度因子值。Wen等[119]采用一组均布作用力模拟平板和补强材料之间的连接作用，并通过实例计算来验证这种方法准确性和计算效率。Chen等[120]分别采用有限元方法和边界元方法，计算粘贴GFRP布补强的非承重十字形焊接接头二维模型裂纹尖端应力强度因子，继而计算试件疲劳寿命，预测得到的试件疲劳寿命延长程度和试验结果较为一致。Liu等[121]基于边界元方法计算了CFRP布补强的含缺陷钢板三维模型裂纹尖端应力强度因子、裂纹扩展过程和疲劳寿命，与试验结果比较表明边界元方法能够有效预测CFRP布补强的钢板疲劳性能。

随着计算机技术的发展和有限元/边界元程序的完善，数值分析方法在复合材料补强改善钢结构构件疲劳性能研究领域显示了重要作用。现在，能够通过建立二维或三维数值模型，求解疲劳性能分析中的重要参数——应力集中系数和应力强度因子，继而通过疲劳裂纹扩展模型求解疲劳寿命。然而目前的研究仍主要围绕含人工缺陷的钢板试件，对焊接接头的研究成果较少，尤其对于CFRP补强的焊接接头疲劳裂纹扩展全过程的模拟更为少见。

1.3.5 粘贴CFRP材料改善钢结构构件疲劳性能理论分析

常用的钢结构疲劳寿命预测分析方法有：名义应力法、热点应力法、局部应力法、应力强度因子法和损伤力学法。下面就各种分析方法的基本概念做简要介绍。

1. 名义应力法[122-123]

名义应力是指不考虑焊接接头本身引起的应力集中而在相关横截面上计算得到的弹性应力，但需要考虑焊接接头附近宏观的几何形状不连续导致的应力集中，如大的开孔和截面变化。根据构件的不同构造、受力特点及连接形式进行分类，通过疲劳试验获得名义应力对应的疲劳寿命曲线，即 $S-N$ 曲线。这种方法以疲劳试验为基础，有较高的可靠性，因而在工程实际中得到广泛的应用。

$S-N$ 曲线法直观、简单、使用方便，概括了实际工程缺陷和环境的不利影响，对各类构件或连接的疲劳破坏有统一、明确、直观的定义，便于工程实践应用，易于被工程设计技术人员接受。但是它比较笼统、物理意义不够明确，不能描述疲劳破坏的全过程，试验费用大。

2. 热点应力法[122]

热点应力指最大结构应力或结构中危险截面上危险点应力。结构应力（或几何应力）指根据外载荷用简单力学公式以及类似的近似公式或有限元计算求得的结构中的工作应力，不包括焊缝形状、裂纹和缺口等引起的强烈局部应力集中，只依赖于焊接接头处的宏观尺寸和载荷参量。焊接结构中热点一般位于焊趾处，是疲劳裂纹的起源部位。

对于形状复杂难以明确地定出名义应力的焊接接头，以及由于结构不连续性不能明确归类于结构形式的焊接结构，推荐采用热点应力法。这类焊接接头疲劳寿命若采用名义应力表示，结果离散性很大，难以给出精确的 $S-N$ 曲线图，而采用热点应力范围后，离散性明显减少。因而可以对几类结构构件形式，给出一条 $S-N$ 曲线。

热点应力一般通过外推法计算，首先计算参考点应力，继而通过外推法得到焊趾处应力，这种方法只能用于焊趾处应力的计算。

3. 局部应力法[122]

局部应力是在材料线弹性假定的前提下，焊趾和焊根处的总应力。为了考虑焊缝形状的离散性和焊趾焊根处材料的非线性，引入有效形状轮廓替代真实焊缝轮廓。对钢结构和铝结构，取焊趾和焊根处半径为 1 mm[122]。

这种方法只能应用于由焊趾或焊根处破坏的原状焊接接头，不能应用于其他形式的破坏。

4. 应力强度因子法[122,124-126]

断裂力学方法基于疲劳断裂机理的认识，认为材料有初始缺陷，破坏是疲劳裂纹扩展的结果。影响疲劳性能的主要因素是材料品质、力学特征参数及环境条件等。通常采用线弹性断裂力学方法，以应力强度因子为主要特征参数来描述疲劳裂纹扩展速率 da/dN，Paris & Erdogan[127] 基于该方法提出的 Paris 公式在工程上得到了广泛的应用。

这种方法明确了疲劳破坏的物理概念，可以描述疲劳裂纹扩展的过程，结果比较明确，但是由于复杂结构应力强度因子计算困难，不便于工程直接采用。

5. 损伤力学法[128-130]

损伤力学认为损伤是构件使用过程中受到疲劳、腐蚀和磨损后承载力减弱的现象，损伤的发展是一种不可逆的能量耗散的过程。材料(处处)存在损伤，损伤不连续分布，疲劳破坏是材料在外界条件下损伤积累的过程，一般用损伤因子 D 作为特征参量描述结构的损伤速率 dD/dN，较常采用的数学模型是 Chaboche 公式，它从细观和能量的角度分析了疲劳的产生发展过程。

用损伤力学理论分析疲劳寿命，考虑了损伤发展的非线性性质，在理论上更趋完善，物理意义更加明确。但是，损伤力学方法中的一个关键问题是损伤演化方程。目前已提出的疲劳损伤演化方程中存在如下几方面的问题：① 对于高周疲劳，损伤的局部化程度远高于低周疲劳，易受材料微观结构的影响，在理论上难以用宏观量来准确描述损伤发展的演变过程；② 目前所提出的疲劳损伤演化方程对于一维问题是成功的，但对于多轴疲劳问题还有许多问题尚未弄清；③ 考虑材料损伤的本构关系，使问题更为复杂化，数值计算十分烦琐和复杂，不利于工程应用。

上述五种方法各有优缺点，对预测 CFRP 延长钢结构疲劳寿命的适用性，比较如表 1-6 所列。

表 1-6　疲劳寿命预测方法比较

分析方法	优　点	缺　点	方法评价
名义应力法	直观、简单、便于工程实践应用	笼统、物理意义不明确	不能描述疲劳破坏的全过程，试验费用大
热点应力法	考虑了结构中危险截面上危险点应力	只能计算焊趾处应力	热点应力由参考点应力外推得出，比较烦琐
局部应力法	直接计算结构中危险截面上危险点应力	假定了焊缝形状，破坏仅限于焊趾和焊根处	可以直接计算焊趾和焊根处应力，适用于计算构件裂纹起始处应力集中情况
应力强度因子法	明确了疲劳破坏的物理概念，可以描述疲劳裂纹发展的过程	复杂结构应力强度因子计算困难，不便于工程直接采用，并且不能预测裂纹萌生阶段寿命	焊接结构由于初始缺陷存在，主要考虑裂纹扩展寿命，适用于计算构件裂纹扩展情况
损伤力学方法	考虑了损伤发展的非线性性质，在理论上更趋完善，物理意义更加明确	损伤演化存在一些问题	数值计算十分烦琐和复杂

焊接结构存在难以避免的类似裂纹的缺陷，因此本书拟采用断裂力学的方法进行理论研究。根据线弹性断裂力学基本理论，疲劳破坏分为裂纹形成、裂纹稳定扩展和裂纹失稳扩展(断裂)三个阶段，疲劳总寿命也由相应的部分组成。裂纹在失稳扩展阶段扩展速度非常快，对寿命的影响很小，因此在估计疲劳寿命时通常不予考虑。所以，疲劳寿命分为裂纹形成寿命和裂纹扩展寿命两部分，构件或材料从受载开始到裂纹达到某一给定长度为止的循环次数为裂纹形成寿命，此后扩展到临界裂纹长度为止的循环次数称为裂纹扩展寿命。图 1-9 是金属结构断裂过程图示，断裂力学中认为，在裂纹形成阶段，主要由应力集中系数

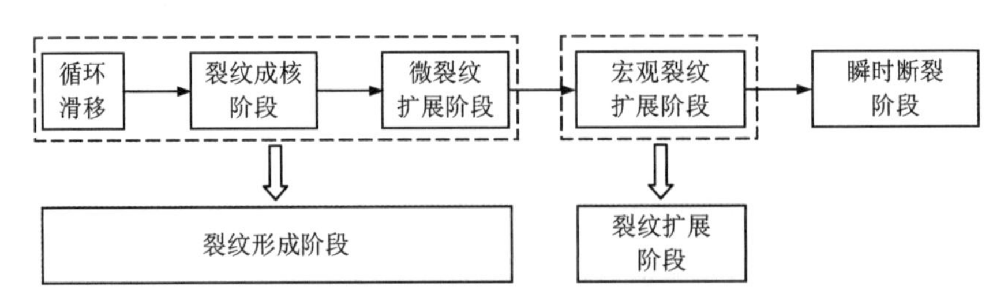

图 1-9　断裂过程

控制裂纹萌发位置；在裂纹扩展阶段，主要由应力强度因子控制裂纹扩展速率；当应力强度因子达到断裂韧度时，构件发生断裂[131]。

目前，断裂力学中，等幅疲劳荷载下的疲劳裂纹扩展模型发展得较为成熟，可以基于此进行相应的计算。但尚没有补强后钢结构构件疲劳裂纹扩展的成熟模型，需要展开进一步研究。以下主要介绍基于断裂力学方法的典型等幅载荷下疲劳裂纹扩展模型。

1）Paris Model

自 IRWIN[132] 于 1957 年提出可以采用应力强度因子作为裂纹尖端应力应变场衡量指标后，1963 年，Paris & Erdogan[127] 首次发现疲劳裂纹扩展速率与应力强度因子有关，提出了基于断裂力学的疲劳裂纹扩展模型，从而推动了断裂力学在疲劳研究领域的应用。

$$\frac{da}{dN} = C(\Delta K)^m \qquad (1-1)$$

式中，a 为裂纹长度，N 为应力循环次数，C、m 分别为需要通过试验确定的材料常数，$\Delta K = K_{max} - K_{min}$，为应力强度因子幅值。

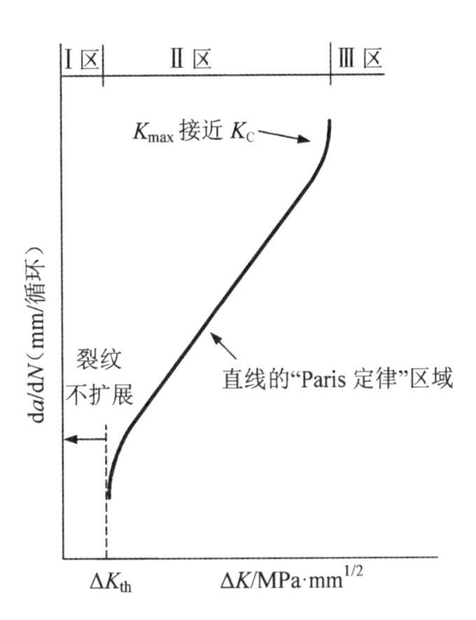

图 1-10 da/dN 与 ΔK 之间的关系

根据 A533B 钢材的疲劳裂纹扩展曲线，疲劳裂纹扩展有三个不同阶段。Ⅰ区：不扩展区。存在一个疲劳裂纹扩展门槛值 ΔK_{th}，当 ΔK 低于 ΔK_{th}，裂纹不扩展；Ⅱ区：稳定扩展区。疲劳裂纹扩展遵循幂函数规律，也就是疲劳裂纹扩展率可以用应力强度因子幅值 ΔK 的幂函数表示；Ⅲ区：快速扩展区。当 ΔK 接近临界值 K_C时，裂纹失稳扩展，试件断裂。

2）Walker Model

Paris Model 简单易行，两个材料参数易于确定。但其只能应用于区域Ⅱ，不能应用于区域Ⅰ和区域Ⅲ。同时，该法则不能体现应力比的影响，试验表明，在不同应力比的疲劳荷载作用下，对数坐标系中 da/dN 与 ΔK 曲线为一簇相互平行的直线。由此可见，不同应力比下，m 保持不变而 C 并不相同。

Walker[133] 于 1970 年引入应力比的影响，具体的疲劳裂纹扩展模型表达为

$$\frac{\mathrm{d}a}{\mathrm{d}N}=C\left[\frac{\Delta K}{(1-R)^{1-\gamma}}\right]^{m} \tag{1-2}$$

式中，$R=K_{min}/K_{max}$，γ 为一个试算的得到的描述 $\mathrm{d}a/\mathrm{d}N$ - ΔK 曲线斜率的参数。

3) Forman Model

前两种模型均不能描述裂纹失稳扩展的区域Ⅲ，FORMAN[134]于 1972 年改进了 Paris Model，引入应力比的影响，同时能够描述裂纹失稳扩展阶段。

$$\frac{\mathrm{d}a}{\mathrm{d}N}=\frac{C(\Delta K)^{m}}{(1-R)K_{c}-\Delta K}=\frac{C(\Delta K)^{m}}{(1-R)(K_{c}-K_{max})} \tag{1-3}$$

式中，K_c为断裂韧度。

从上式可以看出，当 K_{max}趋近于 K_c时，$\mathrm{d}a/\mathrm{d}N$ 趋于无穷大，因而此式能表征区域Ⅱ和区域Ⅲ内疲劳裂纹扩展情况。

4) Collipriest Model

Collipriest[131]于 1972 年提出以下模型，能够描述Ⅰ区域、Ⅱ区域、Ⅲ区域，并且能体现应力比的影响，但模型因为参数太多而显得过于复杂。

$$\frac{\mathrm{d}a}{\mathrm{d}N}=C(K_{c}\Delta K)^{m/2}\mathrm{EXP}\left[\ln\left(\frac{K_{c}}{\Delta K_{0}}\right)^{m/2}\operatorname{arctan\,h}\left(\frac{\ln\left[\frac{\Delta K^{2}}{(1-R)K_{c}\Delta K_{0}}\right]}{\ln\left[\frac{(1-R)K_{c}}{\Delta K_{0}}\right]}\right)\right] \tag{1-4}$$

5) Elber Model

裂纹闭合在疲劳试验中经常发生，尤其是外荷载为压力荷载的情况下。但 Elber[135]于 1971 年发现即使在循环拉伸疲劳荷载的作用下，卸载过程中裂纹提前闭合。进入到下一个循环荷载后，只有当外加荷载足够大时，裂纹才重新张开。于是他提出疲劳裂纹扩展速率应该由有效的应力强度因子幅值确定，在疲劳裂纹扩展模型中引入裂纹完全张开的应力强度因子 K_{op}。

$$\frac{\mathrm{d}a}{\mathrm{d}N}=C(\Delta K_{eff})^{m} \tag{1-5}$$

式中，$\Delta K_{eff}=K_{max}-K_{op}$。

除以上几种疲劳裂纹扩展模型外，目前还有其他一些关于疲劳裂纹扩展模型的研究成果，考虑其他不同因素，但都是围绕 Paris 模型展开。对 Paris Model 式(1-1)求定积分，即可求得疲劳裂纹扩展寿命，如式(1-6)所示：

$$\int_0^N \mathrm{d}N = \int_{a_0}^{a_c} \frac{\mathrm{d}a}{C(\Delta K)^m} \tag{1-6}$$

式中，a_0 为初始裂纹尺寸，a_c 为临界裂纹尺寸，N 为从初始裂纹尺寸 a_0 扩展到临界裂纹尺寸 a_c 对应的疲劳荷载循环次数。

相比试验研究和数值模拟，CFRP 材料补强钢构件疲劳性能理论分析方面的成果相对较少。Shen 等[136]采用 James-Anderson 方法，根据试验结果计算单面补强含中心缺陷铝板裂纹尖端应力强度因子，提出一个关于裂纹长度与钢板宽度之比线性的修正系数，基于未补强试件应力强度因子经典解计算补强试件裂纹尖端应力强度因子。Wu 等[137-138]采用类似方法，给出单/双面补强含中心缺陷钢板试件裂纹尖端应力强度因子解法。引入关于 CFRP 材料力学性能、粘结宽度和粘贴位置影响作用的三个参数，其中前两个参数根据试验结果回归得到，第三个参数根据有限元数值计算回归得到。单面补强钢板试件中疲劳裂纹在钢板两面扩展速率不均匀。Hosseini-Toudeshky & Mohammadi[139]采用有限元方法，分别基于均匀裂纹扩展模型和不均匀裂纹扩展模型计算试验试件疲劳寿命，发现均匀裂纹扩展模型过高估计试件疲劳寿命，误差高达 35%～90%，而不均匀裂纹扩展模型能够得到较为准确的试件疲劳性能。因此，作者尝试在试件截面上寻找一个特定位置，采用此处对应的应力强度因子值表征全截面应力强度因子，以简化单面补强试件裂纹扩展不均匀的复杂情况。

Liu 等[140]基于线弹性断裂力学，分析补强试件钢板应力变化情况，继而根据疲劳裂纹扩展模型积分计算补强试件疲劳寿命。计算中涵盖 CFRP 布不同弹性模量和单/双面粘贴等多种工况。预测结果和试验结果吻合良好。Colombi[64]根据预应力 CFRP 板补强钢板试件试验，分析了预应力 CFRP 对裂纹表面的搭接作用引起的裂纹闭合效应，提出考虑塑性的 CFRP 补强钢板试件疲劳裂纹扩展模型。Ghafoori 等[141]计算了翼缘含缺口钢梁试件粘贴预应力 CFRP 补强后裂纹尖端应力强度因子，提出基于断裂力学的补强后试件裂纹不再扩展所需施加预应力大小计算方法。

目前对 CFRP 材料补强钢构件的理论分析研究成果相对较少，应力强度因子计算模型主要还是基于试验数据或数值结果回归得到。疲劳裂纹扩展分析大部分还是基于未补强试件的裂纹扩展模型，有必要对 CFRP 材料补强的钢构件的疲劳失效机理和补强后的疲劳裂纹扩展预测模型做进一步研究。

1.3.6 小结

本节主要介绍了粘贴 CFRP 材料改善补强钢结构构件疲劳性能的研究进展,分析了有待进一步研究的问题。首先简要介绍了钢结构疲劳损伤现状和传统补强方法,继而回顾了纤维增强复合材料和粘结剂的定义,以及 CFRP 粘贴补强的基本工艺。重点分析了粘贴 CFRP 材料改善钢构件疲劳性能试验研究、数值模拟分析和理论研究的既有研究内容。

已有成果为粘贴 CFRP 材料改善焊接接头和含缺陷钢板疲劳性能的研究分析奠定了基础。但尚有如下一些问题有待于进一步研究：① 就研究对象而言,主要集中在 CFRP 补强含长度固定且尺寸较小的人工缺陷钢板试件,对于存在先天细小缺陷的焊接结构和含不同程度初始损伤的构件缺乏研究;② 对补强试件疲劳性能数值分析主要集中在一定裂纹长度对应的裂纹尖端应力强度因子,疲劳裂纹扩展全过程分析较为缺乏,对 CFRP 补强焊接接头的模拟更是少有;③ 就分析方法而言,疲劳裂纹扩展分析还是基于未补强试件的裂纹扩展模型,有必要对 CFRP 补强钢构件的疲劳失效机理和补强后疲劳裂纹扩展的预测模型做进一步研究;④ 目前的试验和数值模拟分析多是对补强效果的定性分析,不能应用于钢结构疲劳性能补强的设计中。

综上所述,国内外学者对 CFRP 改善焊接接头和含缺陷钢板疲劳性能进行各种研究,已有一定的研究成果,也仍存在一些问题。具体表现在研究对象为具体的构件或者为特定的焊接接头,缺乏普遍性;对补强后的裂缝扩展、失效机理尚无模型分析和预测。因此认为有必要对 CFRP 改善焊接接头和含不同程度初始损伤钢构件疲劳性能展开深入的研究,为科学地补强提供依据。

1.4 研究内容

本书首先通过试验研究和数值方法对非承重十字形焊接接头和平面外纵向焊接接头进行分析和讨论,继而重点关注焊接接头中的缺陷这一因素,采用人工缺陷钢板试件研究初始损伤程度对 CFRP 补强钢构件疲劳性能的影响。具体主要包括以下几方面内容：

(1) 通过试验研究,分析补强材料形式、补强率、补强粘贴方式和补强材料弹性模量对补强后非承重十字焊接接头、平面外纵向焊接接头和含不同程度初始损伤钢板试件疲劳性能的影响。

(2) 建立 CFRP 材料补强的非承重十字形焊接接头、平面外纵向焊接接头和含不同程度初始损伤钢板试件有限元模型，对试件焊趾处应力集中系数和裂纹尖端应力强度因子进行参数分析。

(3) 建立 CFRP 材料补强的平面外纵向焊接接头和含不同程度初始损伤钢板试件边界元模型，对试件疲劳裂纹扩展全过程和疲劳寿命进行预测分析。

(4) 根据断裂力学理论，基于未补强钢板试件裂纹尖端应力强度因子经典解，考虑粘贴 CFRP 板后钢板应力场的变化和几何修正系数的变化，提出 CFRP 材料补强的含缺陷钢板裂纹尖端的应力强度因子计算方法。

第2章 粘贴 CFRP 改善非承重十字形焊接接头疲劳性能试验研究

目前对于 CFRP 材料补强钢结构的研究还处于探索阶段，尤其在焊接接头补强方面。Inaba 等[73]采用 GFRP 布粘贴非承重十字形焊接接头，进行疲劳试验研究。试验结果表明，GFRP 布能够承载部分远端荷载，同时，粘结材料能够在一定程度上改善焊趾局部形状，降低焊趾附近应力集中程度，从而达到提高疲劳寿命等级的效果。张宁等[72]对十字形横肋试件施加疲劳荷载，发现经 CFRP 布粘贴补强的试件较未补强试件疲劳性能有大幅改善，疲劳寿命最多延长 318%。

本章设计并完成了两组不同应力幅下的非承重十字形焊接接头疲劳试验，采用 1 层或 3 层 CFRP 布双面粘贴补强。

2.1 非承重十字形焊接接头试件

补强试件由 CFRP 布双面粘贴非承重十字形焊接接头制作而成。试件具体形状和几何尺寸如图 2-1(a)所示。试件母材为一块长 340 mm，宽 40 mm，厚 8 mm的钢板，两端为适应试验仪器夹具需要，宽度为 80 mm，并各有 4 个螺栓孔。在中间部位采用 CO_2气体保护焊，用角焊缝连接两块长 70 mm，宽 40 mm，厚 8 mm 的对称钢板。采用 CFRP 布在两面补强，尺寸为 120 mm×40 mm，粘贴方式如图 2-1(b)所示。为了比较不同 CFRP 布层数对试件疲劳性能的影响，采用 1 层或 3 层粘贴。这里定义 CFRP 材料截面积和钢材截面积之比为补强率 S，如式(2-1)。计算得到，对应于 1 层和 3 层 CFRP 布补强试件的补强率分别为 0.04 和 0.13。

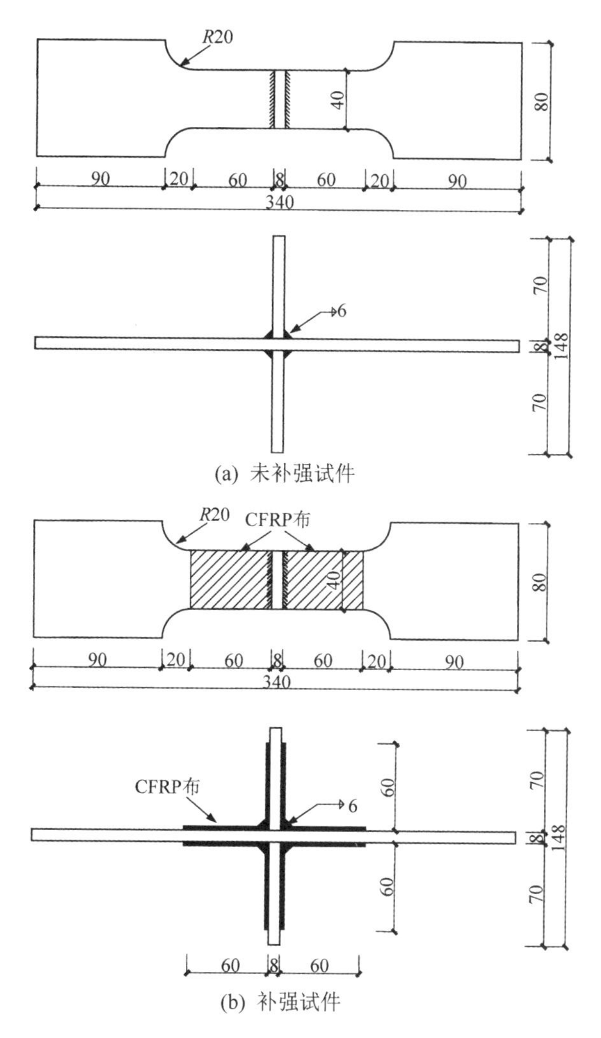

图 2-1　非承重十字形焊接接头试件形状和几何尺寸(mm)

$$S = \frac{A_f}{A_s} \tag{2-1}$$

式中，A_f为 CFRP 材料截面积，A_s为钢材截面积。

钢板采用 Q345，其力学性能根据相关规范 GB/T 228-2002[142]采用受拉材性试件测定，具体结果如表 2-1 所列。试验补强材料采用由上海同固结构工程有限公司提供的型号为 CFC 2-2 的 CFRP 布和型号为 TJ 的结构粘胶，CFRP 布厚度为 0.167 mm。CFRP 布和结构粘胶的力学性能根据产品生产商提供的数据，列于表 2-1 中。表 2-2 所列为钢材实测化学元素组成。

表 2-1　非承重十字形焊接接头试件钢材、CFRP 布和结构粘胶力学性能

	钢材 Q345	CFRP 布 CFC2-2	粘结材料 TJ
屈服强度(MPa)	359	—	—
极限强度(MPa)	521	4 180	≥40
弹性模量(GPa)	204	250	≥2.5
延伸率(%)	24.3	1.7	≥1.5

表 2-2　非承重十字形焊接接头试件钢材化学成分(重量百分比)

钢	C	Si	Mn	P	S
Q345	0.16%	0.40%	1.27%	0.026%	0.014%

首先采用砂轮打磨试件表面粘贴 CFRP 区域，去除表面薄弱氧化层，暴露出化学活性较高的表面，同时增加粗糙度，达到提高粘结性能的目的。打磨时避让焊缝区域。然后用丙酮溶液清洗钢板表面，去除其他油脂污物和灰尘[143]。将结构粘胶的主剂和固化剂按比例均匀混合，用刷子涂满钢板粘贴区域，把按照设计尺寸切割的 CFRP 布放置在试件粘贴区域上，用刮刀拭平 CFRP 布表面，去除多余胶水和气泡，以保证粘结性能。对于 3 层粘贴试件，逐层刷胶，粘贴 CFRP 布。粘贴完一面后，待胶水干透后对另一面粘贴。粘贴过程完成后，试件在室温条件下养护一周后进行试验，制作完成的试件如图 2-2 所示。

图 2-2　补强后的非承重十字形焊接接头试件

试件粘贴 CFRP 布之前，首先测量钢板实际厚度。试件粘贴养护完成后，采用游标卡尺测量试件厚度，认为两面粘结层厚度相同，计算粘结层平均厚度。得到补强试件粘结层厚度平均值为 0.55 mm。

焊接接头几何参数对焊接接头疲劳性能非常重要[144-146]，因此，在粘贴 CFRP 布之前，采用牙模材料对试件焊缝形状进行取模[147]，测量焊趾半径和侧

面角。具体测量过程分为以下几个步骤，如图 2-3 所示。

（1）测量前使用丙酮溶液清洗试件待测区域；

（2）使用 GC 硅橡胶，按照产品说明书建议比例进行 1∶1 调拌混合；

（3）将调拌好的硅橡胶置于焊缝处，并施加一定压力，等待 5 分钟后材料完全固化；

（4）取下固化后的材料，切割为薄片，为后面测量做准备。

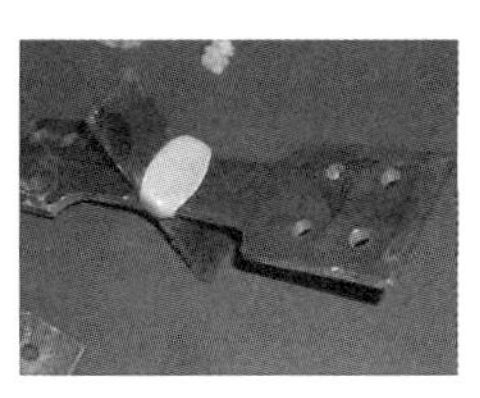

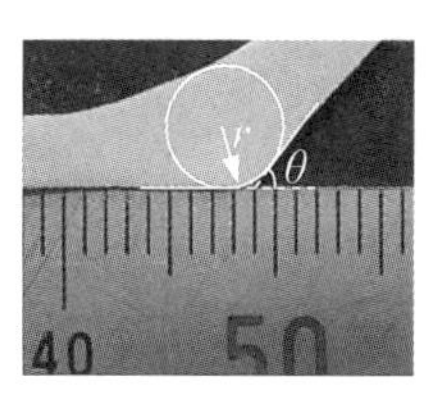

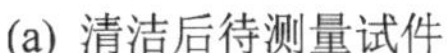

(a) 清洁后待测量试件　(b) GC 硅橡胶　(c) 硅橡胶粘贴于焊趾　(d) 切片测量

图 2-3　牙模材料焊缝取模测量步骤

牙膜材料切为薄片，获取图片影像后使用绘图软件进行测量，得到具有统计规律的焊趾半径 r 和侧面角 θ，结果如图 2-4 所示。从图中数据可以看出，焊趾半径数据较为离散，范围为 0.28～3.87 mm，平均值为 1.67 mm；侧面角范围为 23°～75°，平均值为 45.9°。

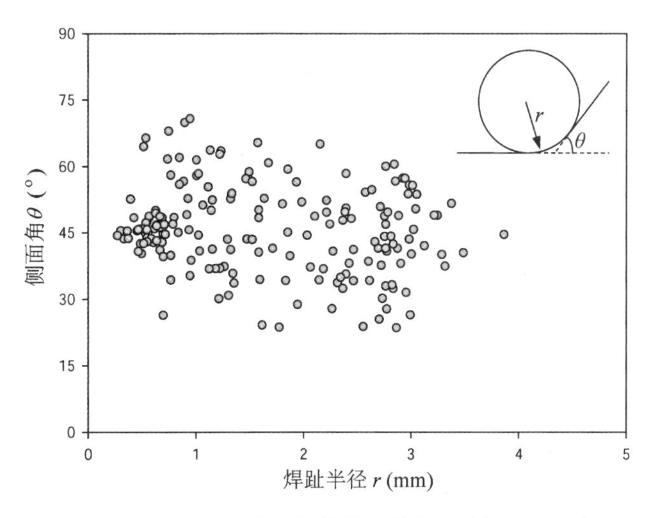

图 2-4　非承重十字形焊接接头的焊趾半径和侧面角

2.2 非承重十字形焊接接头试验装置和加载制度

试验在同济大学轮轨系统研究所实验室进行。试验装置为 CS-500 型疲劳试验机。对所有试件两端施加拉伸疲劳荷载，加载频率为 6 Hz，应力比为 0.1，荷载波为正弦曲线。为了调查不同应力幅对试件疲劳性能的影响，同时参考日本钢结构协会(Japanese Society of Steel Construction-JSSC)的 Fatigue Design Recommendations for Steel Structures 中疲劳曲线[148]，采用 216 MPa 和 180 MPa两种不同应力幅，如表 2-3 所列。这里的荷载指对应于未补强试件钢板上的名义应力幅。对补强试件，采用相同大小荷载。应力谱中最大应力约为钢材极限强度的 46%，屈服强度的 67%。

表 2-3 非承重十字形焊接接头疲劳试验加载工况

应力幅(MPa)	最大应力(MPa)	最小应力(MPa)	最大荷载(kN)	最小荷载(kN)
216	240	24	76.8	7.68
180	200	20	64	6.4

2.3 非承重十字形焊接接头试件破坏模式

表 2-4 给出了疲劳试验结果，包括疲劳寿命和破坏模式。其中，试件 AW-1加载至 30 万次仍未破坏，遂停机。试件命名规则中，AW 指未补强试件，SF1 指 1 层 CFRP 布补强试件，SF3 指 3 层 CFRP 布补强试件，短划线后数字表示不同的疲劳荷载应力幅。

表 2-4 非承重十字形焊接接头疲劳试验结果

试　件	CFRP 层数	补强率	应力幅(MPa)	疲劳寿命($\times 10^3$次)	破坏模式
AW-1	0	0.00	216	300.0*	未破坏
AW-2	0	0.00	180	209.2	母材断裂

续　表

试　件	CFRP 层数	补强率	应力幅(MPa)	疲劳寿命($\times 10^3$次)	破坏模式
SF1 - 1	1	0.04	216	230.0	焊趾处断裂
SF1 - 2	1	0.04	180	450.0	母材断裂
SF3 - 1	3	0.13	216	190.0	焊趾处断裂

试验过程中，观察到两种不同的试件破坏模式：① 裂纹从焊趾处萌发，扩展到一定长度后，试件沿着焊趾处断裂破坏，并伴随着 CFRP 布粘结失效，未见 CFRP 布断裂；② 试件在远离焊趾处的母材断裂破坏，如图 2 - 5 所示。分析认为试件在母材处断裂可能是由于试件加工过程中在圆弧过渡位置引入了缺陷造成的。

(a) 焊趾处断裂

(b) 母材处断裂

图 2 - 5　典型粘贴 CFRP 非承重十字形焊接接头试件破坏模式

2.4　非承重十字形焊接接头试件疲劳寿命

所有试件的疲劳寿命列于表 2 - 4 中。这里，疲劳寿命是指从试验加载开始到试件完全断裂经历的荷载循环次数。相应的应力幅-疲劳寿命试验结果绘于图 2 - 6 中。图中横坐标 N 为疲劳寿命，纵坐标 $\Delta\sigma$ 为应力幅，箭头线表示此试件至试验结束未发生破坏。此类非承重十字形焊接接头在 JSSC 中疲劳曲线中列为等级 E[148]，因此同时将此曲线绘制于图中。从图中看到，所有试验数据点均位于曲线 JSSC－E 上方，表明满足此类焊接接头分类。

比较低应力幅(180 MPa)下的未补强试件 AW－2 和 1 层 CFRP 布补强试件 SF1－2(试件均发生母材处断裂破坏)，发现补强试件的疲劳寿命为未补强试件的 2.15 倍。比较高应力幅(216 MPa)下的 1 层 CFRP 布补强试件 SF1－2 和 3 层 CFRP 布补强试件 SF3－1，发现前者的疲劳寿命反而比后者长，即未能体现提高补强率的效果。分析认为这主要是由于焊趾局部几何形状的离散性引起的，具体见下章数值分析中关于焊趾半径影响的讨论。比较 1 层 CFRP 布补强试件应力幅 180 MPa(SF1－2)和 216 MPa(SF1－1)情况下的疲劳性能，发现随着荷载的增加，试件疲劳寿命明显下降。由于试件 AW－1 未发生破坏，因此无法比较不同应力幅疲劳荷载作用下试件补强后疲劳性能改善情况。

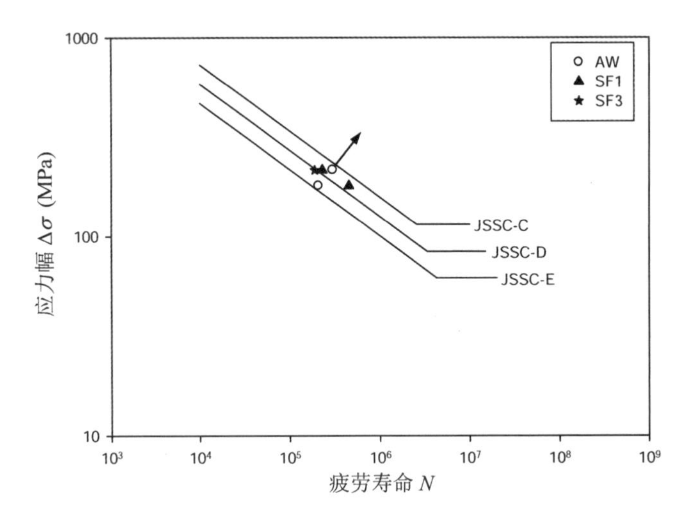

图 2－6　非承重十字形焊接接头试件疲劳寿命试验结果

除此之外，假定传统 $S-N$ 曲线对所有情况适用，将所有试件试验工况下的疲劳寿命折算为 2×10^6 荷载循环次数对应的疲劳强度(对应于 2×10^6 荷载循环次数的应力幅)[122]，如式(2－2)：

$$N=\frac{C}{\Delta\sigma^m} \tag{2-2}$$

式中，N 为荷载循环次数，C 和 m 为 $S-N$ 曲线公式中的常数，对正应力作用下的焊接接头，m 取为 3[122]，$\Delta\sigma$ 为应力幅。

计算结果如表 2－5 所列。补强后试件疲劳强度提高 16.2%～29.1%，表明粘贴 CFRP 材料能够有效改善这类焊接接头疲劳性能。

表 2-5 折算后非承重十字形焊接接头试件疲劳强度

试 件	CFRP 层数	补强率	疲劳强度(MPa)	提高程度
AW-1	0	0.00	—	—
AW-2	0	0.00	84.8	—
SF1-1	1	0.04	105.0	23.9%
SF1-2	1	0.04	109.5	29.1%
SF3-1	3	0.13	98.6	16.2%

2.5 本章小结

本章一共对 5 个非承重十字形焊接接头试件进行疲劳试验,其中 3 个为 CFRP 布双面补强试件,2 个为未补强对比试件。试验方案中考虑不同补强率对补强焊接接头试件疲劳性能的影响。基于试验结果,可以得出以下结论:

(1) 通过比较 2×10^6 荷载循环次数对应的疲劳强度,发现补强后焊接接头试件疲劳强度提高 16.2%~29.1%,表明粘贴 CFRP 材料能够改善非承重十字形焊接接头的疲劳性能,延缓疲劳裂纹扩展。

(2) 试验设计中采用 1 层和 3 层 CFRP 布粘贴,以考察补强率对试件补强后疲劳性能的影响,但有限的试验结果未能体现提高补强率带来的预期效果。分析认为是由于焊趾处几何参数的离散性引起的。试验中采用两种不同的疲劳荷载应力幅,发现试件疲劳寿命随着应力幅的增加明显下降。

第3章 粘贴 CFRP 改善非承重十字形焊接接头疲劳性能数值模拟分析

相比经济和时间成本较高的疲劳试验，数值分析方法更为经济有效。第 2 章就粘贴 CFRP 改善非承重十字形焊接接头试件疲劳性能进行了试验研究，表明 CFRP 布补强能够在一定程度上提高试件疲劳强度，但试验结果略显离散，未能体现提高补强率的效果。本章将采用有限元方法，对试验试件进行建模分析，考虑多种参数对焊趾处应力集中系数和裂纹尖端应力强度因子的影响，进一步评估这种补强方法的效果。

3.1 影响非承重十字形焊接接头应力集中系数的参数分析

焊缝多位于结构几何不连续部位，存在明显的应力集中现象，疲劳裂纹通常在此处萌生并发展，因此可以采用焊趾附近的应力集中系数变化表征粘贴 CFRP 材料补强后焊接接头疲劳性能的改善情况。已有文献对各类形式焊接接头焊趾处应力集中系数做了研究[149-153]，但对于复合材料补强的焊接接头应力集中系数讨论相对较少。

本节将针对第 2 章中非承重十字形焊接接头疲劳试验试件建立二维有限元模型，进行线弹性分析，得到模型的应力分布情况和焊趾处应力集中系数，以反映试件疲劳性能的改善情况。考虑不同参数，包括焊趾半径、CFRP 材料补强率和补强材料弹性模量对应力集中系数、局部应力幅和疲劳寿命的影响。

3.1.1　有限元模型

采用商业有限元软件 ANSYS 9.0 对 CFRP 补强非承重十字形焊接接头进行建模分析，计算焊趾处应力集中系数。由于试件平面外的应变可以忽略不计，针对第 2 章疲劳试验试件形状和几何尺寸建立二维平面应变模型[154]。考虑到模型形状和边界条件的对称性，仅建立 1/4 模型，即母板尺寸为 60 mm×4 mm，焊接钢板尺寸为 70 mm×4 mm。焊接接头几何参数对试件局部应力影响很大，因此在建模过程中考虑焊缝的存在，这里认为焊缝和母材等强。文献中一般选取 1 mm 焊趾半径为最不利情况[155]。本书中，为了研究焊趾处几何参数对试件应力集中系数的影响，共建立 4 种不同焊趾半径的模型，分别为 0.5 mm、1 mm、2 mm 和 3 mm。取侧面角为 45°[156]。在母板和焊接钢板之间留空 0.1 mm 以模拟施工过程中的缝隙。对于 CFRP 补强模型，沿着母材和焊接钢板各 60 mm 布置 CFRP 布，如图 3－1 所示。粘结层厚度根据试验实测结果取为 0.55 mm，CFRP 布厚度根据产品生产商提供的数据取为 0.167 mm。

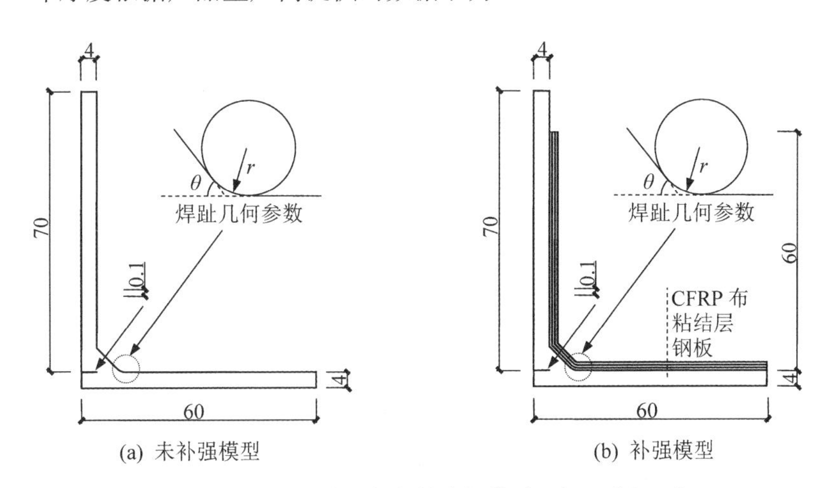

图 3－1　应力集中系数数值分析模型几何尺寸(mm)

考虑到试验过程中施加的疲劳荷载相对较小，认为所有材料(钢板、CFRP 和粘结层)均处于线弹性阶段。相应选取线弹性本构关系，钢板弹性模量根据实测数据取为 2.04×10^5 MPa，泊松比为 0.3。根据产品生产商提供的数据，CFRP 布弹性模量取为 2.5×10^5 MPa，泊松比为 0.3，结构粘胶弹性模量取为 3 000 MPa，泊松比为 0.36[157]。

所有模型均采用二维四节点平面单元(plane 82)划分，边界尺寸控制在

0.5 mm以内。考虑到焊趾附近应力高度集中,该区域网格尺寸取为小于 1/10 焊趾半径[122]。假定 CFRP 布和钢板完全粘结,采用界面约束方法“GLUE”将钢板-粘结层和粘结层- CFRP 布分别连接。在模型对称面上施加对称边界条件。

为了直观地得到局部应力集中情况,在模型的右端施加均布荷载,使未补强模型钢板内的应力为 1 MPa,对其他粘贴 CFRP 布的模型施加相同大小的均布荷载。图 3 - 2 为一个典型的二维模型(NC1 - 3)及对应的焊趾处网格划分详图。

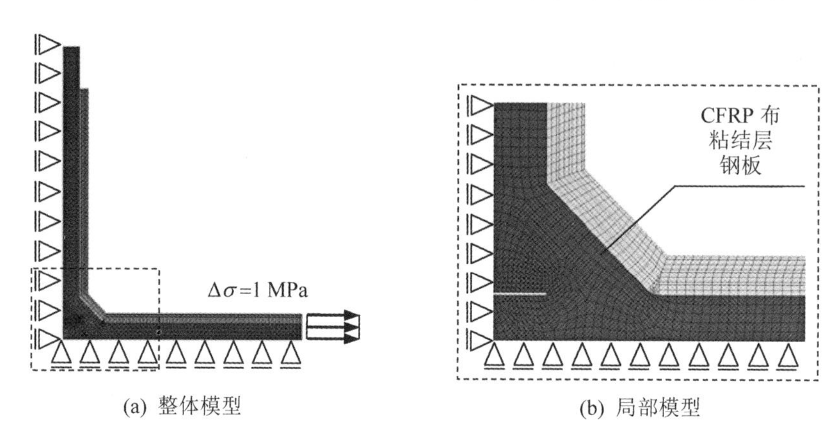

图 3 - 2　应力集中系数数值分析典型的二维有限元模型(NC1 - 3)

3.1.2　有限元计算结果

图 3 - 3 给出了模型 NC1 - 3 的局部第一主应力分布云图,为研究应力沿试件表面的分布情况,将应力沿钢板表面 A、B 和 C 方向的分布绘于图 3 - 4 中,横坐标 x 为离左端 A 点的水平距离,纵坐标为第一主应力值。从图中看到,焊趾局部应力远大于远离焊趾端板内的应力,取其值为应力集中系数。

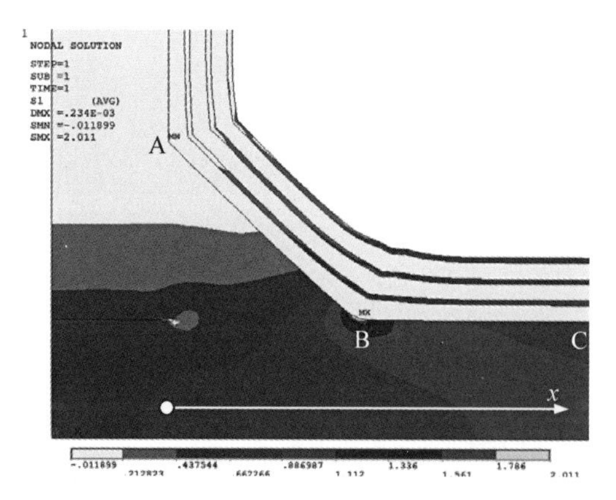

图 3 - 3　模型 NC1 - 3 第一主应力分布云图

计算分析中考虑补强体系不同参数对焊趾处应力集中系数的影响,包括 CFRP 布补强率、CFRP 布弹性模量、粘结层弹性模量和焊趾半径。一共计算了 33 个模型的焊趾处应力集中系数值,具体结果如表 3 - 1 所列。

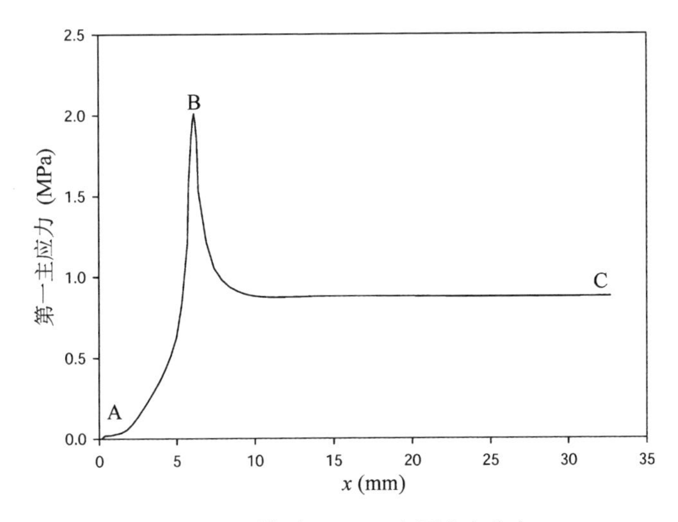

图 3-4　模型 NC1-3 表面应力分布

表 3-1　有限元分析粘贴 CFRP 非承重十字形焊接接头焊趾处应力集中系数结果

模　型	焊趾半径(mm)	粘结层弹性模量(MPa)	CFRP 布弹性模量($\times 10^5$ MPa)	CFRP 层数	补强率	钢板应力(MPa)	应力集中系数
NC1-1	1.0	3 000	2.5	0	0.00	1.00	2.27
NC1-2	1.0	3 000	2.5	1	0.04	0.95	2.13
NC1-3	1.0	3 000	2.5	3	0.13	0.88	2.01
NC1-4	1.0	3 000	2.5	5	0.21	0.85	1.93
NC2-1	1.0	2 000	2.5	3	0.13	0.89	2.06
NC2-2	1.0	4 000	2.5	3	0.13	0.87	1.97
NC2-3	1.0	5 000	2.5	3	0.13	0.87	1.94
NC2-4	1.0	6 000	2.5	3	0.13	0.87	1.91
NC2-5	1.0	7 000	2.5	3	0.13	0.87	1.88
NC2-6	1.0	8 000	2.5	3	0.13	0.86	1.85
NC2-7	1.0	9 000	2.5	3	0.13	0.86	1.82
NC3-1	1.0	3 000	2.0	3	0.13	0.91	2.03
NC3-2	1.0	3 000	3.0	3	0.13	0.86	1.99
NC3-3	1.0	3 000	4.0	3	0.13	0.83	1.96

续 表

模　型	焊趾半径(mm)	粘结层弹性模量(MPa)	CFRP 布弹性模量($\times10^5$ MPa)	CFRP层数	补强率	钢板应力(MPa)	应力集中系数
NC3－4	1.0	3 000	5.0	3	0.13	0.84	1.93
NC3－5	1.0	3 000	6.0	3	0.13	0.82	1.90
NC3－6	1.0	3 000	6.5	3	0.13	0.81	1.89
NC4－1	0.5	3 000	2.5	0	0.00	1.00	2.68
NC4－2	0.5	3 000	2.5	1	0.04	0.95	2.50
NC4－3	0.5	3 000	2.5	3	0.13	0.88	2.35
NC4－4	0.5	3 000	2.5	5	0.21	0.84	2.25
NC5－1	2.0	3 000	2.5	0	0.00	1.00	1.84
NC5－2	2.0	3 000	2.5	1	0.04	0.95	1.74
NC5－3	2.0	3 000	2.5	3	0.13	0.88	1.64
NC5－4	2.0	3 000	2.5	5	0.21	0.85	1.58
NC6－1	3.0	3 000	2.5	0	0.00	1.00	1.65
NC6－2	3.0	3 000	2.5	1	0.04	0.95	1.56
NC6－3	3.0	3 000	2.5	3	0.13	0.88	1.48
NC6－4	3.0	3 000	2.5	5	0.21	0.85	1.42
NC7－1	1.0	6 000	5.0	3	0.13	0.81	1.80
NC7－2	1.0	6 000	5.0	5	0.21	0.76	1.68
NC7－3	1.0	9 000	6.5	3	0.13	0.74	1.66
NC7－4	1.0	9 000	6.5	5	0.21	0.66	1.51

3.1.3　应力集中系数

图 3－5 和图 3－6 分别示出 CFRP 布补强率和焊趾半径对模型焊趾处应力集中系数的影响。随着补强率和焊趾半径的增加，应力集中系数明显下降。相比未补强模型，当补强率 $S=0.21$ 时(采用 5 层 CFRP 布粘贴)，焊趾处应力集中系数下降约 15%。当焊趾半径从 0.5 mm 增加到 3 mm，应力集中系数下降可达 38%。

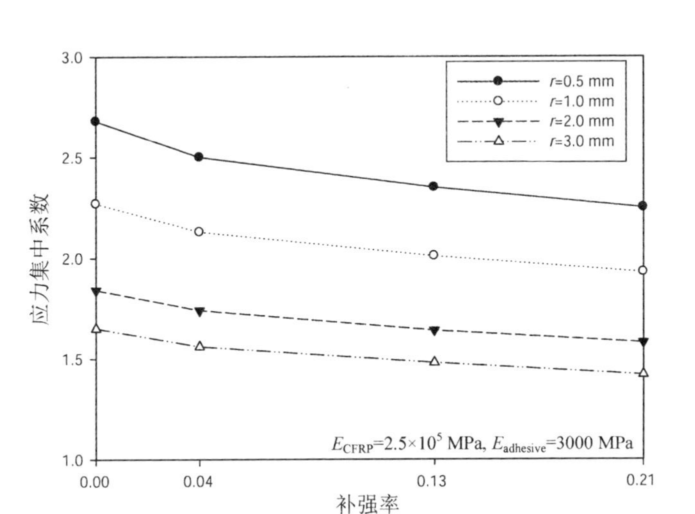

图 3-5　CFRP 布补强率对非承重十字形焊接接头应力集中系数的影响

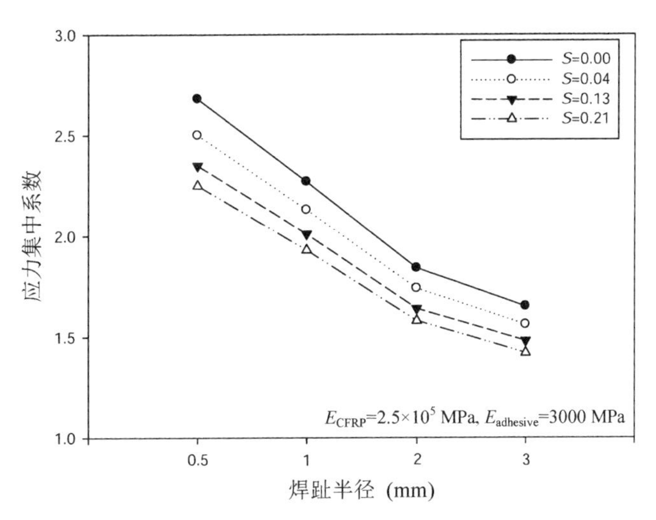

图 3-6　焊趾半径对非承重十字形焊接接头应力集中系数的影响

补强材料弹性模量对焊趾处应力集中系数的影响绘于图 3-7 和图 3-8。当粘结层弹性模量为 3 000 MPa，CFRP 布弹性模量从 2.0×10^5 MPa 增加到 6.5×10^5 MPa 时，应力集中系数下降 7%；当 CFRP 布弹性模量为 2.5×10^5 MPa，粘结层弹性模量从 2 000 MPa 增加到 9 000 MPa 时，应力集中系数下降 12%。若同时采用高弹性模量的 CFRP 布和粘结材料，补强效果更为明显，如图 3-7 和图3-8所示。

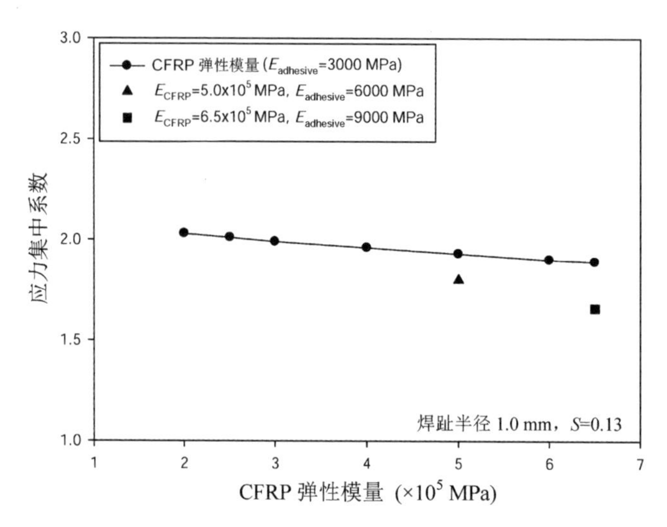

图 3-7　CFRP 布弹性模量对非承重十字形焊接接头应力集中系数的影响

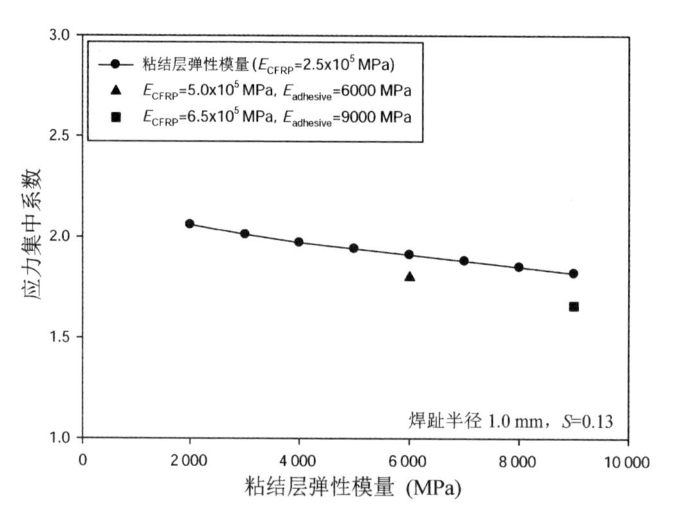

图 3-8　粘结层弹性模量对非承重十字形焊接接头应力集中系数的影响

从以上的分析和讨论可以看到，焊趾半径和补强率是影响 CFRP 布补强非承重十字形焊接接头疲劳性能的重要参数，采用高弹性模量补强材料也能够有效降低焊趾附近的应力集中系数。数值分析结果也可以解释试验结果中未能体现补强率效果的原因。例如，$S=0.04$(1 层)补强模型 NC6-2(焊趾半径 3 mm)焊趾处的应力集中系数为 1.56，而 $S=0.13$(3 层)补强模型 NC4-3(焊趾半径 0.5 mm)焊趾处的应力集中系数为 2.35。前者反而小于后者，即疲劳性能较为优越。从试验统计结果中看到，实际试件焊趾半径结果非常离散，因此导致补强率提高带来的有利效果被焊趾半径减小带来的不利效果所掩盖。

3.1.4　疲劳寿命

采用有限元方法建模计算试件焊趾处应力集中系数后，可以进一步估算模型局部应力幅。图 3－9 所示为 CFRP 布补强率和焊趾半径对模型局部应力幅下降百分比的影响($E_{CFRP}=2.5\times10^5$ MPa，$E_{adhesive}=3\,000$ MPa)。相比未补强模型，当补强率 $S=0.13$ 时(采用 3 层 CFRP 布粘贴)，应力幅下降 10.3%～12.3%；当补强率 $S=0.21$ 时(采用 5 层 CFRP 布粘贴)，应力幅下降 13.9%～16.0%。对其他采用不同弹性模量补强材料的模型，也可以观察到类似的趋势。

随着应力幅降低，疲劳寿命的增加幅度可以采用第 2 章中式(2－2)估算[122]。补强模型疲劳寿命 N_s 和未补强模型疲劳寿命 N_u 的比值表达为式(3－1)：

$$\frac{N_s}{N_u}=\left(\frac{\Delta\sigma_u}{\Delta\sigma_s}\right)^m \tag{3-1}$$

式中，$\Delta\sigma$ 为应力幅，下标 u 和 s 分别代表未补强模型和补强模型。

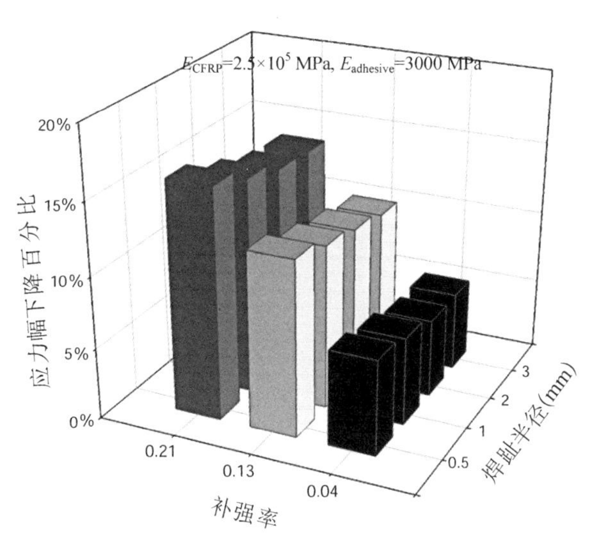

图 3－9　粘贴 CFRP 引起的非承重十字形焊接接头应力幅下降百分比

计算得到 CFRP 布补强率对疲劳寿命增长程度的影响，如图 3－10 所示。当焊趾半径为 1 mm 时，对应于 $S=0.04$（1 层）、$S=0.13$（3 层）和 $S=0.21$（5 层）的 CFRP 布粘贴补强，疲劳寿命分别延长 21.0%，44.0%和 62.7%。

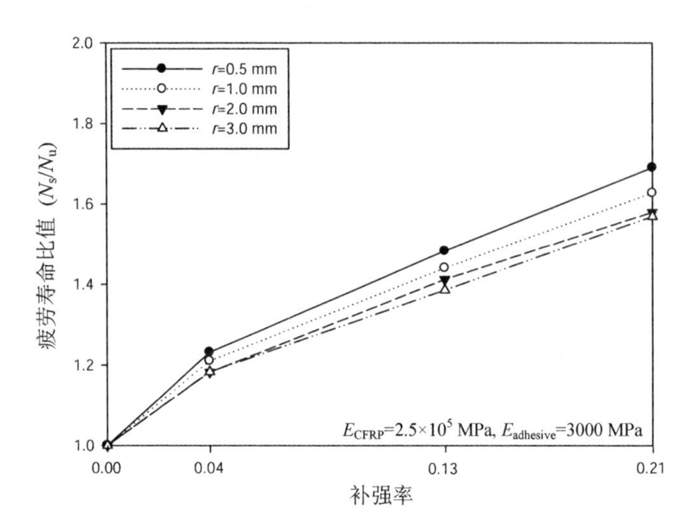

图 3－10　CFRP 布补强率对非承重十字形焊接接头疲劳寿命提高幅度的影响

补强材料弹性模量的影响如图 3－11 和图 3－12 所示。从图中观察到，试件疲劳寿命延长程度随着补强材料弹性模量的增加而明显提高。

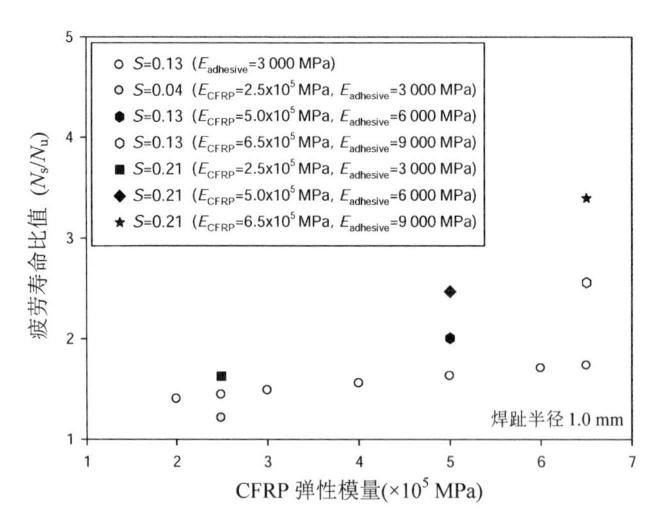

图 3－11　CFRP 弹性模量对非承重十字形焊接接头疲劳寿命提高幅度的影响

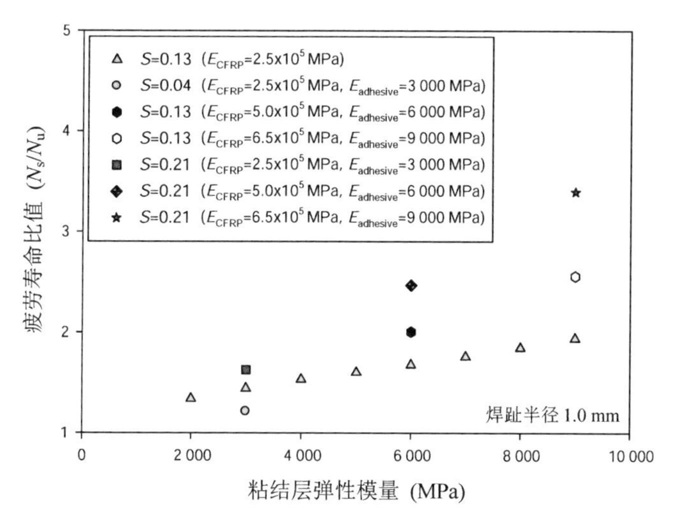

图 3 - 12　粘结层弹性模量对非承重十字形焊接接头疲劳寿命提高幅度的影响

3.2　影响非承重十字形焊接接头应力强度因子的参数分析

3.2.1　应力强度因子简介

应力强度因子是线弹性断裂力学中的重要参数，主要用来描述裂纹尖端的应力应变场，计算疲劳裂纹扩展速率，进而预测开裂构件疲劳寿命，由此可以用来评估 CFRP 补强效果。在线弹性断裂力学中，裂纹根据受力情况可分为三种基本类型，分别为张开型（Ⅰ型）、滑开型（Ⅱ型）和撕开型（Ⅲ型），如图 3 - 13 所

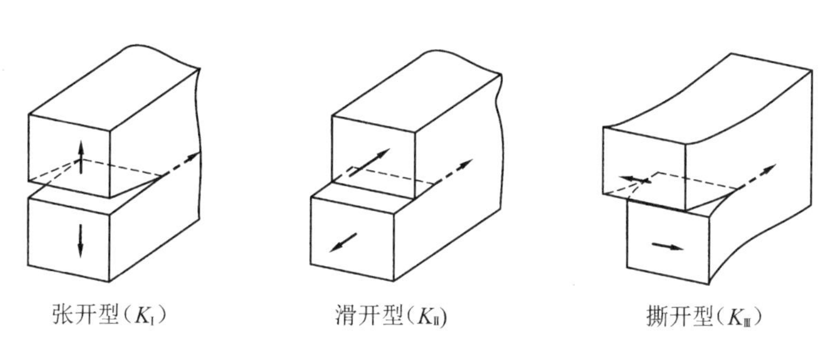

图 3 - 13　裂纹的三种基本类型

示。Ⅰ型裂纹受垂直于裂纹面的拉应力作用；Ⅱ型裂纹受平行于裂纹面而垂直于裂纹前缘的切应力作用；Ⅲ型裂纹受既平行于裂纹面又平行于裂纹前缘的切应力作用。其中以张开型（Ⅰ型）裂纹最为常见，它们对应的应力强度因子分别为 K_{I}、K_{II} 和 K_{III}。

图 3-14 表示在一无限宽板内有一条长为 $2a$ 的中心贯穿裂纹，板在无限远处受均布应力 σ 作用。在裂纹尖端附近任一点 (r, θ) 处，各应力分量如式(3-2)—式(3-4)所示[158]。

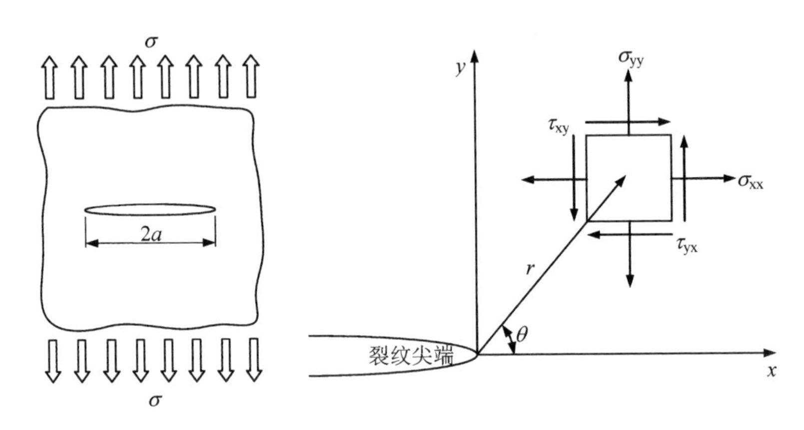

图 3-14　弹性材料Ⅰ型裂纹尖端应力场

$$\sigma_{\mathrm{xx}}=\frac{K_{\mathrm{I}}}{\sqrt{2\pi r}}\cos\left(\frac{\theta}{2}\right)\left[1-\sin\left(\frac{\theta}{2}\right)\sin\left(\frac{3\theta}{2}\right)\right] \tag{3-2}$$

$$\sigma_{\mathrm{yy}}=\frac{K_{\mathrm{I}}}{\sqrt{2\pi r}}\cos\left(\frac{\theta}{2}\right)\left[1+\sin\left(\frac{\theta}{2}\right)\sin\left(\frac{3\theta}{2}\right)\right] \tag{3-3}$$

$$\tau_{\mathrm{xy}}=\frac{K_{\mathrm{I}}}{\sqrt{2\pi r}}\cos\left(\frac{\theta}{2}\right)\sin\left(\frac{\theta}{2}\right)\cos\left(\frac{3\theta}{2}\right) \tag{3-4}$$

已有文献对 CFRP 补强含缺陷钢板试件裂纹尖端应力强度因子做了大量分析[64,92,106,111,136,140]。但这类研究主要关注在试件中心或边缘含贯穿裂纹的情况，有别于焊接接头焊趾处萌生的表面裂纹。目前对于表面裂纹修复后的疲劳性能数值研究较为有限。本节将采用有限元方法对非承重十字形焊接接头焊趾处裂纹尖端应力强度因子做深入分析，参数分析将包括补强率、裂纹长度、补强材料弹性模量和单/双面粘贴对裂纹尖端应力强度因子的影响。

3.2.2 ABAQUS中的应力强度因子求解

ABAQUS软件中采用J积分求解裂纹尖端应力强度因子。J积分是线弹性断裂力学中一个与路径无关的积分，作为裂纹或缺口尖端应变场的平均度量[159]。具体表达为式(3-5)：

$$J=\int_{\Gamma}\left(W\mathrm{d}y-\mathbf{T}\cdot\frac{\partial\mathbf{u}}{\partial x}\mathrm{d}s\right) \tag{3-5}$$

式中，Γ为围绕二维裂纹体裂纹尖端逆时针方向的任意积分回路；**T**为作用在Γ上的张力矢量；**u**为位移矢量；s为沿Γ的弧长，如图3-15所示。

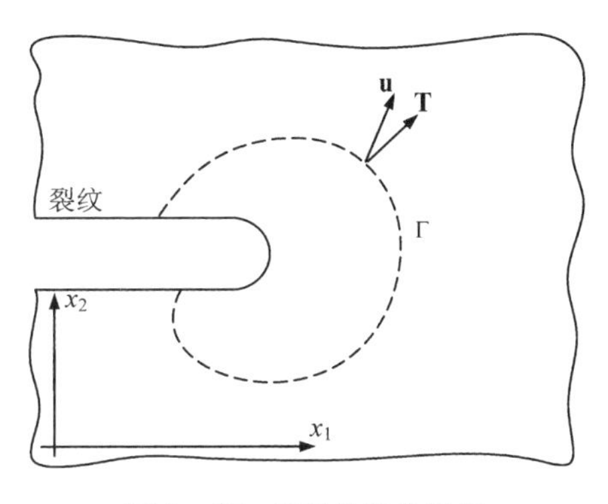

图3-15 *J*积分定义图示

由于积分路径可以避开裂纹尖端，因而可以采用通常的力学计算方法来求解J积分的值。在线弹性材料中，J积分和应力强度因子之间的关系为[160]

$$J=\frac{1}{8\pi}\mathbf{K}^{T}\cdot\mathbf{B}^{-1}\cdot\mathbf{K} \tag{3-6}$$

式中，$\mathbf{K}=[K_{\mathrm{I}},\ K_{\mathrm{II}},\ K_{\mathrm{III}}]^{T}$，**B**称为预对数能量因子矩阵(pre-logarithmic energy factor matrix)。

对于匀质各向同性材料，**B**为对角线矩阵，上式简化为

$$J=\frac{1}{\overline{E}}(K_{\mathrm{I}}^{2}+K_{\mathrm{II}}^{2})+\frac{1}{2G}K_{\mathrm{III}}^{2} \tag{3-7}$$

式中，对于二维平面应力状态，$\overline{E}=E$；对于二维平面应变状态和三维状态，$\overline{E}=E/(1-\nu^{2})$；$G=\overline{E}/2(1+\nu)$。

3.2.3 有限元模型

采用商业有限元软件ABAQUS 6.10对CFRP布补强的非承重十字形焊接接头进行建模分析，计算裂纹尖端应力强度因子，考察补强体系中多种参数对补

强效果的影响。由于试件平面外的应变可以忽略不计，针对第 2 章中的疲劳试验试件形状和几何尺寸建立二维平面应变模型[160]，采用J积分方法计算裂纹尖端的应力强度因子值[158]。考虑到模型形状和边界条件的对称性，仅建立 1/2 模型，即母板尺寸为 64 mm×8 mm，焊接钢板尺寸为 60 mm×4 mm，取焊缝侧面角为 45°[156]。在母板和焊接钢板之间留空 0.1 mm 以模拟施工过程中的缝隙。为了计算裂纹尖端的应力强度因子，在焊趾处假定一垂直于外荷载方向的初始裂纹“*a*”。对于 CFRP 补强模型，沿着母材和焊接钢板各 60 mm 布置 CFRP 布，如图 3-16 所示。根据上文试验实测结果，粘结层厚度取为 0.55 mm，根据产品生产商提供的数据，CFRP 布厚度取为 0.167 mm。

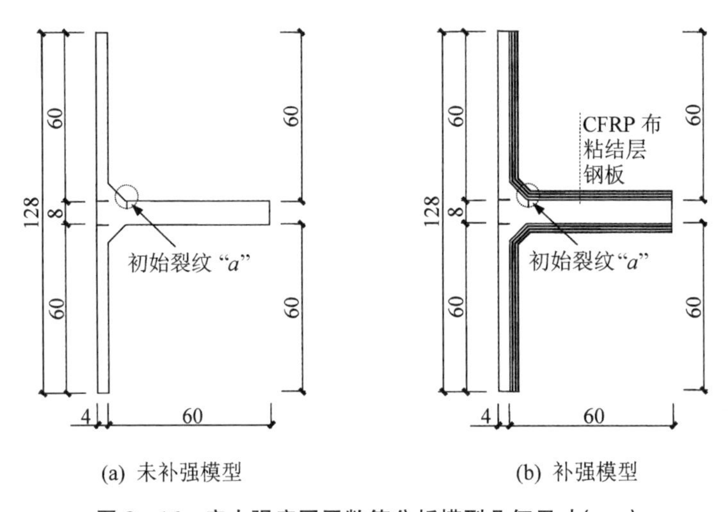

图 3-16　应力强度因子数值分析模型几何尺寸(mm)

模型计算中，各材料材性参数和上节 3.1 中计算应力集中系数时相同。钢板弹性模量为 2.04×10^5 MPa，泊松比为 0.3；CFRP 布弹性模量为 2.50×10^5 MPa，泊松比为 0.3；结构粘胶弹性模量为 3 000 MPa，泊松比为 0.36。

所有模型均采用八节点四次四边形二维实体平面应变缩减积分单元(CPE8R)划分。在裂纹尖端区域，应力和应变场趋于奇异，原本的八节点四边形单元，一边三个节点退化为一个，两边中间节点移动至单元边长 1/4 处，退化为六节点三角形单元，如图 3-17 所示[160]。

假定 CFRP 布和钢板完全粘结，在疲劳裂纹扩展过程中没有发生粘结失效。采用界面约束方法“TIE”将钢板-粘结层和粘结层-CFRP 布分别连接。在模型对称面上施加对称边界条件。母板末端施加 100 MPa 均布荷

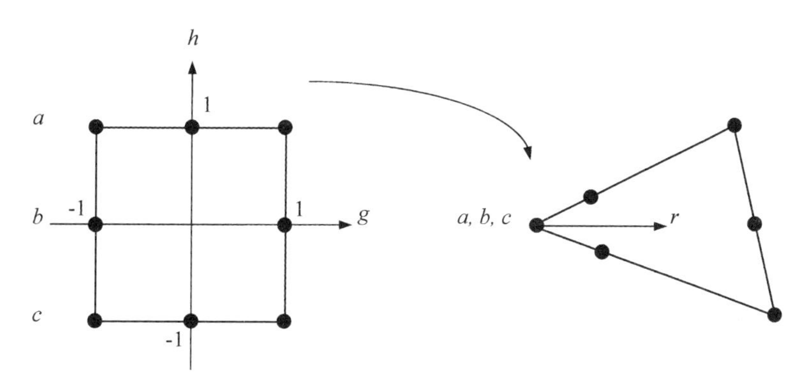

图 3－17　四边形单元退化为三角形单元

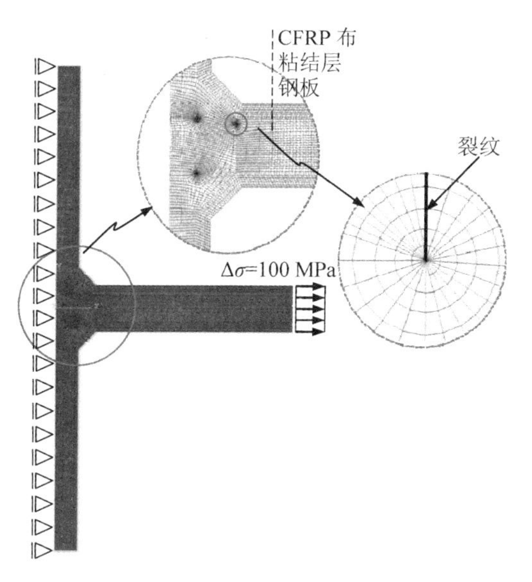

图 3－18　应力强度因子数值分析典型的二维有限元模型(NI2－11)

载。图 3－18 为一个典型的二维模型(NI2－11)及其对应的裂纹尖端网格划分详图。

3.2.4　有限元计算结果

计算分析中考虑补强体系不同参数对裂纹尖端应力强度因子的影响，包括裂纹深度、补强率、CFRP 弹性模量和粘结材料弹性模量。一共计算了 100 个模型的裂纹尖端应力强度因子值，具体结果如表 3－2 所列。

表 3-2 有限元分析粘贴 CFRP 非承重十字形焊接接头裂纹尖端应力强度因子结果

模型	裂纹深度和钢板厚度之比 a/T	CFRP 粘贴层数	补强率	CFRP 弹性模量 (MPa)	粘结材料弹性模量 (MPa)	应力强度因子 (MPa·$mm^{1/2}$)
NI1-1	0.1	0	0.00	2.5×10^5	3 000	233.8
NI1-2	0.2	0	0.00	2.5×10^5	3 000	337.2
NI1-3	0.3	0	0.00	2.5×10^5	3 000	474.2
NI1-4	0.4	0	0.00	2.5×10^5	3 000	672.4
NI1-5	0.5	0	0.00	2.5×10^5	3 000	979.7
NI2-1	0.1	1	0.04	2.5×10^5	3 000	209.7
NI2-2	0.2	1	0.04	2.5×10^5	3 000	286.5
NI2-3	0.3	1	0.04	2.5×10^5	3 000	373.3
NI2-4	0.4	1	0.04	2.5×10^5	3 000	473.3
NI2-5	0.5	1	0.04	2.5×10^5	3 000	583.2
NI2-6	0.1	2	0.08	2.5×10^5	3 000	201.7
NI2-7	0.2	2	0.08	2.5×10^5	3 000	271.6
NI2-8	0.3	2	0.08	2.5×10^5	3 000	346.9
NI2-9	0.4	2	0.08	2.5×10^5	3 000	429.6
NI2-10	0.5	2	0.08	2.5×10^5	3 000	515.7
NI2-11	0.1	3	0.13	2.5×10^5	3 000	195.3
NI2-12	0.2	3	0.13	2.5×10^5	3 000	260.5
NI2-13	0.3	3	0.13	2.5×10^5	3 000	328.7
NI2-14	0.4	3	0.13	2.5×10^5	3 000	401.4
NI2-15	0.5	3	0.13	2.5×10^5	3 000	475.0
NI2-16	0.1	4	0.17	2.5×10^5	3 000	190.4
NI2-17	0.2	4	0.17	2.5×10^5	3 000	252.2
NI2-18	0.3	4	0.17	2.5×10^5	3 000	315.6
NI2-19	0.4	4	0.17	2.5×10^5	3 000	381.9
NI2-20	0.5	4	0.17	2.5×10^5	3 000	448.0
NI2-21	0.1	5	0.21	2.5×10^5	3 000	186.3

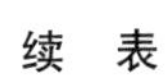

续　表

模　型	裂纹深度和钢板厚度之比 a/T	CFRP粘贴层数	补强率	CFRP弹性模量(MPa)	粘结材料弹性模量(MPa)	应力强度因子(MPa・mm$^{1/2}$)
NI2 - 22	0.2	5	0.21	2.5×10^5	3 000	245.4
NI2 - 23	0.3	5	0.21	2.5×10^5	3 000	305.0
NI2 - 24	0.4	5	0.21	2.5×10^5	3 000	366.5
NI2 - 25	0.5	5	0.21	2.5×10^5	3 000	427.2
NI3 - 1	0.1	3	0.13	2.0×10^5	3 000	197.7
NI3 - 2	0.2	3	0.13	2.0×10^5	3 000	264.6
NI3 - 3	0.3	3	0.13	2.0×10^5	3 000	335.4
NI3 - 4	0.4	3	0.13	2.0×10^5	3 000	411.4
NI3 - 5	0.5	3	0.13	2.0×10^5	3 000	489.3
NI3 - 6	0.1	3	0.13	4.0×10^5	3 000	189.6
NI3 - 7	0.2	3	0.13	4.0×10^5	3 000	251.0
NI3 - 8	0.3	3	0.13	4.0×10^5	3 000	314.1
NI3 - 9	0.4	3	0.13	4.0×10^5	3 000	380.0
NI3 - 10	0.5	3	0.13	4.0×10^5	3 000	445.4
NI3 - 11	0.1	3	0.13	6.0×10^5	3 000	184.1
NI3 - 12	0.2	3	0.13	6.0×10^5	3 000	242.4
NI3 - 13	0.3	3	0.13	6.0×10^5	3 000	301.1
NI3 - 14	0.4	3	0.13	6.0×10^5	3 000	361.6
NI3 - 15	0.5	3	0.13	6.0×10^5	3 000	420.6
NI4 - 1	0.1	5	0.21	2.0×10^5	3 000	189.1
NI4 - 2	0.2	5	0.21	2.0×10^5	3 000	249.9
NI4 - 3	0.3	5	0.21	2.0×10^5	3 000	311.7
NI4 - 4	0.4	5	0.21	2.0×10^5	3 000	376.1
NI4 - 5	0.5	5	0.21	2.0×10^5	3 000	440.0
NI4 - 6	0.1	5	0.21	4.0×10^5	3 000	180.0
NI4 - 7	0.2	5	0.21	4.0×10^5	3 000	235.7
NI4 - 8	0.3	5	0.21	4.0×10^5	3 000	290.9

续　表

模　型	裂纹深度和钢板厚度之比 a/T	CFRP粘贴层数	补强率	CFRP弹性模量(MPa)	粘结材料弹性模量(MPa)	应力强度因子($MPa \cdot mm^{1/2}$)
NI4－9	0.4	5	0.21	4.0×10^5	3 000	346.9
NI4－10	0.5	5	0.21	4.0×10^5	3 000	401.2
NI4－11	0.1	5	0.21	6.0×10^5	3 000	174.5
NI4－12	0.2	5	0.21	6.0×10^5	3 000	227.4
NI4－13	0.3	5	0.21	6.0×10^5	3 000	279.1
NI4－14	0.4	5	0.21	6.0×10^5	3 000	330.8
NI4－15	0.5	5	0.21	6.0×10^5	3 000	380.4
NI5－1	0.1	3	0.13	2.5×10^5	2 000	195.1
NI5－2	0.2	3	0.13	2.5×10^5	2 000	261.1
NI5－3	0.3	3	0.13	2.5×10^5	2 000	330.8
NI5－4	0.4	3	0.13	2.5×10^5	2 000	406.2
NI5－5	0.5	3	0.13	2.5×10^5	2 000	484.0
NI5－6	0.1	3	0.13	2.5×10^5	5 000	173.3
NI5－7	0.2	3	0.13	2.5×10^5	5 000	223.7
NI5－8	0.3	3	0.13	2.5×10^5	5 000	271.8
NI5－9	0.4	3	0.13	2.5×10^5	5 000	318.9
NI5－10	0.5	3	0.13	2.5×10^5	5 000	363.5
NI5－11	0.1	3	0.13	2.5×10^5	7 000	163.5
NI5－12	0.2	3	0.13	2.5×10^5	7 000	208.6
NI5－13	0.3	3	0.13	2.5×10^5	7 000	250.2
NI5－14	0.4	3	0.13	2.5×10^5	7 000	289.8
NI5－15	0.5	3	0.13	2.5×10^5	7 000	326.8
NI5－16	0.1	3	0.13	2.5×10^5	9 000	155.7
NI5－17	0.2	3	0.13	2.5×10^5	9 000	197.1
NI5－18	0.3	3	0.13	2.5×10^5	9 000	234.4
NI5－19	0.4	3	0.13	2.5×10^5	9 000	269.6
NI5－20	0.5	3	0.13	2.5×10^5	9 000	302.3

续　表

模　型	裂纹深度和钢板厚度之比 a/T	CFRP粘贴层数	补强率	CFRP弹性模量(MPa)	粘结材料弹性模量(MPa)	应力强度因子$(MPa \cdot mm^{1/2})$
NI5-21	0.1	5	0.21	2.5×10^5	2 000	195.1
NI5-22	0.2	5	0.21	2.5×10^5	2 000	261.1
NI5-23	0.3	5	0.21	2.5×10^5	2 000	330.8
NI5-24	0.4	5	0.21	2.5×10^5	2 000	406.2
NI5-25	0.5	5	0.21	2.5×10^5	2 000	484.0
NI5-26	0.1	5	0.21	2.5×10^5	5 000	173.3
NI5-27	0.2	5	0.21	2.5×10^5	5 000	223.7
NI5-28	0.3	5	0.21	2.5×10^5	5 000	271.8
NI5-29	0.4	5	0.21	2.5×10^5	5 000	318.9
NI5-30	0.5	5	0.21	2.5×10^5	5 000	363.5
NI5-31	0.1	5	0.21	2.5×10^5	7 000	163.5
NI5-32	0.2	5	0.21	2.5×10^5	7 000	208.6
NI5-33	0.3	5	0.21	2.5×10^5	7 000	250.2
NI5-34	0.4	5	0.21	2.5×10^5	7 000	289.8
NI5-35	0.5	5	0.21	2.5×10^5	7 000	326.8
NI5-36	0.1	5	0.21	2.5×10^5	9 000	155.7
NI5-37	0.2	5	0.21	2.5×10^5	9 000	197.1
NI5-38	0.3	5	0.21	2.5×10^5	9 000	234.4
NI5-39	0.4	5	0.21	2.5×10^5	9 000	269.6
NI5-40	0.5	5	0.21	2.5×10^5	9 000	302.3

3.2.5　数值解和经典解的比较

为了验证数值模拟结果的准确性，首先将未补强试件裂纹尖端的应力强度因子数值解和经典解相比较。在线弹性断裂力学中，含表面裂纹的非承重十字形焊接接头裂纹尖端应力强度因子可以采用式(3-8)计算[161]：

$$K = \frac{M_s M_t M_p M_k}{\Phi_0} \sigma \sqrt{\pi a} \tag{3-8}$$

式中,K 为应力强度因子;M_s 为裂纹自由表面修正系数;M_t 为有限厚度修正系数;M_p 为塑性修正系数;M_k 为应力集中放大系数;Φ_0 为完全椭圆积分;σ 为远端荷载;a 为裂纹深度。$M_s M_t/\Phi_0$ 值可查文献[161]中表 1,M_p 取为 1,M_k 由式(3-9)—式(3-11)计算:

$$M_k = C \cdot \left(\frac{a}{T}\right)^k \quad M_k \leqslant 1 \tag{3-9}$$

$$C = 0.8068 - 0.1554\left(\frac{H}{T}\right) + 0.0429\left(\frac{H}{T}\right)^2 + 0.0794\left(\frac{W}{T}\right) \tag{3-10}$$

$$k = -0.1993 - 0.1839\left(\frac{H}{T}\right) + 0.0495\left(\frac{H}{T}\right)^2 + 0.0815\left(\frac{W}{T}\right) \tag{3-11}$$

式中,H 和 W 为焊趾尺寸,T 为母板厚度,如图 3-19 所示。

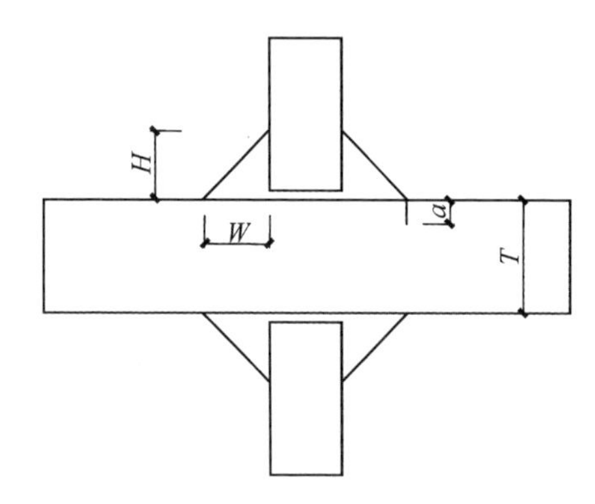

图 3-19 非承重十字形焊接接头尺寸图示

非承重十字形焊接接头裂纹尖端应力强度因子数值解和经典解的比较如图 3-20 所示。从图中发现,随着裂纹深度和钢板厚度比值 a/T 从 0.1 增加到 0.5,数值解和经典解均吻合得很好,证明数值模拟能够准确预测裂纹尖端的应力强度因子值。

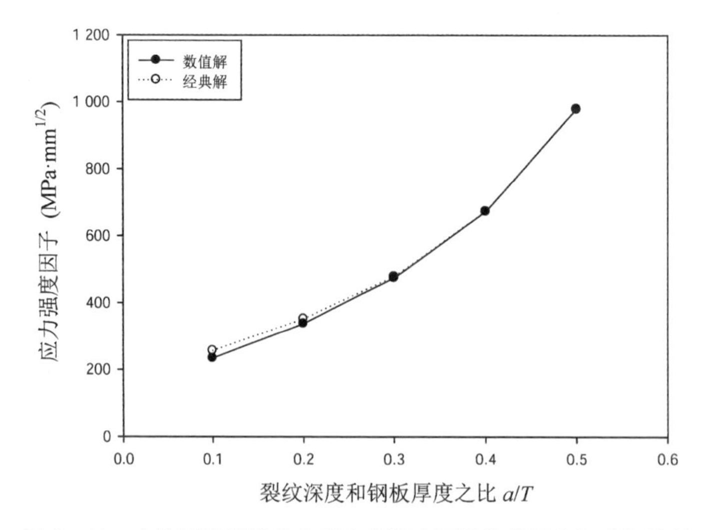

图 3-20 未补强模型裂纹尖端应力强度因子数值解和经典解比较

3.2.6　CFRP 布补强率对应力强度因子的影响

为了研究补强率对补强效果的影响，计算不同补强率补强模型的应力强度因子值。图 3-21(a)中所示曲线为采用不同补强率补强的试件裂纹尖端应力强度因子值。从图中可以看到，增加 CFRP 布补强率能够有效降低应力强度因子值。当裂纹深度和钢板厚度之比 a/T 为 0.1 时，裂纹尖端应力强度因子值从 233.8 MPa · mm$^{1/2}$(未补强)降低到 209.7 MPa · mm$^{1/2}$ (S=0.04，1 层 CFRP 布)或 186.3 MPa · mm$^{1/2}$ (S=0.21，5 层 CFRP 布)，这种降低趋势随着裂纹深

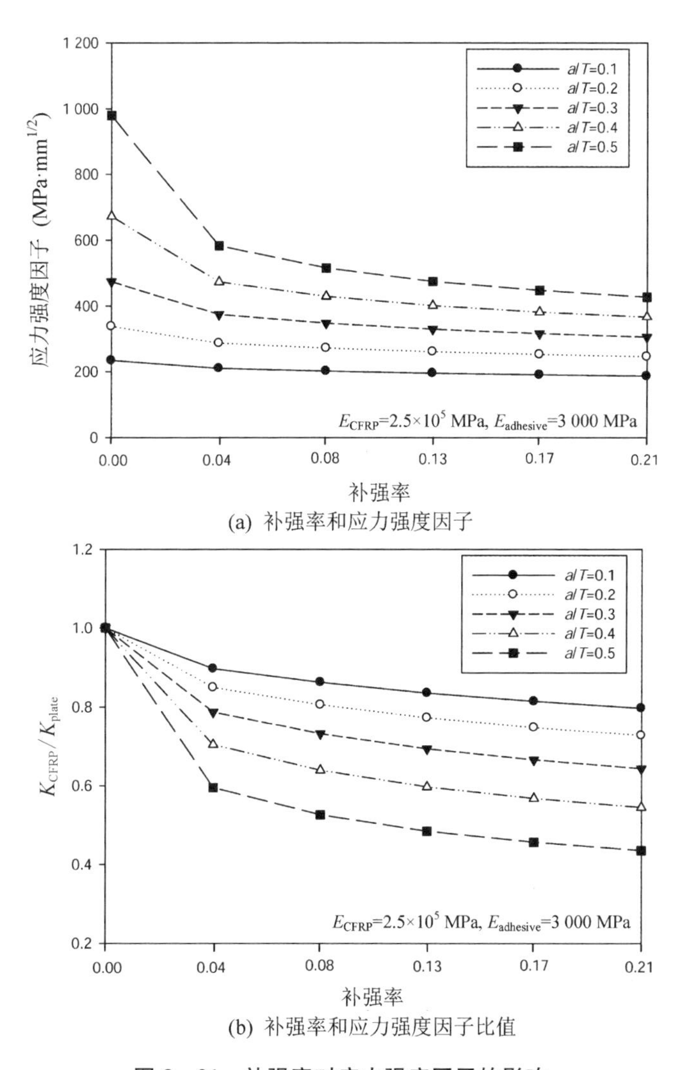

(a) 补强率和应力强度因子

(b) 补强率和应力强度因子比值

图 3-21　补强率对应力强度因子的影响

度的增加更加明显。相同裂纹长度补强模型的应力强度因子 K_{CFRP} 和未补强模型的应力强度因子 K_{plate} 比值与补强率的关系如图 3－21(b)所示。当裂纹深度为 1/10 钢板厚度时，补强率从 $S=0.04$（1 层）增加到 $S=0.21$（5 层），该比值从 0.90 降低到 0.80（降低幅值约为 11%）；当裂纹扩展至钢板厚度的一半时，补强率从 $S=0.04$（1 层）增加到 $S=0.21$（5 层），该比值从 0.60 降低到 0.44（降低幅值约为 27%）。这也与上图中的趋势一致，当裂纹深度越大，降低程度越为明显。

3.2.7 裂纹深度对应力强度因子的影响

随着裂纹扩展，应力强度因子值将随着裂纹深度的增加不断增加。图 3－22(a)所示为不同补强率补强模型应力强度因子随着裂纹深度发展的关系曲线。从图中发现，相比未补强模型，CFRP 布补强后裂纹尖端应力强度因子值显著降低。当 a/T 分别为 0.1，0.3 和 0.5 时，未补强模型的应力强度因子值分别为 233.8 $MPa \cdot mm^{1/2}$，474.2 $MPa \cdot mm^{1/2}$ 和 979.7 $MPa \cdot mm^{1/2}$，当补强率 $S=0.21$ 时（粘贴 5 层 CFRP 布补强），应力强度因子值分别降低为 186.3 $MPa \cdot mm^{1/2}$，305.0 $MPa \cdot mm^{1/2}$ 和 427.2 $MPa \cdot mm^{1/2}$。同时可以看到，当裂纹深度较大时，CFRP 补强对裂纹尖端应力强度因子值的降低效果更为明显。图 3－22(b)所示为应力强度因子比值 K_{CFRP}/K_{plate} 和 a/T 的关系。当补强率 $S=0.04$ 时（采用 1 层 CFRP 布补强），随着 a/T 从 0.1 增加到 0.5，应力强度因子比值从 0.90 降低到 0.60（降低幅值约为 33%）；当补强率 S 增加到 0.21 后（采用 5 层 CFRP 布补强），随着 a/T 从 0.1 增加到 0.5，应力强度因子比值从 0.80 降低到 0.45（降低幅值约为 44%）。

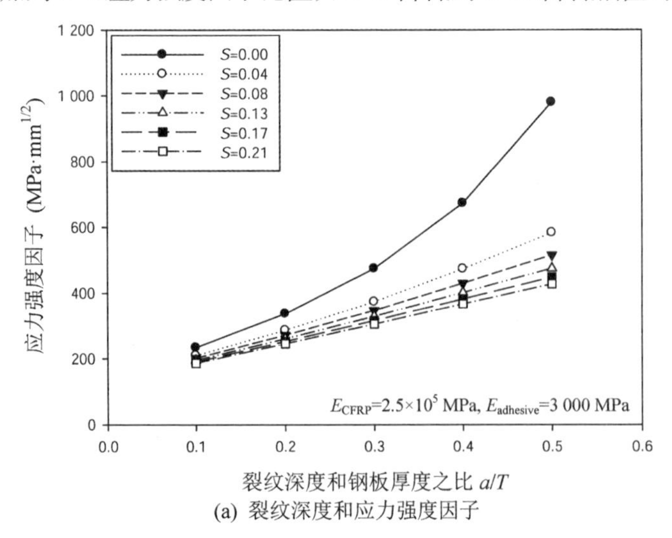

(a) 裂纹深度和应力强度因子

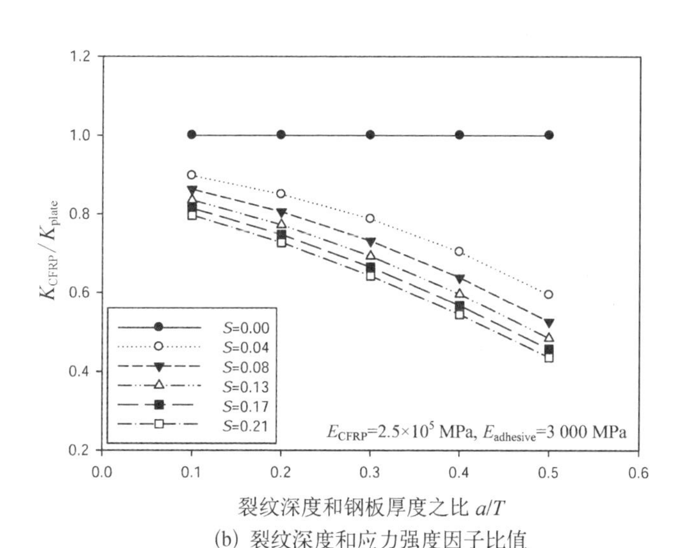

(b) 裂纹深度和应力强度因子比值

图 3 - 22　裂纹深度对应力强度因子的影响

3.2.8　CFRP 布弹性模量对应力强度因子的影响

复合材料补强体系中,复合材料弹性模量是补强试件整体刚度及裂纹尖端应力强度因子的重要影响因素。在模型计算中,取用 CFRP 布不同弹性模量值,分别为 2.0×10^5 MPa、2.5×10^5 MPa、4.0×10^5 MPa 和 6.0×10^5 MPa。图 3 - 23 和图 3 - 24 分别绘出 3 层和 5 层 CFRP 布补强模型的结果。从图中可以

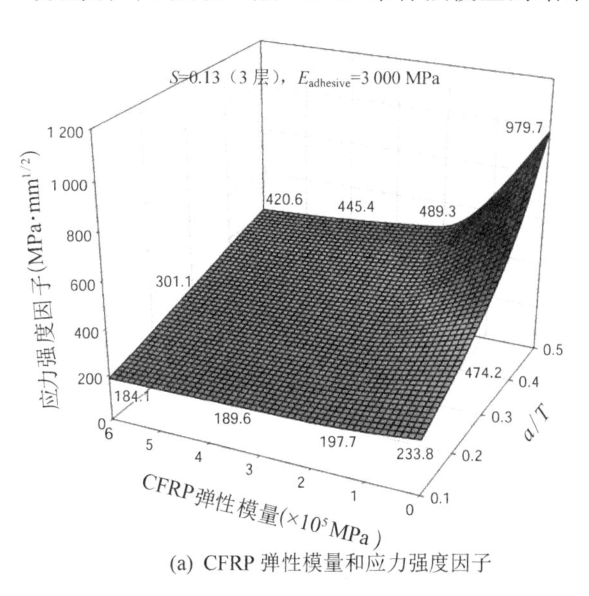

(a) CFRP 弹性模量和应力强度因子

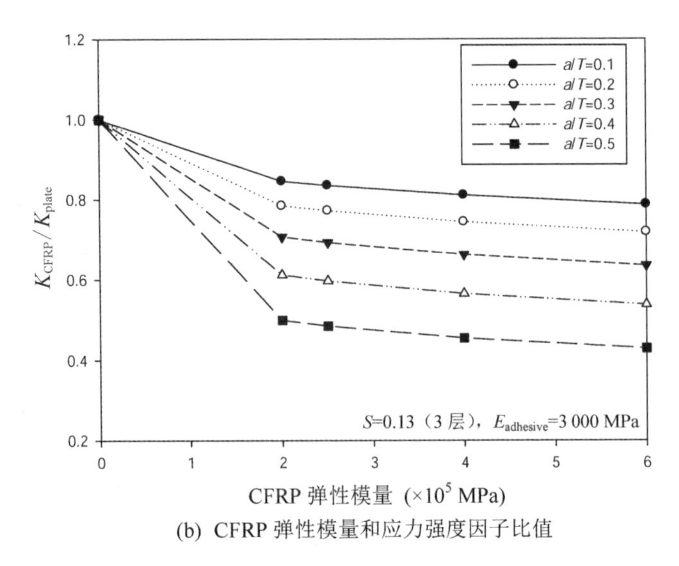

(b) CFRP 弹性模量和应力强度因子比值

图 3-23　CFRP 弹性模量对应力强度因子的影响(S=0.13,3 层补强)

看到,提高 CFRP 布弹性模量可以有效降低裂纹尖端的应力强度因子值。当补强率 S=0.13 时(采用 3 层 CFRP 布补强),a/T 为 0.1,随着 CFRP 布弹性模量从 2.0×10^5 MPa 提高到 6.0×10^5 MPa,应力强度因子比值 K_{CFRP}/K_{plate}分别为 0.85,0.84,0.81 和 0.79;a/T 为 0.5,随着 CFRP 布弹性模量从 2.0×10^5 MPa 提高到 6.0×10^5 MPa,K_{CFRP}/K_{plate}分别为 0.50,0.48,0.45 和 0.43,如图 3-23(b)所示。类似地,当补强率 S=0.21 时(采用 5 层 CFRP 布补强),a/T 为 0.1,K_{CFRP}/K_{plate}分别为 0.81,0.80,0.77 和 0.75;a/T 为 0.5,K_{CFRP}/K_{plate} 分别为 0.45,0.44,0.41 和 0.39,如图 3-24(b)所示。

3.2.9　粘结材料弹性模量对应力强度因子的影响

与之类似,粘结层弹性模量同样对试件疲劳性能有重要影响。除了能够和 CFRP 布一起承担部分远端荷载,更为重要的是,粘结层力学性能将直接影响粘结效果,从而影响荷载传递效率。模型计算中取用粘结层 5 种不同弹性模量值,分别为 2.0×10^3 MPa,3.0×10^3 MPa,5.0×10^3 MPa,7.0×10^3 MPa 和 9.0×10^3 MPa,具体计算结果如图 3-25 和图 3-26 所示。从图中可以看到,提高粘结层弹性模量能够有效降低裂纹尖端应力强度因子值,这种现象在裂纹深度较大时更为明显。当补强率 S=0.13 时(采用 3 层 CFRP 布补强),a/T 为 0.1,随

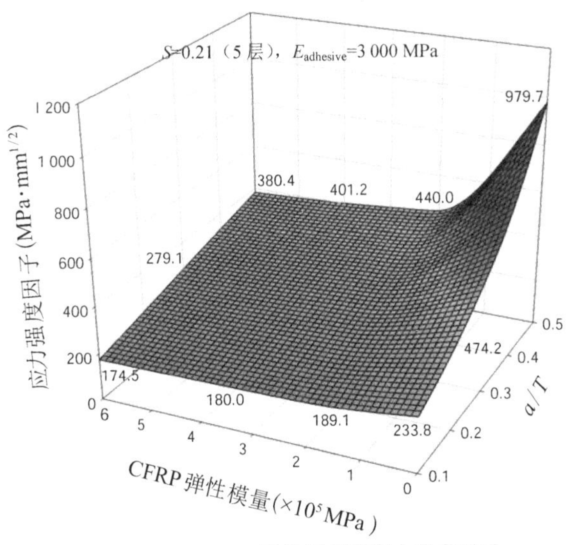

(a) CFRP 弹性模量和应力强度因子

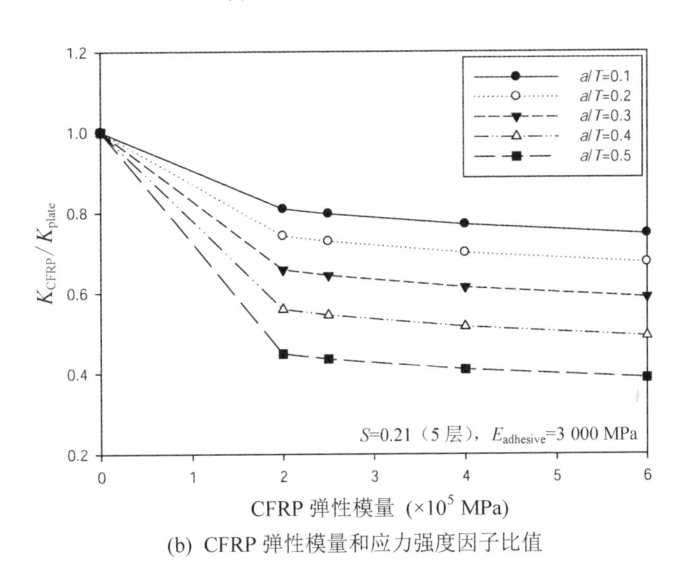

(b) CFRP 弹性模量和应力强度因子比值

图 3 - 24　CFRP 弹性模量对应力强度因子的影响(S=0.21,5 层补强)

着粘结层弹性模量从 2.0×10^3 MPa 提高到 9.0×10^3 MPa,应力强度因子比值 K_{CFRP}/K_{plate}分别为 0.87,0.84,0.79,0.75 和 0.72;a/T 为 0.5,随着粘结层弹性模量从 2.0×10^3 MPa 提高到 9.0×10^3 MPa，K_{CFRP}/K_{plate}分别为 0.54,0.48,0.42,0.38 和 0.35,如图 3 - 25(b)所示。与之类似,当补强率 S=0.21 时(采用

5层CFRP布补强)，a/T 为 0.1，K_{CFRP}/K_{plate} 分别为 0.83，0.80，0.74，0.70 和 0.67；a/T 为 0.5，K_{CFRP}/K_{plate} 分别为 0.49，0.44，0.37，0.33 和 0.31，如图 3-26(b)所示。但是，在认识到高弹性模量粘结材料能够带来更高补强效果的同时，需要注意，粘结层弹性模量过高，导致粘结层应力过大，可能提前发生粘结失效[102]，因此要在两者之间寻求一个平衡。

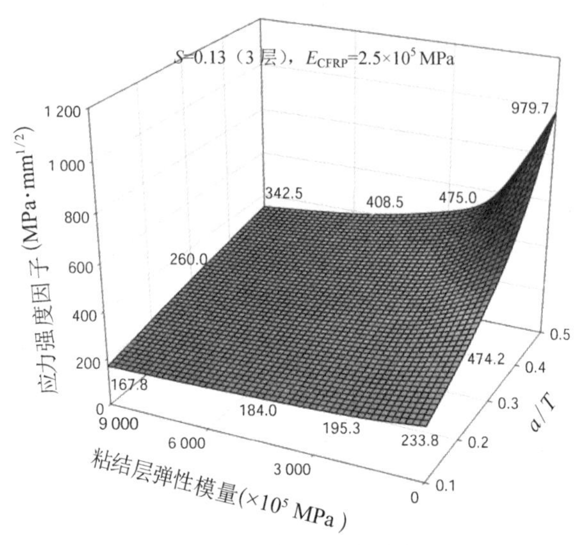

(a) 粘结层弹性模量和应力强度因子

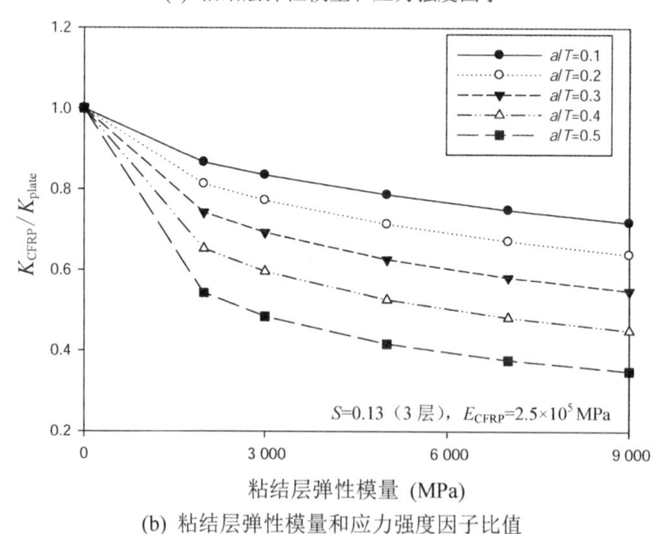

(b) 粘结层弹性模量和应力强度因子比值

图 3-25 粘结层弹性模量对应力强度因子的影响(S=0.13,3层补强)

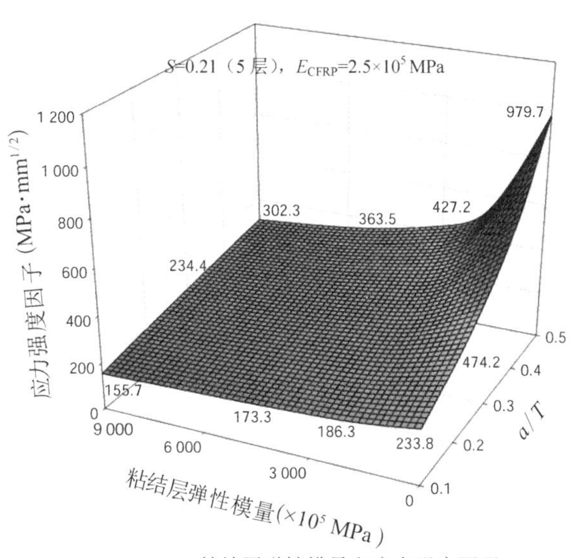

(a) 粘结层弹性模量和应力强度因子

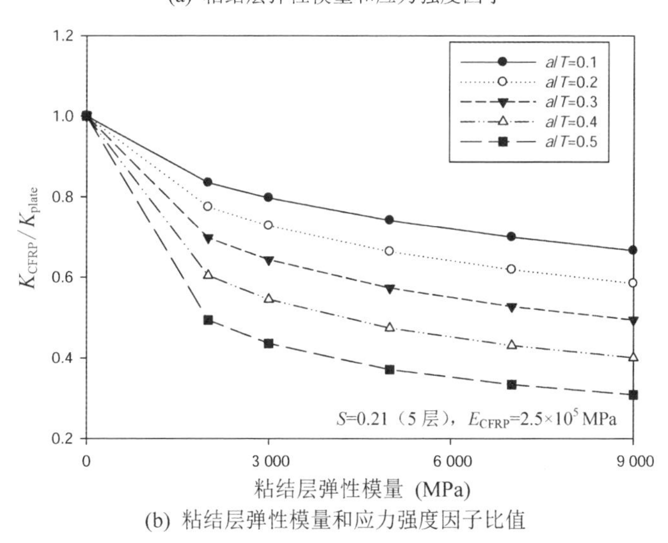

(b) 粘结层弹性模量和应力强度因子比值

图 3－26　粘结层弹性模量对应力强度因子的影响(S=0.21,5 层补强)

3.2.10　单/双面补强对应力强度因子的影响

在实际工程中,有时候受到现场施工条件的限制,只能采取单面补强的方式。因此考虑单面补强情况,计算对应的应力强度因子值(这里单面补强指在开裂一面粘贴 CFRP 布)。图 3-27(a)和(b)所示分别为不同补强率和不同裂纹深度的单/双面补强模型应力强度因子值以及相应的比值。在相同补强率的情况下,相比比双面补强模型,单面补强模型的应力强度因子值略微降低。产生这种差别是由于单面补强引起试件中性轴向上偏移,产生次弯矩,开裂一面的应力场降低引起的,如图 3-28 所示。

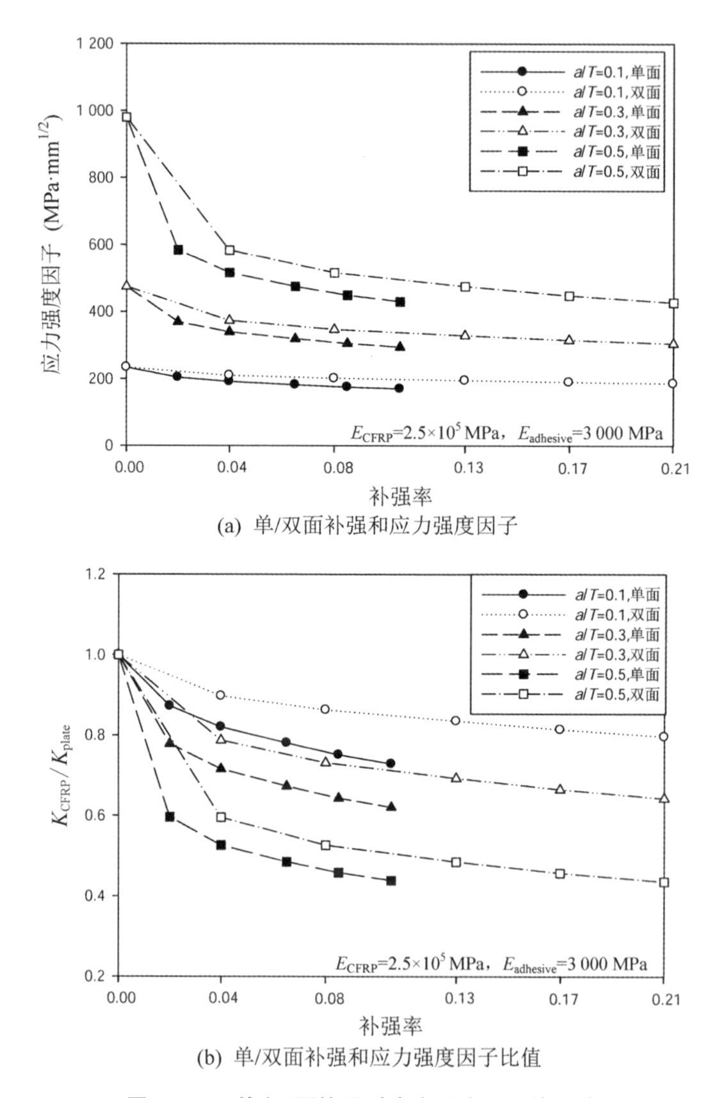

(a) 单/双面补强和应力强度因子

(b) 单/双面补强和应力强度因子比值

图 3-27 单/双面补强对应力强度因子的影响

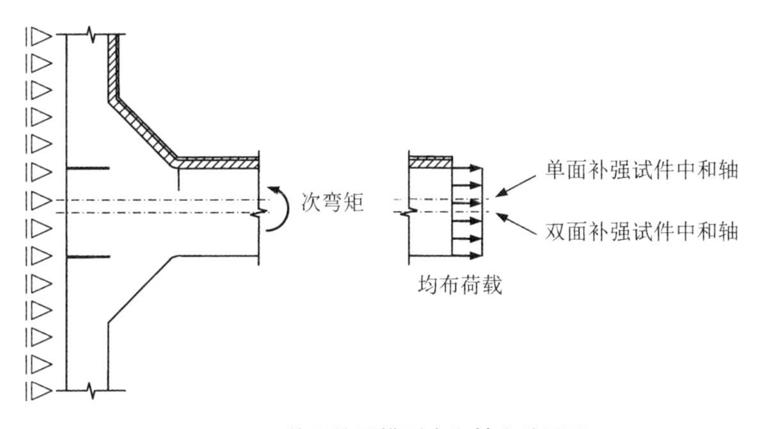

图3-28　单面补强模型中和轴上移图示

3.3 本章小结

本章对CFRP布补强非承重十字形焊接接头试件进行有限元建模分析，分别计算了焊趾处应力集中系数和裂纹尖端应力强度因子，参数分析考察了CFRP布粘贴此类焊接接头补强体系中的各种影响因素，包括焊趾半径、裂纹深度、补强率、粘贴方式、CFRP布弹性模量和粘结层弹性模量，可以得出以下结论：

(1) 非承重十字形焊接接头焊趾处存在明显的应力集中现象，粘贴CFRP布能够明显减缓应力集中程度，降低板内应力值，减小裂纹尖端应力强度因子，从而延长试件疲劳寿命。裂纹尖端应力强度因子的降低程度随着裂纹扩展而愈加明显。

(2) 焊趾半径是影响非承重十字形焊接接头疲劳性能的重要影响参数，试件焊趾几何参数的离散性直接导致了疲劳试验结果的离散性。

(3) 采用高弹性模量补强材料能够降低焊趾附近应力集中系数，但是效果有限；对于裂纹尖端应力强度因子，提高补强材料弹性模量效果更为明显，但须注意过高弹性模量的粘结层可能导致提前发生粘结失效。

(4) 补强率的增加对于降低焊趾处应力集中系数和裂纹尖端应力强度因子是有利的，能够有效改善试件疲劳性能。

(5) 相比双面粘贴补强，由于次弯矩的存在，在开裂面单面补强裂纹尖端应力强度因子降低效果略微明显。

数值分析结果表明 CFRP 材料粘贴补强能够有效降低这类焊接接头焊趾处应力集中系数和裂纹尖端应力强度因子。但需注意,数值计算中假定钢板和 CFRP 不发生粘结失效,而实际上,焊缝处多含先天缺陷,疲劳裂纹易于在焊趾处萌生。同时,对于此类焊接接头的补强材料布置,存在内折角形式的缺陷,在外荷载作用下易于发生粘结失效。综上所述,尽管试验结果表明补强能够提高试件疲劳强度,但难以完全发挥 CFRP 材料优越的力学性能,补强效果较为有限。

第4章 粘贴 CFRP 改善平面外纵向焊接接头疲劳性能试验研究

第2章、第3章就非承重十字形焊接接头采用CFRP布补强后的疲劳性能做了详细的分析和讨论，但是考虑到疲劳裂纹通常从焊趾处萌发，同时该类试件CFRP材料布置方式存在内折角的构造缺陷，因此易于提前发生粘结失效，补强效果较为有限。本章将重点研究CFRP粘贴补强应用于平面外纵向焊接接头的情况。

目前有关CFRP材料在焊接接头中的研究应用较为有限。对于平面外纵向焊接接头，Nakamura等[78]采用两种补强方式对此类焊接接头进行试验研究，主要包括止裂孔和粘贴CFRP板。试验结果表明，修补后试件疲劳寿命大幅延长。Suziki等[74]采用GFRP材料补强此类焊接接头，同时基于有限元方法和断裂力学理论对试件应力场和疲劳裂纹扩展进行分析，提出复合材料粘贴补强能够降低试件应力水平，从而改善试件疲劳性能。仍需要对此类焊接接头进行更多的补强试验研究，以进一步认知这类焊接接头粘贴CFRP材料后疲劳性能的改善情况。

本章设计并完成了4组不同应力幅下的纵向焊接接头疲劳试验，采用CFRP布或CFRP板双面粘贴，研究其补强后的疲劳性能。

4.1 平面外纵向焊接接头试件

补强试件由CFRP材料双面粘贴平面外纵向焊接接头制作而成。试件形状和几何尺寸如图4-1(a)所示。试件母材为一块长700 mm，宽80 mm，厚8 mm的钢板，在中间部位采用CO_2气体保护焊，用角焊缝连接两块长80 mm，宽

100 mm，厚 8 mm 的对称钢板。试件采用 CFRP 材料在两面补强，粘贴方式如图 4-1(b)所示。为了比较不同形式 CFRP 材料对试件疲劳性能的影响，采用 3 层 CFRP 布（S=0.09）或 1 层 CFRP 板（S=0.19）粘贴。粘贴 CFRP 板的试件和部分粘贴 CFRP 布的试件端部采用 CFRP 布锚固。

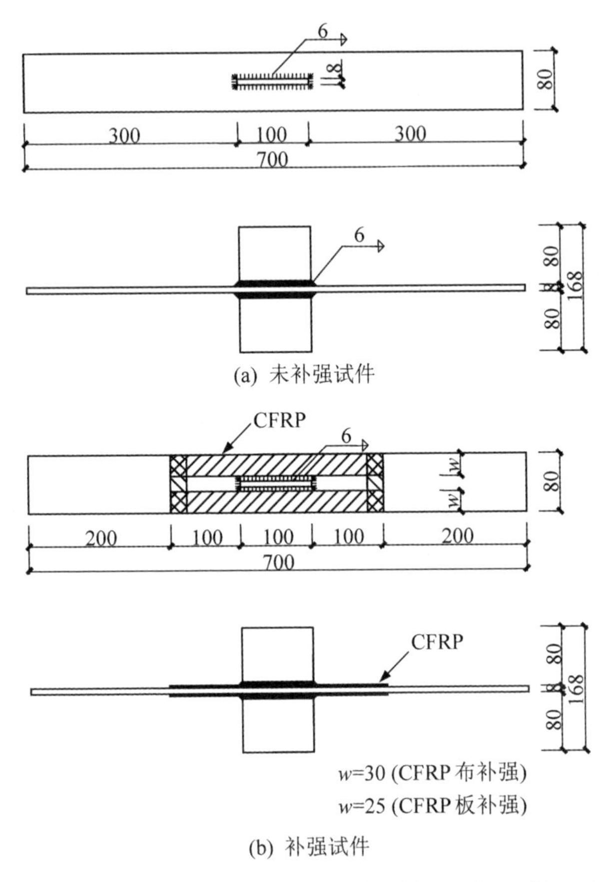

图 4-1　平面外纵向焊接接头试件形状和几何尺寸(mm)

钢板采用 Q345 钢材，其力学性能根据相关规范 GB/T 228-2002[142] 采用受拉材性试件测定，具体结果如表 4-1 所列。粘贴 CFRP 布补强试件采用上海同固结构工程有限公司提供的型号为 CFC2-2 的 CFRP 布和型号为 TJ 的结构粘胶，CFRP 布厚度为 0.167 mm；粘贴 CFRP 板补强试件采用上海怡昌碳纤维材料有限公司提供的型号为 CFC3-1.2-50 的 CFRP 板和型号为 TGJ-P 的结构粘胶，CFRP 板厚度为 1.2 mm。具体力学性能根据生产商提供的数据，列于表 4-1 中。表 4-2 所列为钢材实测化学元素组成。

表 4-1　平面外纵向焊接接头试件钢材、CFRP 材料和结构粘胶力学性能

	钢材 Q345	CFRP 材料		结构黏胶	
		CFC2-2	CFC3-1.2-50	TJ	TGJ-P
屈服强度(MPa)	273	—	—	—	—
极限强度(MPa)	437	4 180	2 516	≥40	71
弹性模量(GPa)	227	250	166	≥2.5	2.7
延伸率(%)	36.5	1.7	1.7	≥1.5	1.7

表 4-2　平面外纵向焊接接头钢材化学成分(重量百分比)

钢	C	Si	Mn	P	S
Q345	0.13%	0.17%	0.47%	0.020%	0.037%

为保证试件端部焊接质量，降低残余应力，试件制作过程中采用分段焊接的方式，焊接顺序按先 1、2，后 3、4 进行，如图 4-2(a)所示，焊接完成的试件局部焊缝形状如图 4-2(b)和(c)所示。

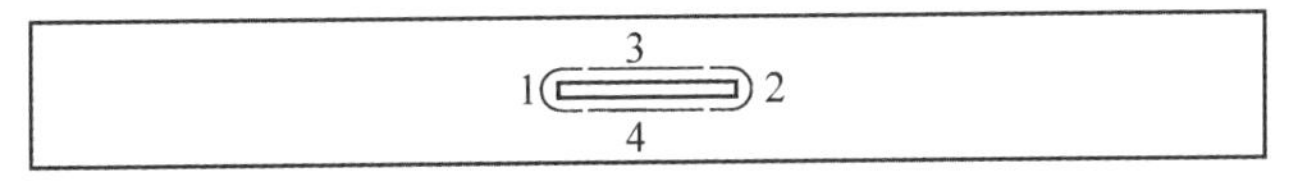

(a) 焊接顺序示意图

(b) 端焊缝

(c) 侧焊缝

图 4-2　试件焊接

按照第 2.1 节的步骤对焊接接头试件进行表面处理，粘贴 CFRP 材料。对于 CFRP 布补强试件，逐层涂抹结构粘胶，粘贴 CFRP 布，并用滚轴在粘贴完成的表面来回滚动，使 CFRP 纤维浸润在胶水中，并去除多余胶水和气泡，保证粘结性能；对于 CFRP 板补强的试件，板材紧密贴合钢板，对其表面施加一定压力，直到边缘处胶水溢出，认为粘结层饱满，粘结有效。完成一面粘贴后，待胶水干透再对另一面进行粘贴。试件在室温条件下养护一周后进行试验。制作完成的试件如图 4-3 所示。

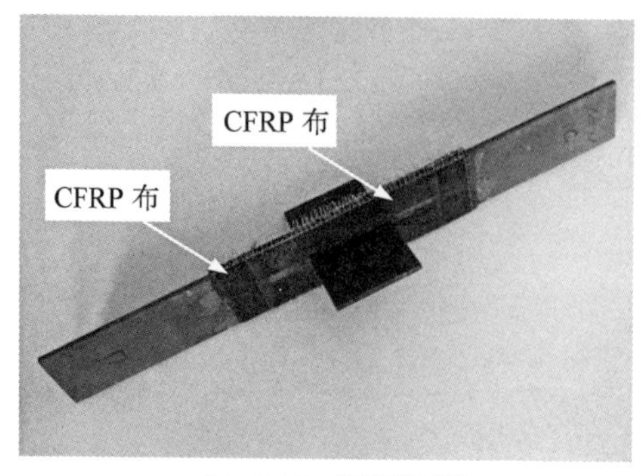

(a) CFRP 布补强试件

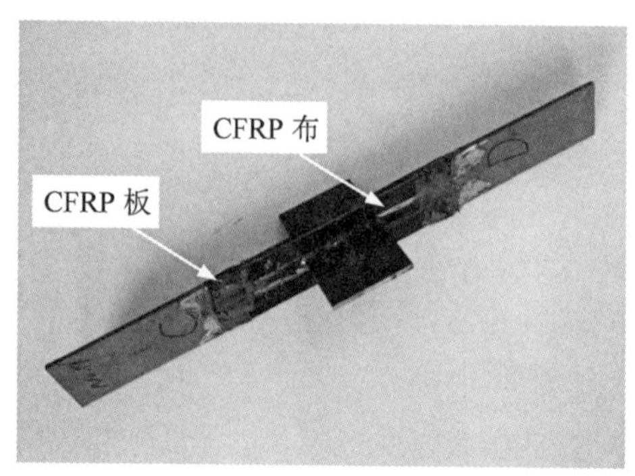

(b) CFRP 板补强试件

图 4-3 补强后的平面外纵向焊接接头试件

按照第 2.1 节的步骤分别对 CFRP 布和 CFRP 板补强试件测量粘结层厚度。测量结果表明，CFRP 布补强试件粘结层厚度平均值为 0.56 mm；CFRP 板补强试件粘结层厚度平均值为 1.18 mm。

类同第 2.1 节，采用齿科印象材对焊缝的局部形状进行取模，切片分析，得到具有统计规律的焊趾半径和角度，如图 4-4 所示。从图中数据可以看出，结果较为离散。焊趾半径范围为 0.22～5.27 mm，平均值为 2.06 mm；侧面角范围为 20°～69°，平均值为 38.6°。

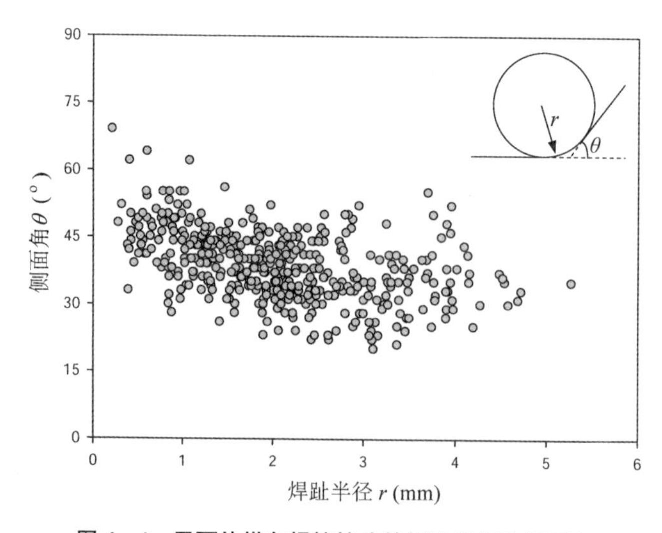

图 4-4 平面外纵向焊接接头的焊趾半径和侧面角

4.2　平面外纵向焊接接头试验装置和加载制度

CFRP 布补强试件试验在同济大学航空航天与力学学院下属力学实验中心-材料力学实验室进行，试验设备为 Instron 1343 型电液伺服疲劳试验机；CFRP 板补强试件试验在上海交通大学船舶海洋与建筑工程学院工程力学系疲劳断裂实验室进行，试验设备为 MTS 疲劳试验机。一共对 21 个焊接接头试件进行了疲劳加载。其中，5 个为未补强试件，作为对比试验；8 个为 3 层 CFRP 布补强试件；8 个为 1 层 CFRP 板补强试件。

对所有试件两端施加正弦曲线疲劳载荷，应力比为 0.1。由于试验设备限制，CFRP 布补强试件加载频率为 10 Hz，CFRP 板补强试件加载频率为 6 Hz（其中应力幅 216 MPa 的为 5 Hz）。为了研究不同荷载大小对试件疲劳性能的影响，同时参考 JSSC 中疲劳曲线[148]，采用 4 种不同应力幅加载，分别为 120 MPa，153 MPa，180 MPa 和 216 MPa。这里的荷载指对应于未补强试件钢板上的名义应力幅。对补强焊接接头试件，采用相同大小荷载。应力谱中最大应力约为钢材极限强度的 55%，屈服强度的 88%。试件加载装置如图 4-5 所示。

(a) CFRP 布补强试件

(b) CFRP 板补强试件

图 4-5　平面外纵向焊接接头疲劳试验加载装置

疲劳裂纹扩展是试件疲劳性能的重要反映，观测试验过程中试件疲劳裂纹扩展过程有助于更好地理解 CFRP 补强对试件疲劳性能的影响。因此，在部分试件疲劳加载过程中，采用沙滩纹方法（beach marking technique）加载方式，在 5 万次普通应力幅疲劳荷载后插入 1 万次低应力幅疲劳荷载，如图 4－6 所示。以应力幅 216 MPa 为例，低应力幅疲劳荷载是指最大荷载保持不变，应力幅从 216 MPa 减小至 72 MPa，应力比从 0.1 增加到 0.7。随着应力幅改变，裂纹尖端应力场改变，应力强度因子改变，从而裂纹扩展速率改变，在试件截面上留下可见的痕迹，称为“沙滩纹”，在试件断裂破坏后可以直接用肉眼观测裂纹随疲劳荷载扩展的情况。

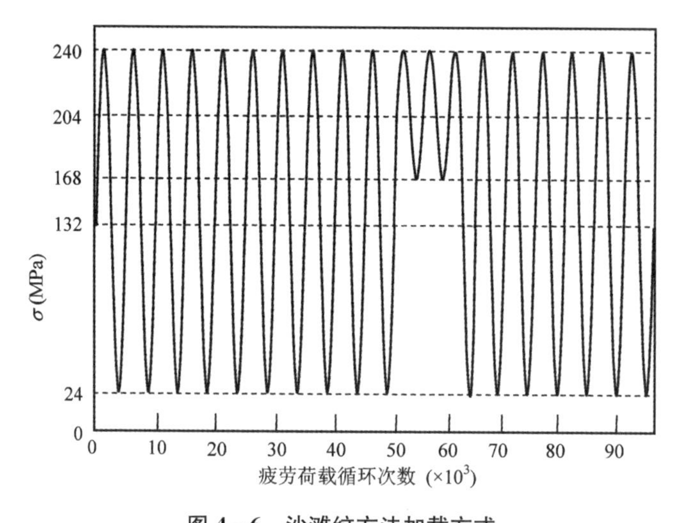

图 4－6　沙滩纹方法加载方式

4.3　平面外纵向焊接接头试件破坏模式

表 4－3 给出了疲劳试验结果，包括疲劳寿命和补强试件与未补强试件疲劳寿命比值。考虑到疲劳试验的离散性，对部分试件采用了 2～3 个重复试件。试件命名中，AW 代表未补强试件，SF 代表 3 层 CFRP 布补强试件，LF 代表 1 层 CFRP 板补强试件。字母后第一个数字代表应力幅种类，第二个数字代表相同工况的不同试件。疲劳寿命比值由补强后试件疲劳寿命除以相应未补强试件疲劳寿命而得。

表 4－3　平面外纵向焊接接头疲劳试验结果

试　件	应力幅(MPa)	补强方式	补强率	疲劳寿命($\times 10^3$)	疲劳寿命比值
AW1－1	216	—	0.00	95.0	—
AW1－2	216	—	0.00	128.6	—
平均值				111.8	—
SF1－1	216	3 层 CFRP 布	0.09	102.0	0.91
SF1－2	216	3 层 CFRP 布	0.09	150.5	1.35
LF1－1	216	1 层 CFRP 板	0.19	113.2	1.01
LF1－2	216	1 层 CFRP 板	0.19	69.4	0.62
AW2－1	180	—	0.00	262.0	—
AW2－2	180	—	0.00	378.0	—
平均值				320.0	—
SF2－1	180	3 层 CFRP 布	0.09	222.0	0.69
SF2－2	180	3 层 CFRP 布	0.09	254.0	0.79
SF2－3	180	3 层 CFRP 布	0.09	229.4	0.72
LF2－1	180	1 层 CFRP 板	0.19	235.6	0.74
LF2－2	180	1 层 CFRP 板	0.19	239.3	0.75
AW3－1	153	—	0.00	376.0	—
SF3－1	153	3 层 CFRP 布	0.09	306.0	0.81
SF3－2	153	3 层 CFRP 布	0.09	428.0	1.14
SF3－3	153	3 层 CFRP 布	0.09	505.4	1.34
LF3－1	153	1 层 CFRP 板	0.19	440.3	1.17
LF3－2	153	1 层 CFRP 板	0.19	390.7	1.04
LF4－1	120	1 层 CFRP 板	0.19	784.5	—
LF4－2	120	1 层 CFRP 板	0.19	770.0	—

试验过程中观察到所有试件疲劳裂纹在焊趾处萌发，扩展到一定长度后，试件沿着焊趾处断裂破坏，并伴随着钢板和粘结材料界面粘结失效，未观察到 CFRP 材料断裂，如图 4－7 所示。

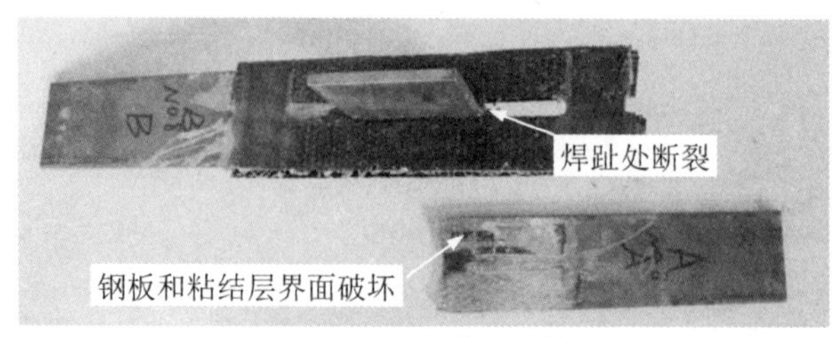

(a) CFRP 布补强试件

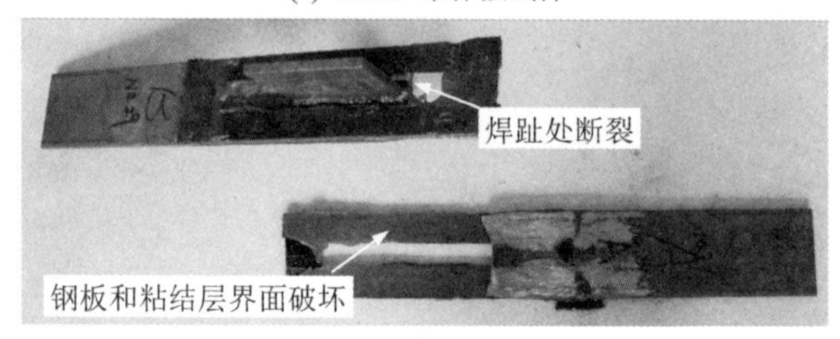

(b) CFRP 板补强试件

图 4－7　典型粘贴 CFRP 平面外纵向焊接接头试件破坏模式

4.4　平面外纵向焊接接头试件疲劳寿命

所有试件疲劳寿命列于表 4－3 中。这里,疲劳寿命是指从试验加载开始到试件完全断裂经历的荷载循环次数。其中,对于采用了沙滩纹方法加载的试件,假定传统 $S-N$ 曲线对所有情况适用,将低应力幅荷载循环次数折算为对应于普通应力幅的荷载循环次数。根据式(2－2),对应于普通应力幅的荷载循环次数 N_h 和对应于低应力幅的荷载循环次数 N_l 之间的关系如式(4－1)所示:

$$\frac{N_l}{N_h} = \left(\frac{\Delta\sigma_h}{\Delta\sigma_l}\right)^m \tag{4-1}$$

式中,$\Delta\sigma_h$ 为普通应力幅,$\Delta\sigma_l$ 为插入的低应力幅。

图 4－8 为试验试件应力幅-疲劳寿命关系图。图中横坐标 N 为疲劳寿命,纵坐标 $\Delta\sigma$ 为应力幅。此类平面外纵向焊接接头在 JSSC[148] 疲劳曲线中列为等级 F,因此同时将此曲线绘制于图中。从图中看到,所有试验数据点均位于曲线 JSSC－F 上方,表明满足此类焊接接头分类。同时可以发现,疲劳试验结果离散性较大,只能在一定程度上体现补强效果。试件疲劳寿命随着应力幅的降低而

明显增加。在应力幅为 216 MPa 和 153 MPa 的两种工况中，大部分补强试件疲劳寿命大于未补强试件，表明这种补强方法能够用来改善此类焊接接头的疲劳性能。当应力幅为 180 MPa 时，试验中所有补强试件疲劳寿命均小于未补强试件，未能体现 CFRP 材料的补强作用。分析认为这是由焊接接头焊趾处几何参数的离散性引起的(图 4－4)。对于应力幅为 120 MPa 的试件，未进行此工况下的未补强试件试验，因此无法直接比较试件疲劳寿命情况。图 4－8 表明，此工况的 2 个试件疲劳性能相近，且均位于曲线 JSSC－E 上方，认为补强具有一定效果。同样这里未能系统地体现采用 3 层 CFRP 布(S＝0.09)和 1 层 CFRP 板(S＝0.19)补强的效果差别。从以上分析可以得出结论，原状焊接接头焊趾处几何参数离散性大，将直接导致试件疲劳性能的离散性。试验过程中，取未补强试件和补强试件在相同工况下进行疲劳加载，考察 CFRP 补强效率。但实际上，这两个试件本身疲劳性能差异较大，即难以准确地控制试验试件的初始条件，同时由于试验试件数量有限，因此补强试件和未补强试件疲劳寿命比值结果离散，未能充分体现补强效果。原状焊接接头若用作 CFRP 材料补强效果的研究，较难得出系统性的结果。建议采用一些焊后处理工艺以保证焊趾处几何参数的一致性，或预制人工缺陷引导疲劳裂纹扩展，以剔除离散性的影响。有关焊趾几何参数对试件疲劳性能的影响，也将在下一章数值计算中具体讨论。

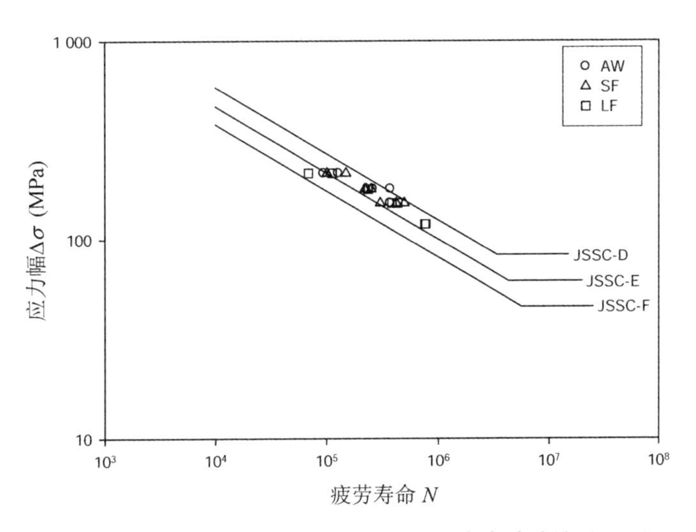

图 4－8　平面外纵向焊接接头疲劳寿命试验结果

4.5 平面外纵向焊接接头试件疲劳裂纹扩展

典型的试件断裂截面如图 4-9 所示。疲劳裂纹从应力集中区域焊趾处萌发，在与外荷载垂直的平面内向深度方向和宽度方向不断扩展，沙滩纹方法中插入的低应力幅循环荷载留下了明显的痕迹。当裂纹扩展到一定长度，钢板净截面不能承受外荷载时，试件发生塑性断裂，即图 4-9 中较暗的区域。

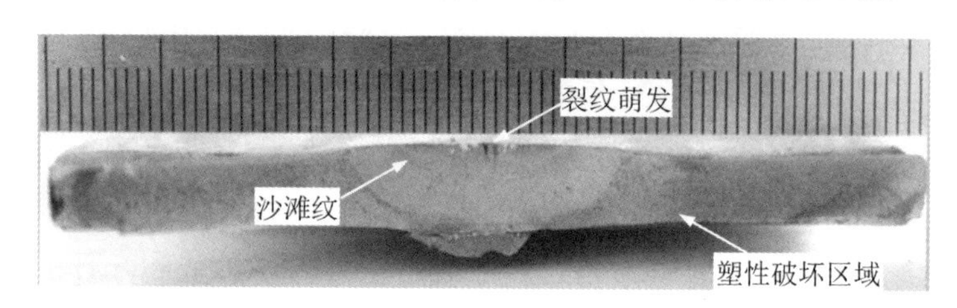

图 4-9　典型粘贴 CFRP 平面外纵向焊接接头试件断裂截面(LF1-2)

图 4-10 所示为裂纹长宽比 a/c 与裂纹深度比 a/t 的变化关系和裂纹长宽比 a/c 与裂纹宽度比 $2c/W$ 的变化关系。其中，a 为裂纹深度，c 为裂纹半宽，t 为钢板厚度，W 为钢板宽度。从图 4-10(a)中看到，裂纹长宽比 a/c 较为离散，但始终徘徊在 0.5 左右，说明裂纹在扩展过程中基本呈现半椭圆形。而图 4-10(b)则表明随着裂纹不断扩展，深度增加的同时，宽度也逐渐增加。

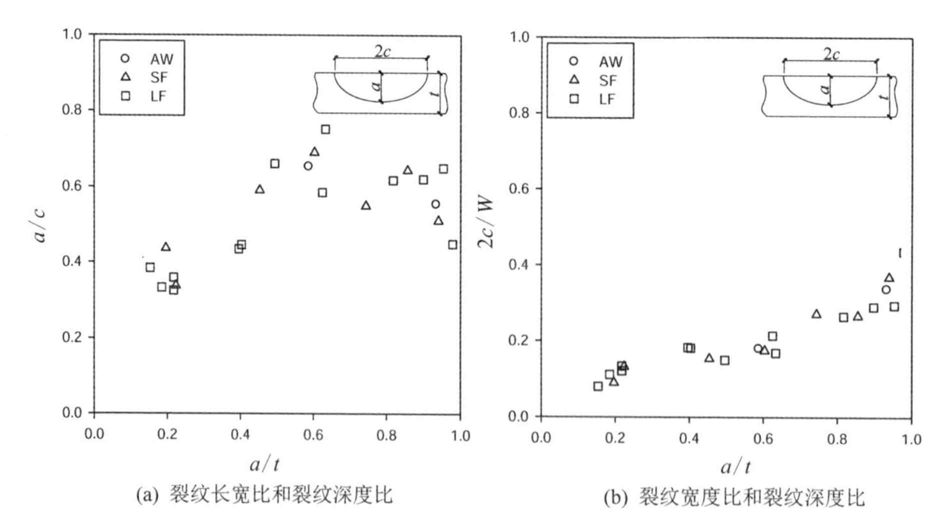

(a) 裂纹长宽比和裂纹深度比　　(b) 裂纹宽度比和裂纹深度比

图 4-10　裂纹尺寸比值

4.6 本章小结

本章一共对 21 个平面外纵向焊接接头试件进行疲劳试验，其中 5 个为未补强对比试件，16 个为 CFRP 材料补强试件。试验方案中主要考虑不同应力幅和不同补强材料形式对补强焊接接头试件疲劳性能的影响。基于目前的试验结果，可以得出以下结论：

（1）试验结果表明，采用 CFRP 布或 CFRP 板粘贴平面外纵向焊接接头能在一定程度上改善疲劳性能，疲劳寿命最多可延长至 135%，但目前的数据较为离散。需要进行更多的试验以得出系统的结果，建议采取一定措施以最大程度地降低焊趾几何参数离散性对试验的影响。

（2）通过沙滩纹加载方式，可以观测到疲劳裂纹在焊趾处萌发，继而向钢板深度和宽度方向不断扩展，最终试件断裂，伴随着钢板和粘结层界面粘结失效，未观察到 CFRP 材料破坏。裂纹在扩展过程中基本保持半椭圆形。

（3）试验设计中采用 3 层 CFRP 布或 1 层 CFRP 板粘贴，以考察不同形式补强材料对试件补强后疲劳性能的影响，但有限的试验结果离散性较大，未能体现这两种补强材料补强效果的差异，将在下一章数值分析中做进一步讨论。

第5章 粘贴 CFRP 改善平面外纵向焊接接头疲劳性能数值模拟分析

第 4 章就 CFRP 补强平面外纵向焊接接头试件进行了疲劳试验研究，表明 CFRP 布/板补强能够在一定程度上提高试件疲劳强度，但试验结果略显离散。本章将采用数值分析方法对此类试件疲劳性能做进一步分析。首先对第 4 章疲劳试验试件建模分析，考察补强体系中各种参数对焊趾处应力集中系数的影响。继而基于边界元方法，对文献中含人工缺陷的平面外纵向焊接接头试件疲劳裂纹扩展进行全过程分析，并通过比较分析估算此类焊接接头缺陷尺寸。

5.1 影响平面外纵向焊接接头应力集中系数的参数分析

根据试验现象以及相关的研究结果，裂纹通常在焊趾处萌生并发展，因此焊趾附近的应力数值变化反映了疲劳寿命的改善情况。类同第 3.1 节，采用有限元模型进行线弹性分析，得到模型的应力分布情况。

5.1.1 有限元模型

采用商业有限元软件 AQABUS 6.10 对 CFRP 材料补强平面外纵向焊接接头进行数值分析，计算焊趾处应力集中系数。针对第 4 章疲劳试验试件形状和几何尺寸建立三维模型。考虑到模型形状和边界条件的对称性，仅建立 1/8 模型，即母板尺寸为 350 mm×40 mm×4 mm，焊接钢板尺寸为 50 mm×80 mm×4 mm。建模过程中，考虑焊缝的存在，认为其和母材等强。共建立 4 种不同焊趾半径的模型,分别为 0.5 mm、1 mm、2 mm 和 3 mm。取侧面角为 45°[156]。对于 CFRP 补强试件的模型,CFRP 布补强试件补强区域为 150 mm×30 mm;CFRP 板补强试件补强区域 150 mm×25 mm,如图 5-1 所示。根据实际测量结果,CFRP 布补强试件粘结层厚度取为 0.56 mm,CFRP 板补强试件粘结层厚度取为 1.18 mm。根据产品生产商提供的数据,取 CFRP 布厚度为 0.167 mm,CFRP 板厚度为 1.2 mm。

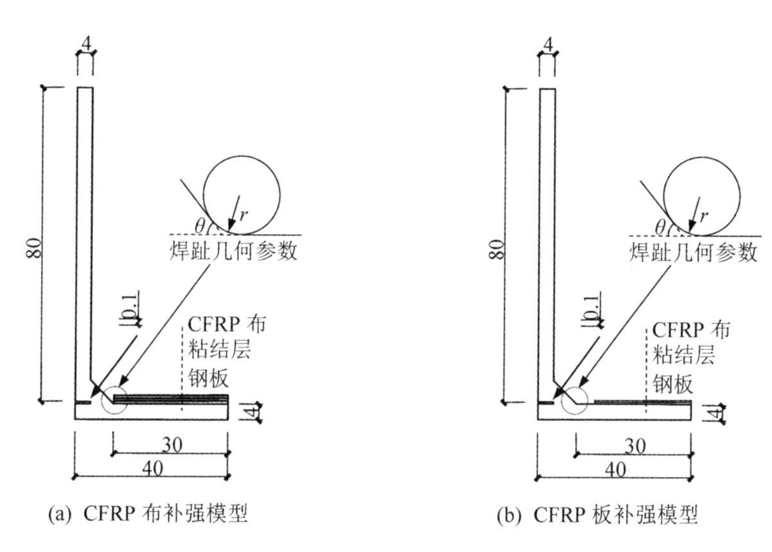

图 5-1　平面外纵向焊接接头模型几何尺寸(mm)

考虑到试验过程中施加的疲劳荷载相对较小,认为所有材料(钢板、CFRP 和粘结层)均处于线弹性阶段。相应选取线弹性本构关系,钢板弹性模量根据实测数据取为 2.27×10^5 MPa,泊松比为 0.3。根据产品生产商提供的数据,CFRP 布弹性模量取为 2.50×10^5 MPa,泊松比为 0.3;CFRP 板弹性模量设定为 1.66×10^5 MPa,泊松比为 0.3。结构粘胶弹性模量为 3 000 MPa,泊松比为 0.36[157]。

所有模型均采用三维二次实体单元划分(C3D20R)。边界尺寸控制在 2 mm 以内,其中焊趾附近的尺寸取为小于 1/10 焊趾半径[122]。假定 CFRP 材料和钢板完全粘结,采用界面约束方法“TIE”将钢板-粘结层和粘结层- CFRP 材料分别连接。在模型对称面上施加对称边界条件。

为直观得到局部的应力集中情况,在模型的右端施加均布荷载,使未补强模型钢板内的应力为 1 MPa,对其他粘贴 CFRP 材料的模型施加相同的均布荷载。图 5-2 为一个典型的三维模型(S1-3)及对应的焊趾处网格划分详图。

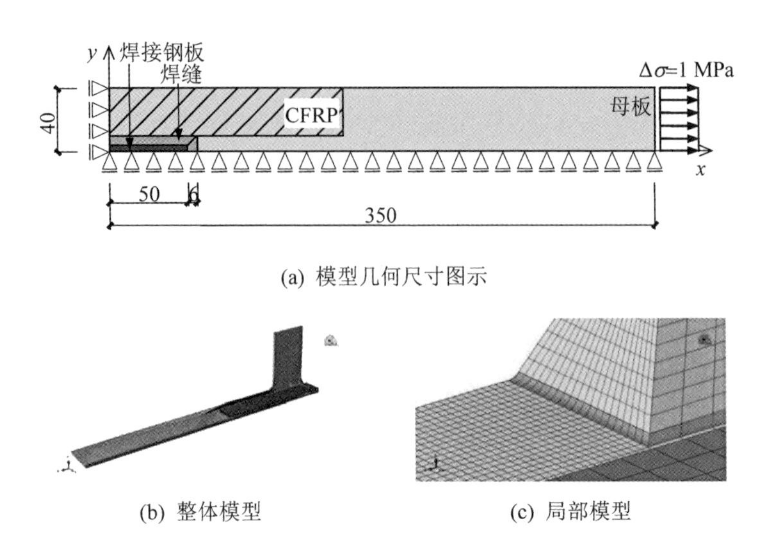

(a) 模型几何尺寸图示

(b) 整体模型

(c) 局部模型

图 5-2　平面外纵向焊接接头典型的三维有限元模型(S1-3)

5.1.2　有限元计算结果

图 5-3 给出了模型 S1-1 的第一主应力云图。可以看到，焊趾处存在明显的应力集中现象。

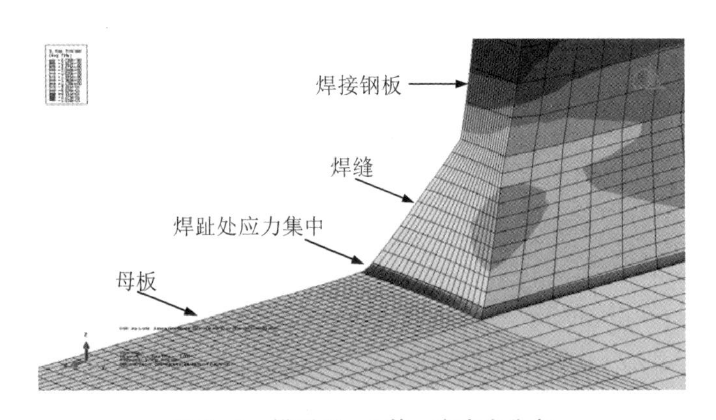

图 5-3　模型 S1-1 第一主应力分布

计算分析中考虑不同参数对焊趾处局部应力集中系数的影响，包括焊趾半径、CFRP 材料种类、补强率、CFRP 材料弹性模量和粘结层弹性模量。对 CFRP 布补强和 CFRP 板补强分别计算了 33 个和 24 个模型的焊趾处应力集中系数值，具体结果如表 5-1 和表 5-2 所列。

表 5-1　有限元分析粘贴 CFRP 布平面外纵向焊接接头焊趾处应力集中系数结果

模 型	焊趾半径（mm）	粘结层弹性模量（MPa）	CFRP 布弹性模量（$\times 10^5$ MPa）	CFRP 布层数	补强率	钢板应力（MPa）	应力集中系数
S1-1	1.0	3 000	2.5	0	0.00	1.00	2.45
S1-2	1.0	3 000	2.5	1	0.03	0.98	2.38
S1-3	1.0	3 000	2.5	3	0.09	0.92	2.24
S1-4	1.0	3 000	2.5	5	0.16	0.88	2.13
S2-1	1.0	2 000	2.5	3	0.09	0.93	2.25
S2-2	1.0	4 000	2.5	3	0.09	0.92	2.24
S2-3	1.0	5 000	2.5	3	0.09	0.92	2.24
S2-4	1.0	6 000	2.5	3	0.09	0.92	2.24
S2-5	1.0	7 000	2.5	3	0.09	0.92	2.23
S2-6	1.0	8 000	2.5	3	0.09	0.92	2.23
S2-7	1.0	9 000	2.5	3	0.09	0.92	2.23
S3-1	1.0	3 000	2.0	3	0.09	0.94	2.28
S3-2	1.0	3 000	3.0	3	0.09	0.91	2.21
S3-3	1.0	3 000	4.0	3	0.09	0.88	2.14
S3-4	1.0	3 000	5.0	3	0.09	0.86	2.08
S3-5	1.0	3 000	6.0	3	0.09	0.84	2.02
S3-6	1.0	3 000	6.5	3	0.09	0.83	1.99
S4-1	0.5	3 000	2.5	0	0.00	1.00	2.64
S4-2	0.5	3 000	2.5	1	0.03	0.98	2.56
S4-3	0.5	3 000	2.5	3	0.09	0.92	2.42
S4-4	0.5	3 000	2.5	5	0.16	0.88	2.29
S5-1	2.0	3 000	2.5	0	0.00	1.00	2.19
S5-2	2.0	3 000	2.5	1	0.03	0.98	2.13
S5-3	2.0	3 000	2.5	3	0.09	0.92	2.01
S5-4	2.0	3 000	2.5	5	0.16	0.88	1.91
S6-1	3.0	3 000	2.5	0	0.00	1.00	2.04
S6-2	3.0	3 000	2.5	1	0.03	0.98	1.98

续　表

模 型	焊趾半径（mm）	粘结层弹性模量（MPa）	CFRP布弹性模量（×10^5 MPa）	CFRP布层数	补强率	钢板应力（MPa）	应力集中系数
S6 - 3	3.0	3 000	2.5	3	0.09	0.93	1.87
S6 - 4	3.0	3 000	2.5	5	0.16	0.89	1.78
S7 - 1	1.0	6 000	5.0	3	0.09	0.85	2.07
S7 - 2	1.0	6 000	5.0	5	0.16	0.78	1.88
S7 - 3	1.0	9 000	6.5	3	0.09	0.81	1.98
S7 - 4	1.0	9 000	6.5	5	0.16	0.74	1.54

表 5 - 2　有限元分析粘贴 CFRP 板平面外纵向焊接接头焊趾处应力集中系数结果

模 型	焊趾半径（mm）	粘结层弹性模量（MPa）	CFRP板弹性模量（×10^5 MPa）	CFRP板层数	补强率	钢板应力（MPa）	应力集中系数
P1 - 1	1.0	3 000	1.66	0	0.00	1.00	2.45
P1 - 2	1.0	3 000	1.66	1	0.19	0.91	2.19
P2 - 1	1.0	2 000	1.66	1	0.19	0.92	2.19
P2 - 2	1.0	4 000	1.66	1	0.19	0.91	2.19
P2 - 3	1.0	5 000	1.66	1	0.19	0.91	2.19
P2 - 4	1.0	6 000	1.66	1	0.19	0.90	2.18
P2 - 5	1.0	7 000	1.66	1	0.19	0.90	2.18
P2 - 6	1.0	8 000	1.66	1	0.19	0.90	2.18
P2 - 7	1.0	9 000	1.66	1	0.19	0.90	2.18
P3 - 1	1.0	3 000	1.5	1	0.19	0.92	2.21
P3 - 2	1.0	3 000	2.0	1	0.19	0.90	2.14
P3 - 3	1.0	3 000	3.0	1	0.19	0.85	2.02
P3 - 4	1.0	3 000	4.0	1	0.19	0.82	1.91
P3 - 5	1.0	3 000	5.0	1	0.19	0.79	1.82
P3 - 6	1.0	3 000	6.0	1	0.19	0.77	1.74
P4 - 1	0.5	3 000	1.66	0	0.00	1.00	2.64
P4 - 2	0.5	3 000	1.66	1	0.19	0.91	2.36

续　表

模 型	焊趾半径（mm）	粘结层弹性模量（MPa）	CFRP板弹性模量（$\times10^5$ MPa）	CFRP板层数	补强率	钢板应力（MPa）	应力集中系数
P5-1	2.0	3 000	1.66	0	0.00	1.00	2.19
P5-2	2.0	3 000	1.66	1	0.19	0.91	1.96
P6-1	3.0	3 000	1.66	0	0.00	1.00	2.04
P6-2	3.0	3 000	1.66	1	0.19	0.91	1.82
P7-1	1.0	6 000	5.0	1	0.19	0.77	1.81
P7-3	1.0	9 000	6.0	1	0.19	0.73	1.71

5.1.3　应力集中系数

图5-4和图5-5分别示出CFRP补强率和焊趾半径对模型焊趾处应力集中系数的影响。随着CFRP布补强率的增加，应力集中系数明显下降。相比未补强模型，当补强率$S=0.16$时(采用5层CFRP布粘贴)，焊趾处应力集中系数下降约为13%。当焊趾半径从0.5 mm增加到3 mm，应力集中系数下降可达22%。同时从图5-5中观察到，1层CFRP板补强效果介于3层和5层CFRP布之间。

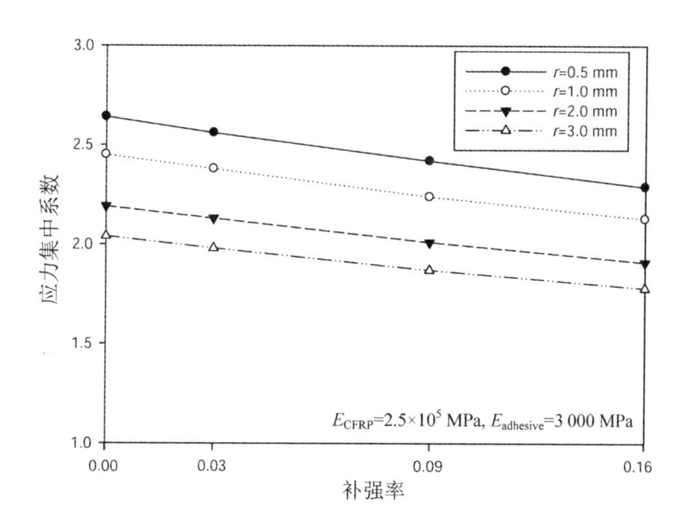

图5-4　CFRP布补强率对平面外纵向焊接接头应力集中系数的影响

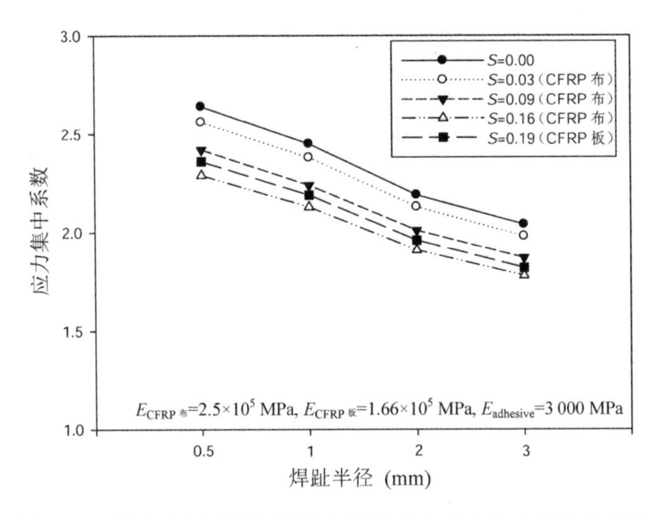

图 5－5　焊趾半径对平面外纵向焊接接头应力集中系数的影响

有关补强材料弹性模量对焊趾处应力集中系数的影响绘于图 5－6 和图 5－7 中(焊趾半径 1.0 mm,3 层 CFRP 布补强或 1 层 CFRP 板补强)。当粘结层弹性模量为 3 000 MPa,随着 CFRP 材料弹性模量从 2.0×10^5 MPa 增加到 6.0×10^5 MPa,CFRP 布补强模型和 CFRP 板补强模型焊趾处应力集中系数分别下降 11%和 19%。从图中可以看到,相比 CFRP 布补强模型,在 CFRP 板补强体系中,通过提高 CFRP 材料弹性模量来改善补强效率的效果更为显著。而当粘结层弹性模量从 2 000 MPa 提高到 9 000 MPa,焊趾处应力集中系数降低并不明显。

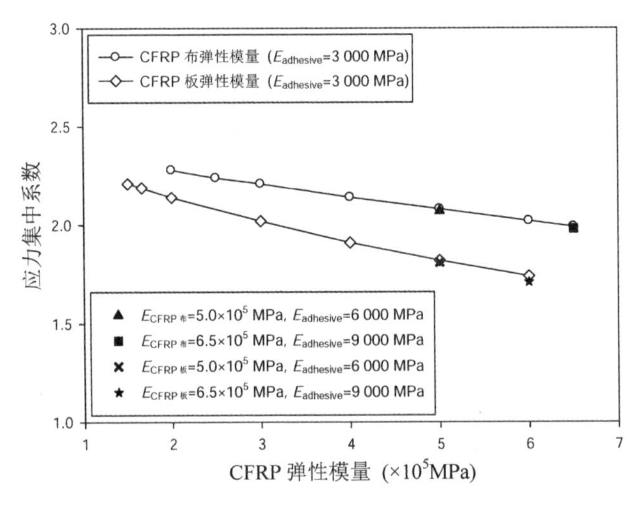

图 5－6　CFRP 弹性模量对平面外纵向焊接接头应力集中系数的影响

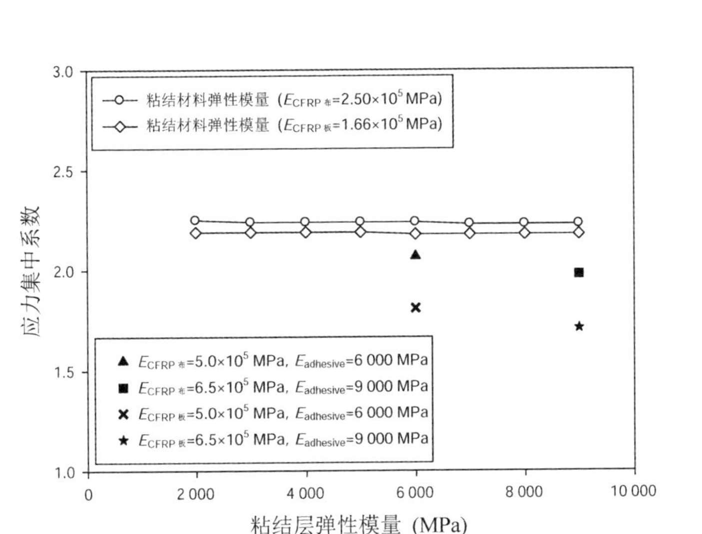

图 5-7　粘结层弹性模量对平面外纵向焊接接头应力集中系数的影响

从上面的分析和讨论可以看到，焊趾半径和补强率是采用 CFRP 材料补强这类焊接接头的重要参数，采用高弹性模量 CFRP 材料能够有效降低焊趾附近的应力集中系数，而基于现有的数值分析结果，粘结层弹性模量对焊趾附近应力场影响并不明显。试验中未能体现 3 层 CFRP 布和 1 层 CFRP 板补强性能的差异，认为主要是由于焊趾半径离散性引起的，如图 5-5 所示。例如，3 层 CFRP 布补强模型 S6-3(焊趾半径 3 mm)焊趾处的应力集中系数为 1.87，而 1 层 CFRP 板补强模型 P6-2(焊趾半径 0.5 mm)焊趾处的应力集中系数为 2.36。前者反而小于后者，即疲劳性能较为优越。

5.1.4　疲劳寿命

图 5-8 和图 5-9 分别为 CFRP 布补强率和焊趾半径对局部应力幅下降百分比的影响($E_{CFRP布}=2.50\times10^5$ MPa, $E_{adhesive}=3\ 000$ MPa)和粘贴 CFRP 板后焊接接头局部应力幅下降情况($E_{CFRP板}=1.66\times10^5$ MPa, $E_{adhesive}=3\ 000$ MPa)。相比未补强模型，当补强率 $S=0.09$ 时(采用 3 层 CFRP 布粘贴)，应力幅下降百分比为 8.2%～8.6%；当补强率 $S=0.16$ 时(采用 5 层 CFRP 布粘贴)，应力幅下降百分比为 12.8%～13.3%；当补强率 $S=0.19$ 时(采用 1 层 CFRP 板粘贴)，应力幅下降百分比为 10.5%～10.8%。对其他采用不同弹性模量补强材料的模型，也可以观察到类似的趋势。

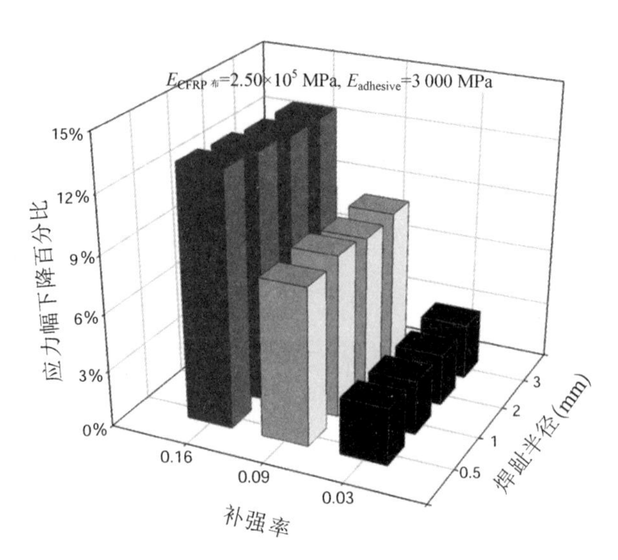

图 5-8 粘贴 CFRP 布引起的平面外纵向焊接接头应力幅下降百分比

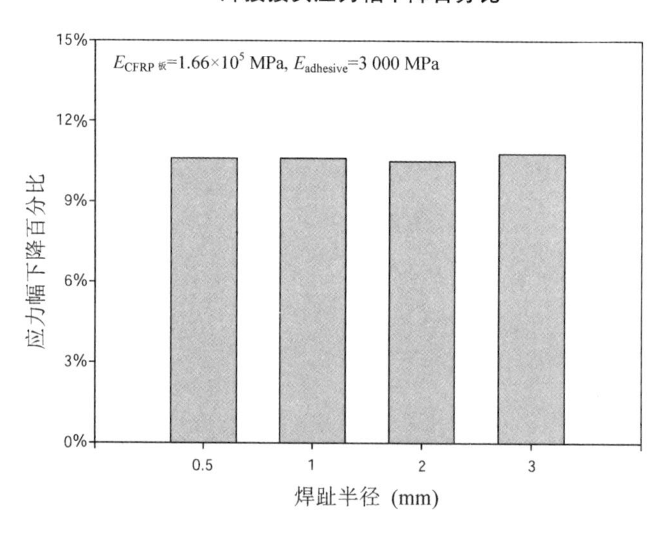

图 5-9 粘贴 CFRP 板引起的平面外纵向焊接接头应力幅下降百分比

类似于第 3.1 节，随着应力幅降低，疲劳寿命的增加幅度可以采用式(3-1)估算。CFRP 布补强率对疲劳寿命增长程度的影响如图 5-10 所示。当焊趾半径为 1 mm 时，对应于 $S=0.03$(1 层)、$S=0.09$(3 层)和 $S=0.16$(5 层)CFRP 布粘贴补强，疲劳寿命分别延长 9%，31%和 52%；对于 1 层 CFRP 板($S=0.19$)粘贴补强，疲劳寿命延长 40%。

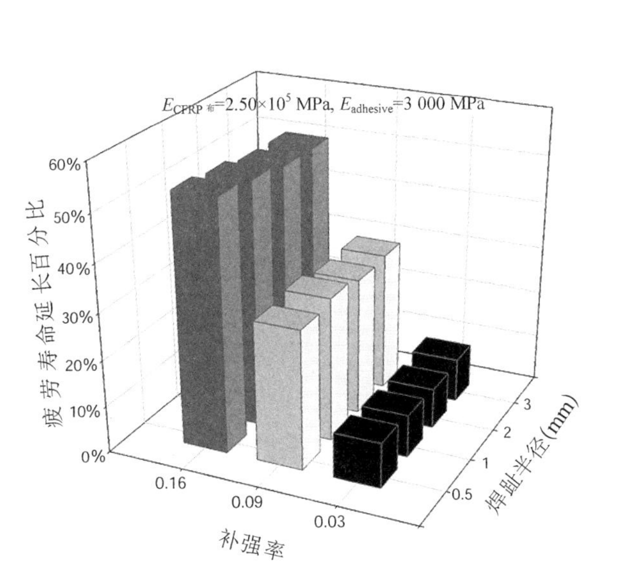

图 5-10　CFRP 布补强平面外纵向焊接接头疲劳寿命提高幅度

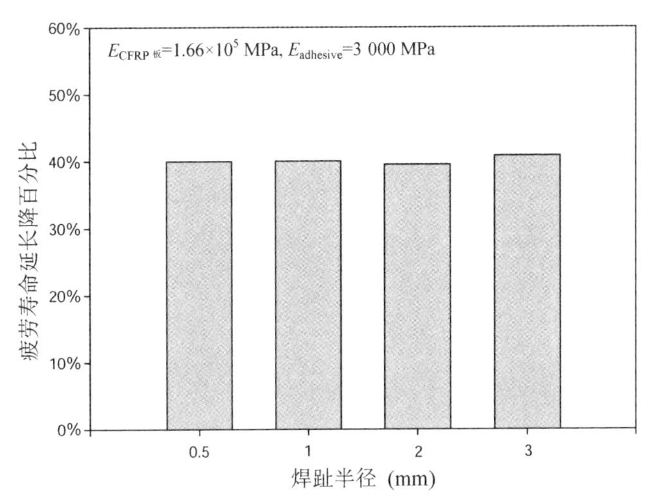

图 5-11　CFRP 板补强平面外纵向焊接接头疲劳寿命提高幅度

CFRP 弹性模量的影响如图 5-12 所示。从中可以看到,随着 CFRP 材料弹性模量增加,疲劳寿命延长幅度也将明显增加,此趋势在 CFRP 板补强体系中更为显著。

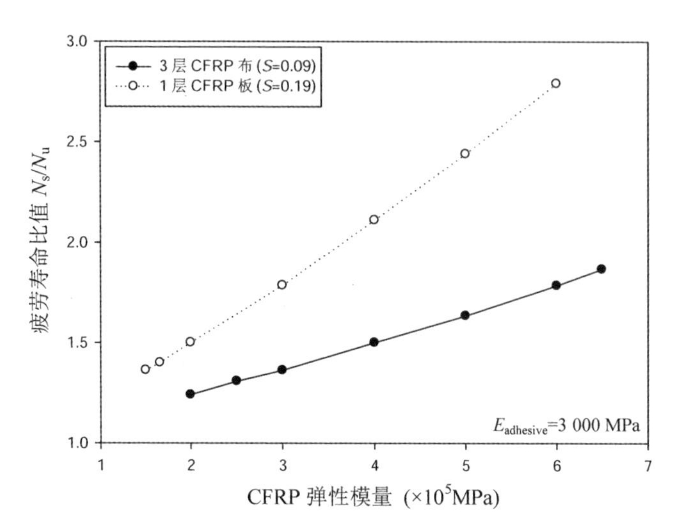

图 5－12 CFRP 弹性模量对平面外纵向焊接接头疲劳寿命提高幅度的影响

5.2 平面外纵向焊接接头疲劳裂纹扩展全过程模拟

第 4 章的试验研究表明，由于焊趾几何参数的离散性，直接导致了焊接接头试件疲劳性能的离散性。因此若采用原状焊接接头试件研究 CFRP 补强方法的应用，较难得出系统的结果。Wu 等[79]对单面焊接的平面外纵向焊接接头试件预制缺陷，单面粘贴高弹性模量 CFRP 板(460 GPa)，研究其补强后疲劳性能。试验结果表明，相比未补强试件，补强试件疲劳寿命最多延长至 141%。

目前有关复合材料补强的平面外纵向焊接接头疲劳裂纹扩展全过程数值模拟较为有限，本节将采用边界元方法分析上述文献中试件疲劳性能。采用 Nasgro 3 Law 疲劳裂纹扩展模型计算疲劳寿命。数值结果和试验结果比较表明边界元方法能够有效预测平面外纵向焊接接头粘贴 CFRP 补强后疲劳裂纹扩展过程和疲劳寿命。因此，进一步采用这种方法分析补强形式、焊接钢板和复合材料弹性模量对此类补强试件疲劳寿命的影响。最后通过比较分析，提出此类平面外纵向焊接接头缺陷估算值。

5.2.1　文献中的试验研究

Wu 等[79]对高弹性模量 CFRP 板补强的平面外纵向焊接接头进行了疲劳试验研究。试件母材为一块长 300 mm，宽 90 mm，厚 10 mm 的钢板，在单面用角焊缝连接一块长 50 mm，宽 100 mm，厚 10 mm 的钢板。为了避免焊缝各种初始缺陷对试件疲劳性能的影响，例如夹渣、气孔、咬边和弧坑等，同时尽量降低焊趾几何参数离散性的影响，在焊接钢板端部、母板中间预制由直径 5 mm 的小孔和两条 0.3 mm 宽的线裂纹组成的人工缺陷。试件具体形状和几何尺寸如图 5－13所示。补强试件由高弹性模量 CFRP 板单面粘贴焊接钢板制作而成。实测的钢板、CFRP 板和粘结材料力学性能列于表 5－3 中。

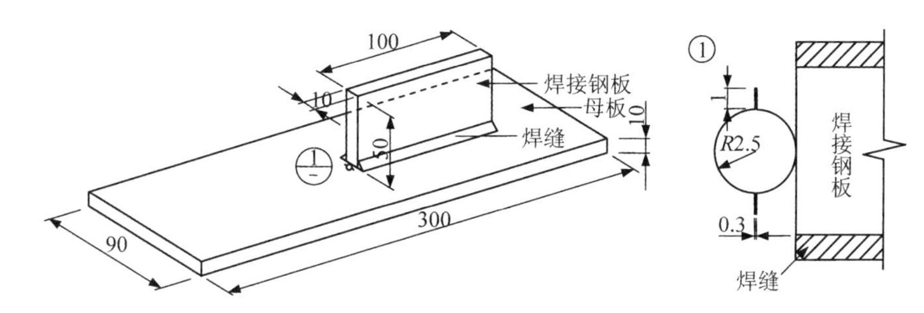

图 5－13　文献[79]中的试件形状和几何尺寸(mm)

表 5－3　文献[79]中的钢板、CFRP 板和结构粘胶力学性能

材 料 性 能	钢　材	CFRP 板	Araldite 420
极限强度(MPa)	345.7	1 602.4	28.6
屈服强度(MPa)	223.8	—	—
弹性模量(GPa)	191.8	477.5	1.9
板材厚度(mm)	10	1.4	—

试验中采用 5 种不同的补强形式来研究复合材料粘结长度、粘结宽度和粘结位置对补强效率的影响，如图 5－14 所示。补强形式 a、b 和 c 表示试件表面 CFRP 板粘贴区域分别为"*a*1－*a*2－*a*3－*a*4"、"*b*1－*b*2－*b*3－*b*4"和"*c*1－*c*2－*c*3－*c*4"，主要用来研究 CFRP 材料粘贴长度和粘贴宽度的影响。补强形式 d 和 e 与补强形式 b 中的粘结长度和粘贴宽度相同，但粘结位置不同，两块宽度为 25 mm 的 CFRP 板分列于试件两侧，靠近钢板边缘或焊接钢板位置，主要用来

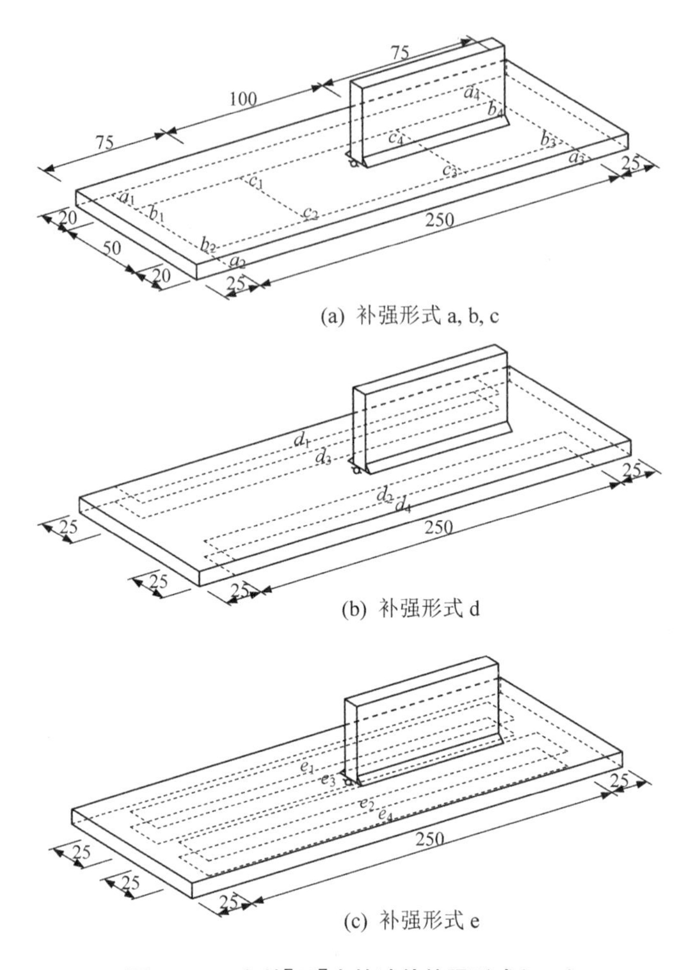

(a) 补强形式 a, b, c

(b) 补强形式 d

(c) 补强形式 e

图 5 - 14　文献[79]中的试件补强形式(mm)

考察粘结位置对补强后焊接接头疲劳性能的影响。一共设计八组不同试件进行疲劳加载，如表 5 - 4 所列。表中，“F”代表 CFRP 板粘贴于试件平面，即无焊接钢板的一面；“W”代表 CFRP 板粘贴于有焊接钢板的一面。由于试件几何形状的限制，一共有五组试件补强材料位于无焊接面，两组试件补强材料位于焊接面上。

对所有试件两端施加拉伸疲劳荷载，加载频率为 10 Hz，应力比为 0.1，荷载波为正弦曲线。最大荷载为 135 kN，最小荷载为 13.5 kN。采用沙滩纹方法记录疲劳裂纹随循环荷载扩展情况。具体疲劳试验结果列于表 5 - 5 中。

表 5 - 4　文献[79]中的试验试件

试　　件	粘贴区域	CFRP 长度(mm)	CFRP 宽度(mm)	粘贴面
未补强试件 B	—	—	—	—
补强试件 F - a	$a_1 - a_2 - a_3 - a_4$	250	90	无焊接面
补强试件 F - b	$b_1 - b_2 - b_3 - b_4$	250	50	无焊接面
补强试件 F - c	$c_1 - c_2 - c_3 - c_4$	100	50	无焊接面
补强试件 F - d	d_3，d_4	250	25×2	无焊接面
补强试件 F - e	e_3，e_4	250	25×2	无焊接面
补强试件 W - d	d_1，d_2	250	25×2	焊接面
补强试件 W - e	e_1，e_2	250	25×2	焊接面

5.2.2　用边界元方法模拟疲劳裂纹扩展过程简介

边界元方法是继有限元方法之后发展起来的一种较为精确有效的工程数值分析方法。它以定义在边界上的边界积分方程为控制方程，通过对边界分元插值离散，化为代数方程组求解。从 20 世纪 70 年代起，边界元方法逐渐开始被应用起来，并在一些工程领域被公认为是有限元方法的替代方法[162]。

边界元方法的主要优势在于降低了问题求解的维数，从而显著降低了自由度数。在三维问题中，相比有限元方法中需要建立并划分体单元，边界元方法只需模拟及划分表面单元。相应的单元从四面、五面或六面体转变为四边或三角形单元，从而节省求解时间，提高求解效率。

边界元方法的另一大优势是引入了不连续单元。不连续单元是指单元中积分点和节点位置不一致，即单元之间的应力不要求连续，从而可以采用不连续单元来模拟边界变量变化梯度较大的问题。特别是对于断裂力学中经常出现的应力集中问题和边界变量出现奇异性的裂纹问题，边界元方法被公认为比有限元方法更加精确高效。同时，不连续单元为网格划分提供了更多的自由度。

边界元方法由于可以精确模拟裂纹尖端的应力场，而成为断裂力学问题求解和裂纹扩展计算的理想选择[163]。但是，由于裂纹两面位置重合引起矩阵奇异，所以不能直接将边界元方法应用于含裂纹问题中。一般来说，可以采用子结构法[164]或对偶边界元法(dual boundary element method-DBEM)[165-166]来解决这个问题。子结构法沿着裂纹表面定义一个新的边界，如图 5 - 15(a)所示，从而将原来含有裂纹的结构划分为若干个不含裂纹的子结构，在这些子结构中进行求解。但是，在求解过程中随着裂纹长度增加，需要不断重新定义新的人工边界。并且由于每个增量步对应的人工边界形状不同，很难将此过程实现自动化。对偶边界元法采用两个位置重合的相同单元来分别模拟裂纹的两面，在两个单元上采用两个独立的边界积分方程求解。采用这种方法可以避免划分子结构的烦琐过程，提高求解自动化程度。

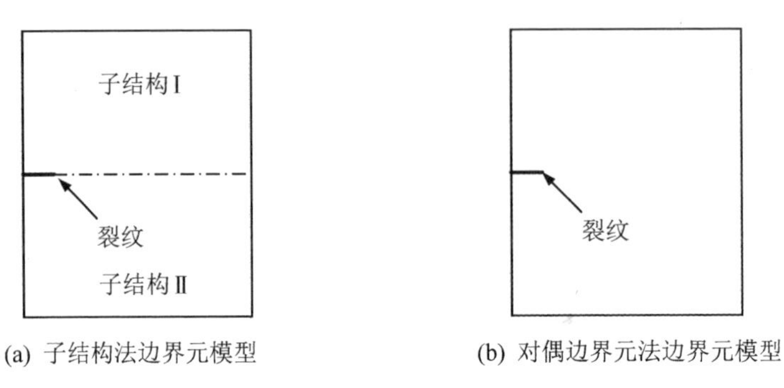

(a) 子结构法边界元模型　　(b) 对偶边界元法边界元模型

图 5-15　子结构法和对偶边界元法示意图

在 BEASY 软件中，采用对偶边界元法来求解疲劳问题。疲劳断裂分析基于"Fracture Analysis Wizard"模块进行。首先从预定义的裂纹库中选择需要的裂纹，然后将其添加到模型对应的位置，同时定义裂纹大小和方向等参数。接着在裂纹扩展分析中定义疲劳裂纹扩展模型和材料疲劳性能参数。在裂纹的每一个增量步计算过程中，首先分析模型整体应力场，然后用 J 积分方法求解裂纹尖端应力强度因子，由最小应变能密度决定下一步裂纹扩展路径，继而自动重新划分裂纹尖端和附近单元。此过程循环进行，直至裂纹扩展到预定的长度或应力强度因子值超过材料断裂韧度 K_C[167]。

5.2.3　边界元模型

采用商业边界元软件 BEASY，对 CFRP 板补强的平面外纵向焊接接头进行分析，模拟疲劳裂纹扩展，预测疲劳寿命。针对文献[79]中疲劳试验试件形状和几何尺寸建立三维边界元模型。考虑到模型形状和边界条件的对称性，仅建立 1/2 模型，即母板尺寸为 300 mm×45 mm×10 mm，焊接钢板尺寸为 100 mm×50 mm×5 mm。基于以下三点原因，在模型中未考虑焊缝：① 文献试验过程中未记录焊缝尺寸；② 通过测量个别断裂试件，发现焊缝尺寸非常离散；③ 文献表明，此类平面外纵向焊接接头疲劳裂纹一般在焊接钢板端部焊趾处萌生并发展[78]，但在这里，焊接钢板由两条平行的角焊缝连接而并非围焊，即焊接钢板端部并无焊缝，同时在焊接钢板端部已采用人工预制的方式引入缺陷，引导裂纹扩展。同时，由于焊缝引入的残余应力对焊接接头疲劳性能的影响尚不明确，暂不考虑[168]。因此认为焊缝对试件疲劳性能影响不大，在建模过程中不做考虑。

试验过程中，补强试件 F－e 和 W－e 中 CFRP 板紧贴焊缝布置，在边界元模型中，假定 CFRP 板距离焊接钢板 6 mm。钢板表面和 CFRP 板表面采用四边形缩减二次单元模拟，粘结层采用连续均布的线性弹簧模拟，如图 5－16 所示。弹簧刚度值，以局部坐标的法向和切向定义，根据粘结材料的力学性能和试件实测粘结层厚度计算[121]。弹簧切向刚度 K_t、K_u 和法向刚度 K_n 分别按式(5－1)至式(5－3)计算。

$$K_t = K_u = \frac{G_a}{t_a} \tag{5-1}$$

$$K_n = \frac{E_a}{t_a} \tag{5-2}$$

$$G_a = \frac{E_a}{2(1+\nu)} \tag{5-3}$$

式中，G_a 和 E_a 分别代表粘结材料的剪切模量和弹性模量，t_a 为实测的试件粘结层厚度，ν 为粘结材料泊松比，取为 0.36[157]。

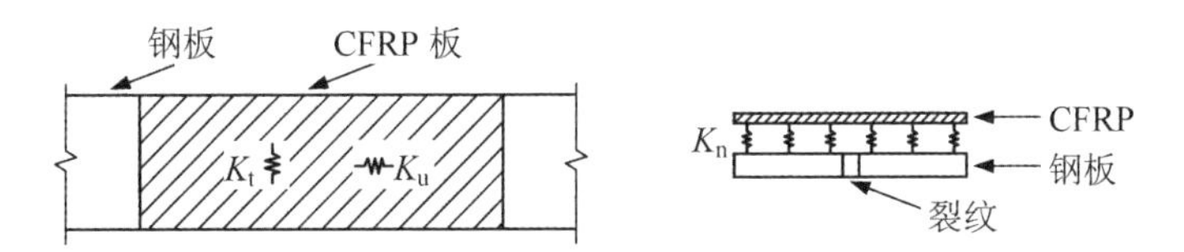

图 5－16　钢板和 CFRP 板界面弹簧单元示意图

在前处理阶段，将中心圆孔建入焊接接头模型，接着从预定义的裂纹库中选取线形贯穿裂纹，将其定义到试件中心圆孔边缘，以模拟预制裂纹。定义裂纹长度为对应试件的预制裂纹长度，方向为垂直钢板长度方向。由于中心圆孔附近应力集中，在此区域采用较小的网格尺寸，小于 1/4 远端网格尺寸。考虑到 BEASY 软件中对区域长细比的限制，同时为了提高求解效率，模型采用 9～16 个子域。在模型两端施加均布拉伸荷载 135 MPa，中间施加弱弹簧边界条件以提供刚性体约束[167]。图 5－17 为一个典型的边界元模型(补强试件 W－d)。

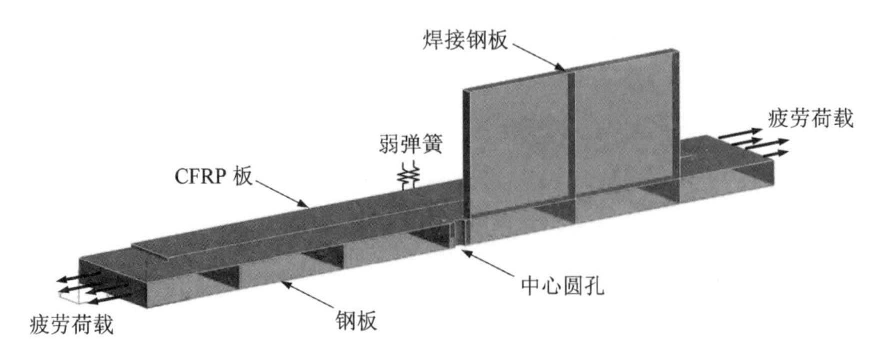

图 5-17　典型的粘贴 CFRP 平面外纵向焊接接头边界元模型(W-d)

在“Fracture Analysis Wizard”模块中定义疲劳裂纹扩展模型、材料疲劳性能参数、循环荷载应力比和裂纹扩展增量步大小等参数。这里，采用 J 积分方法计算应力强度因子，疲劳裂纹扩展模型 Nasgro 3 Law 预测疲劳寿命，如式(5-4)所示[167]。

$$\frac{\mathrm{d}a}{\mathrm{d}N}=\frac{C\cdot(1-f)^m\cdot\Delta K^m\cdot\left(1-\dfrac{\Delta K_{\mathrm{th}}}{\Delta K}\right)^p}{(1-R)^m\cdot\left(1-\dfrac{\Delta K}{(1-R)K_{\mathrm{c}}}\right)^q} \tag{5-4}$$

式中，N 为疲劳荷载循环次数；a 为裂纹长度；R 为疲劳荷载应力比；ΔK 为应力强度因子幅；C、m、p 和 q 经验参数，已在 Nasgro 疲劳数据库中定义；f 为裂纹张开函数；ΔK_{th}为应力强度因子门槛值；K_{c}为应力强度因子限值，即材料断裂韧度。

在选取材料疲劳性能参数时，首先根据文献[79]试件材性试验得出的钢材实际屈服强度和极限强度，选择最相近的材料。然后输入实测的钢材力学性能；认为 CFRP 板不发生疲劳破坏，不定义其疲劳性能参数。

根据英国标准协会(British Standards Institution-BSI)推荐，材料常数 C 和 m 分别取为 6.77×10^{-13} 和 2.88($\mathrm{d}a/\mathrm{d}N$ 单位为 mm/cycle，ΔK 单位为 $\mathrm{MPa}\cdot\mathrm{mm}^{1/2}$)[169-171]。$p$ 和 q 均等于 0.5。根据 IIW 和 BSI，ΔK_{th} 取为 148.6 $\mathrm{MPa}\cdot\mathrm{mm}^{1/2}$，$K_{\mathrm{c}}$在 BEASY 数据库中定义为 6 950 $\mathrm{MPa}\cdot\mathrm{mm}^{1/2}$。

5.2.4　边界元方法预测结果和试验结果的比较

1. 疲劳寿命比较

表 5-5 为试件疲劳寿命预测结果和试验结果的比较。数值计算中采用试件实测粘结层厚度定义界面弹簧单元刚度。需要说明的是，试验过程中未记录

试件 W－d－1、W－d－2、W－e－1 和 W－e－2 的粘结层厚度，因此假定为 0.5 mm（表中以 * 标注）。试验中考虑到疲劳性能的离散性特征，每个工况均采用 2 个相同试件（未补强试件为 3 个）。而在数值计算中，考虑到计算效率，基于试验试件平均粘结层厚度，对一个工况仅计算一个模型，并和试验平均疲劳寿命相比较。从表 5－5 可以看到，预测的疲劳寿命和平均试验疲劳寿命比值介于 1.01 到 1.14 之间，其平均值和变异系数分别为 1.08 和 0.045。比较结果表明，数值结果和试验结果的差异在 14% 以内，也就是说这种方法能够用来预测 CFRP 板补强的平面外纵向焊接接头疲劳性能，结果合理准确。

表 5－5　文献[79]中试件的数值预测结果和试验结果的比较

试　件	粘结层厚度(mm)	试验疲劳寿命	平均试验疲劳寿命(N_e)	预测疲劳寿命(N_p)	N_p/N_e
B1	—	270 970	275 701	287 532	1.04
B2	—	266 820			
B3	—	289 312			
F－a－1	0.49	320 252	337 219	346 116	1.03
F－a－2	0.37	354 186			
F－b－1	1.16	313 333	299 040	340 434	1.14
F－b－2	0.31	284 746			
F－c－1	0.31	303 365	282 933	320 838	1.13
F－c－2	0.43	262 500			
F－d－1	0.37	336 101	306 048	338 543	1.11
F－d－2	0.44	275 995			
F－e－1	0.46	363 221	337 811	342 599	1.01
F－e－2	0.34	312 401			
W－d－1	0.50*	386 025	372 291	399 349	1.07
W－d－2	0.50*	358 557			
W－e－1	0.50*	388 938	372 854	409 854	1.10
W－e－2	0.50*	356 770			
平均值					1.08
变异系数					0.045

2. 疲劳裂纹扩展比较

数值结果表明，疲劳裂纹扩展关于模型宽度方向对称，而关于模型厚度方向并不对称。对于未补强模型和在无焊接面补强的模型，疲劳裂纹在焊接面扩展相比无焊接面较快；对于在焊接面补强的试件，疲劳裂纹扩展在无焊接面较快。图 5-18(a)和(b)分别为模型 F-d 和 W-d 钢板两面裂纹扩展情况比较。显而易见，这种现象是由于焊接钢板和补强材料的存在引起的。同时，复合材料对裂纹表面的约束作用也会对裂纹扩展造成一定影响。下文第 5.2.5 节中将就钢板两面裂纹扩展的情况作详细讨论。

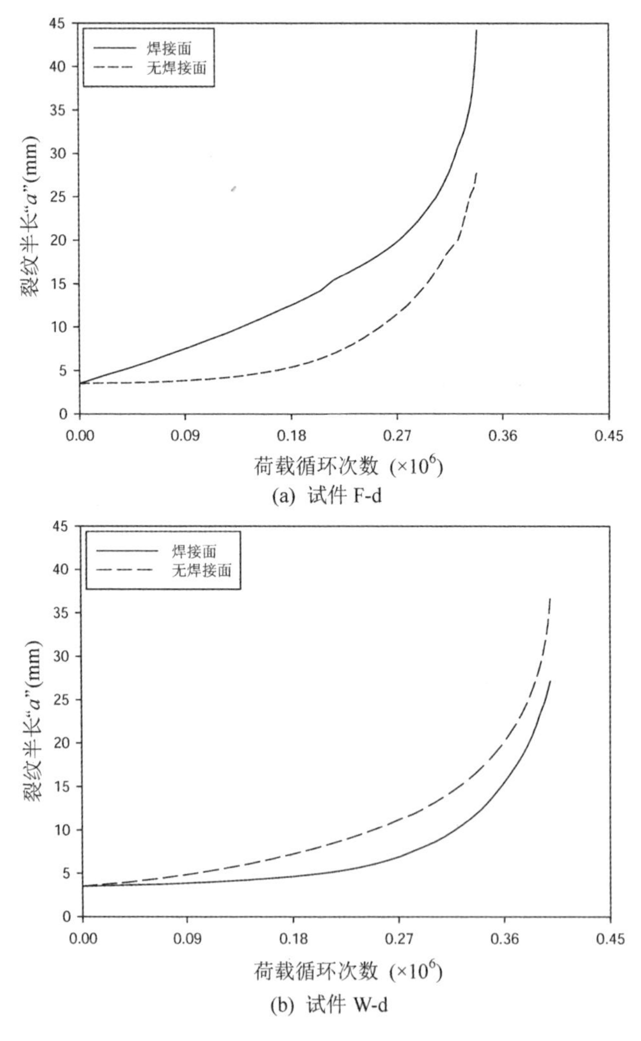

图 5-18　焊接面和无焊接面裂纹扩展比较(试件 F-d 和 W-d)

随着裂纹不断扩展，焊接面和无焊接面的裂纹长度区别逐渐增大。软件中默认当最大裂纹增量步超过最小裂纹增量步的 50 倍时，数值计算终止。认为此时疲劳裂纹扩展速率已经非常快，自此至模型完全破坏对应的疲劳荷载循环次数相比模型总体疲劳寿命可以忽略不计。

数值计算结果显示的断裂截面上裂纹扩展形态和试验结果大致一致[79]。由于文献中仅记录了沙滩纹在试件无焊接面的位置和尺寸，因此这里比较数值结果和试验结果中有关无焊接面裂纹随疲劳荷载扩展的情况，如图 5－19 至图 5－22 所示。从图 5－19(a)中看到，数值模型能够有效预测未补强平面外纵向焊接接头疲劳裂纹扩展情况。数值结果相比试验结果过高地估计了试件断裂发生时的疲劳裂纹长度。这是由软件计算过程中定义的计算终止准则所引起的。在数值分析过程中，定义在以下两种情况下，认为达到终止条件，计算停止：① 在某个增量步中计算得出的应力强度因子值超过预定义的试件材料断裂韧度值 K_c；② 裂纹扩展至试件边缘，超过模型几何形状约束界限。而在试验过程中，当疲劳裂纹扩展至一定长度后，虽然裂纹尖端的应力强度因子尚未超过临界值(K_c)，但随着钢板净截面积不断减少，无法承受在一个荷载循环中施加的最大荷载，导致试件突然断裂。从图中也可以观察到，曲线末端几近垂直，表明此时疲劳裂纹扩展速率非常快，对应的荷载循环次数可以忽略不计。因此，尽管最终疲劳裂纹长度略有差别，数值分析仍然能够有效地预测未补强试件的疲劳寿命。

对于复合材料补强试件，图 5－19 至图 5－22 显示数值模拟结果得到的疲劳裂纹扩展曲线和试验数据吻合良好，尤其在裂纹扩展初期。差异主要出现在疲劳裂纹扩展后期，当试验曲线出现一个明显的转折点之后。需要注意的是，文献试验中采用沙滩纹方法来记录疲劳裂纹扩展情况。这种方法的缺陷在于难以在疲劳寿命后期、疲劳裂纹快速扩展阶段获取较多的数据点。从图中看到，裂纹扩展后期数据点相对较少，而且曲线最后一点对应的数据其实并非真实的沙滩纹，而是试件断裂截面上弹塑性区域界面(第 4 章中图 4－9)。因此，认为由曲线后段斜率表征的疲劳裂纹扩展速率可能精确度不高，从而和数值预测结果存在一定差异。对比所有模型破坏时对应的疲劳裂纹长度，可以发现试件 F－a、F－b 和 F－c 对应的数值较小。这是由于在这三个模型中，CFRP 板布置于无焊接面并覆盖初始缺陷，因而产生较大的次弯矩，裂纹扩展在焊接面和无焊接面不均匀程度更为严重，计算较早终止。

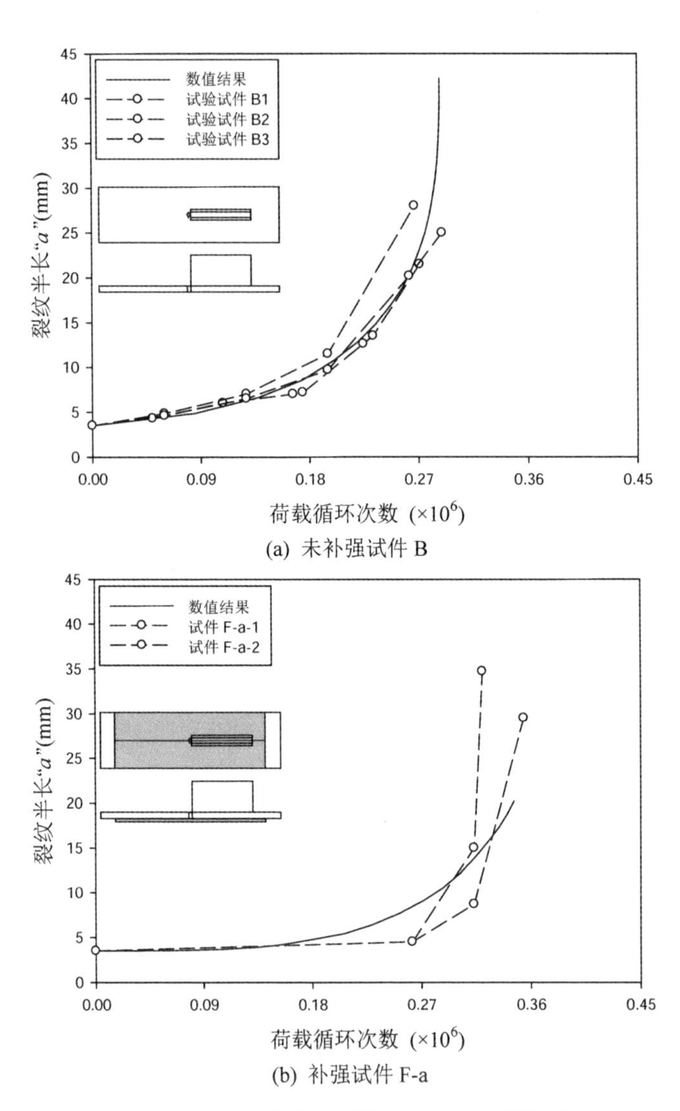

(a) 未补强试件 B

(b) 补强试件 F-a

图 5-19　平面外纵向焊接接头 N-a 曲线数值预测结果和试验结果的比较(一)

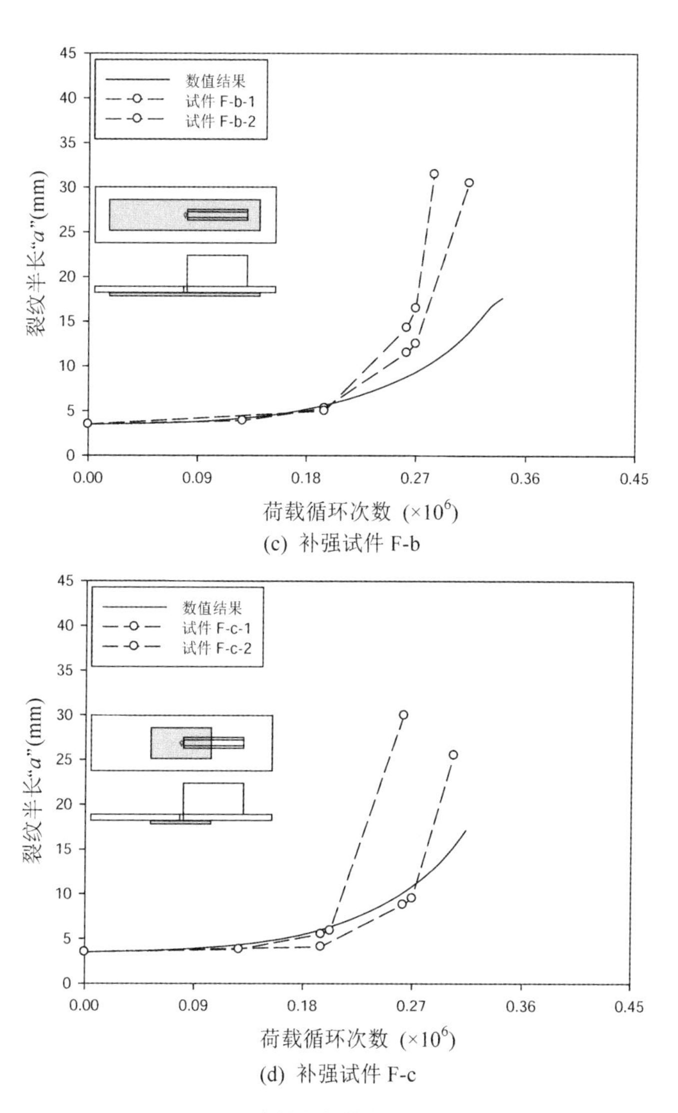

图 5－20　平面外纵向焊接接头 $N-a$ 曲线数值预测结果和试验结果的比较(二)

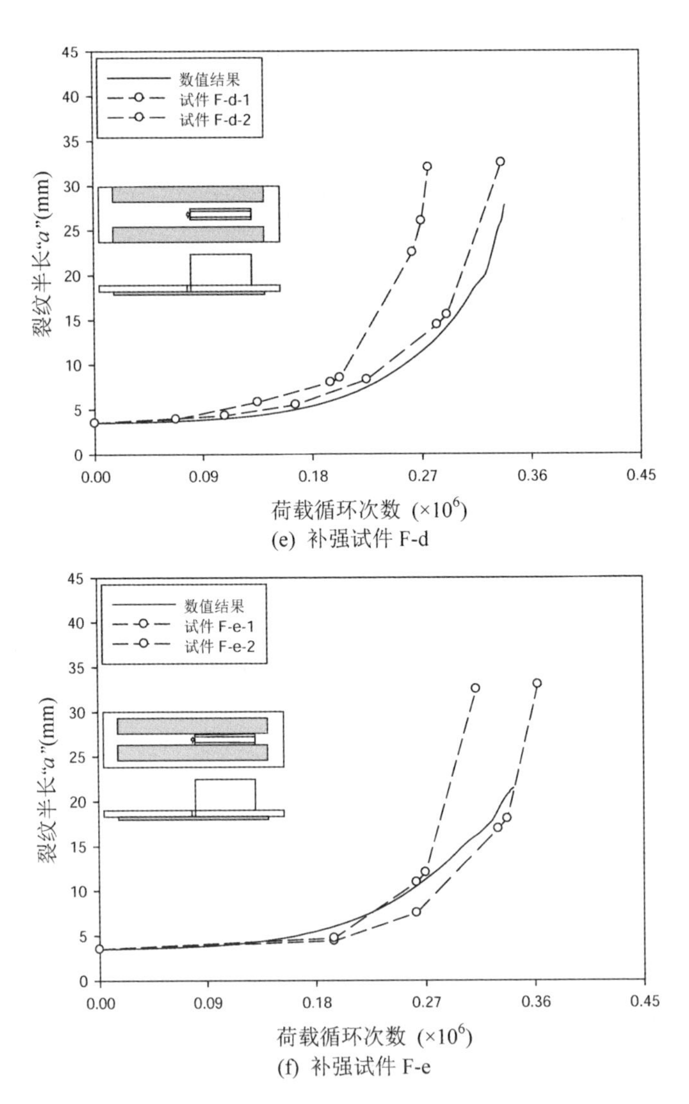

(e) 补强试件 F-d

(f) 补强试件 F-e

图 5-21　补强试件 $N-a$ 曲线数值预测结果和试验结果的比较(三)

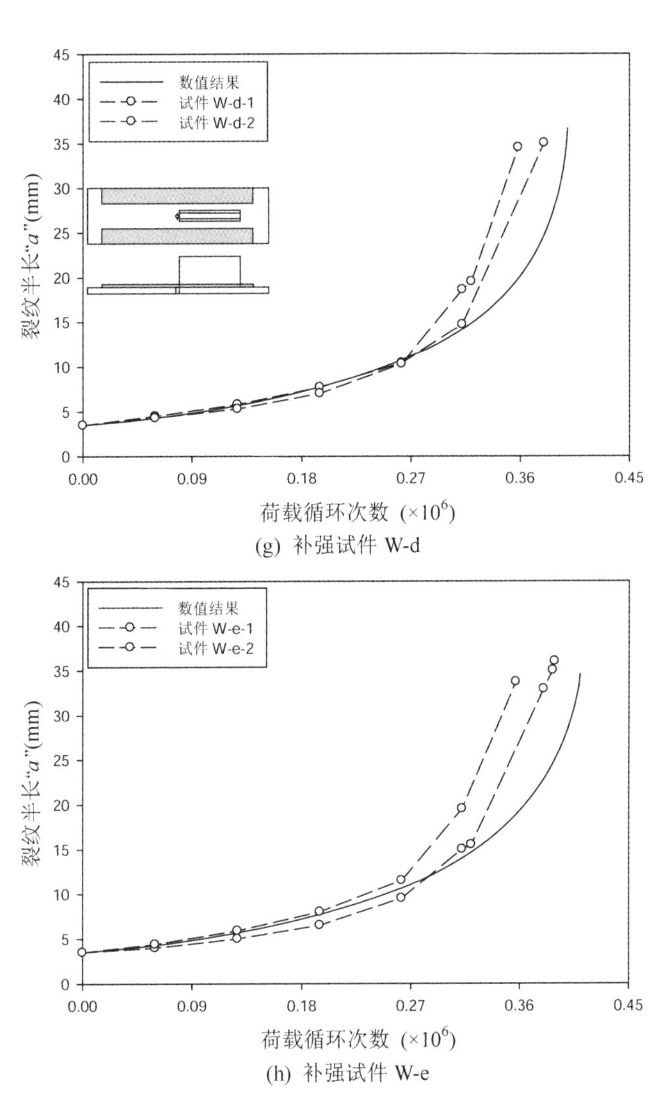

(g) 补强试件 W-d

(h) 补强试件 W-e

图 5 - 22　补强试件 $N-a$ 曲线数值预测结果和试验结果的比较(四)

5.2.5 补强粘贴方式影响

文献[79]试验中，所有试件仅在单面采用 CFRP 板粘贴补强。通过上面的分析可以发现，边界元方法能够准确预测 CFRP 板补强平面外纵向焊接接头的疲劳性能，因此进一步采用这种方法来考察双面粘贴对此类焊接接头疲劳性能的补强效果。受到试件几何形状的限制，仅有补强形式 d 和 e 的试件可以进行双面粘贴，见表 5-6。表中"D"表示在试件两面均布置复合材料，粘结区域标识于图 5-14 中，双面补强试件粘结层厚度假定为 0.5 mm。

表 5-6 双面补强试件

试　件	粘贴区域	CFRP 长度(mm)	CFRP 宽度(mm)	粘贴面
D-d	d_1, d_2, d_3, d_4	250	25×2	双面粘贴
D-e	e_1, e_2, e_3, e_4	250	25×2	双面粘贴

1. 疲劳寿命分析

采用"Fracture Analysis Wizard"模块进行疲劳分析，计算双面补强试件疲劳寿命。图 5-23 为疲劳寿命提高幅度和补强形式之间的关系。图中，$N_{p\text{-}CFRP}$为 CFRP 补强试件疲劳寿命，$N_{p\text{-}plate}$为未补强试件疲劳寿命。从中发现，无论是在无焊接面或焊接面单面补强，抑或双面补强，采用补强形式 e 的试件疲劳寿命延长程度总是大于采用补强形式 d 的试件，这也和试验结果中有关粘结位置影响的讨论相一

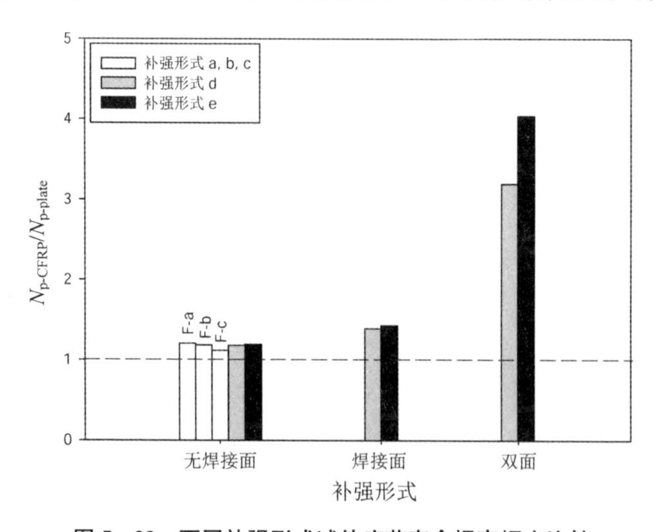

图 5-23 不同补强形式试件疲劳寿命提高幅度比较

致[79]。除此之外，相比单面补强试件，这种粘结位置的影响在双面补强试件中更为明显。因此建议，如果条件允许，应尽可能将复合材料布置在靠近初始缺陷的位置，尤其对于双面补强试件。注意到图中采用单面补强的试件疲劳寿命的延长非常有限，而双面补强试件的疲劳性能则有明显提高。以补强形式 d 为例，相比未补强试件，双面补强后试件疲劳寿命延长至 3.2 倍，而单面补强后试件疲劳寿命仅延长至 1.2 倍。如果同时考虑试件 F－a，可以得出结论，对于单面焊接的平面外纵向焊接接头，即使采用宽度较小的 CFRP 板，而且布置位置远离初始缺陷，但采用双面粘贴，其补强效果还是远优于在无焊接面整面覆盖复合材料。

除了平面外纵向焊接接头，Wu 等[79]还对一系列无焊接钢板试件进行疲劳试验，采用相同的复合材料和补强方式，以比较这种补强方法分别对焊接试件和无焊接试件的补强效率。钢板试件（无焊接）的形状和几何尺寸，疲劳荷载及加载装置均与焊接试件完全一致。因此本书相应地采用边界元方法模拟这些无焊接钢板的疲劳裂纹扩展过程[121]。数值计算得到的钢板试件和平面外纵向焊接接头不同补强形式对应的疲劳寿命延长程度如图 5－24 所示。从图中可以清楚地看到，对于单面补强体系，在采用相同补强方式的情况下，焊接接头试件疲劳寿命延长程度远小于钢板试件（与 Wu 等[79]中结论一致）；对于双面补强体系，这种差别则明显减小。以采用补强形式 e 的试件为例，在单面补强情况下，焊接接头试件（F－e）疲劳寿命延长程度相比钢板试件下降 121%，而在双面补强情况下，焊接接头试件和钢板试件疲劳寿命延长程度仅相差 38%。同时注意到，焊接接头试件补强后疲劳性能提高程度总是小于钢板试件，这可能是由于焊接

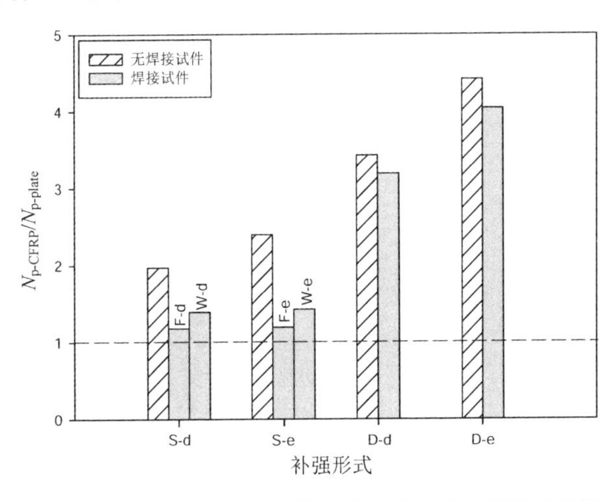

图 5－24　无焊接钢板和焊接试件疲劳寿命延长程度比较

钢板引入的不利因素引起的，对此还需要做进一步深入研究探讨。

2. 疲劳裂纹扩展分析

图 5-25 为数值计算结果中提取的断裂截面沙滩纹情况，限于篇幅，仅给出

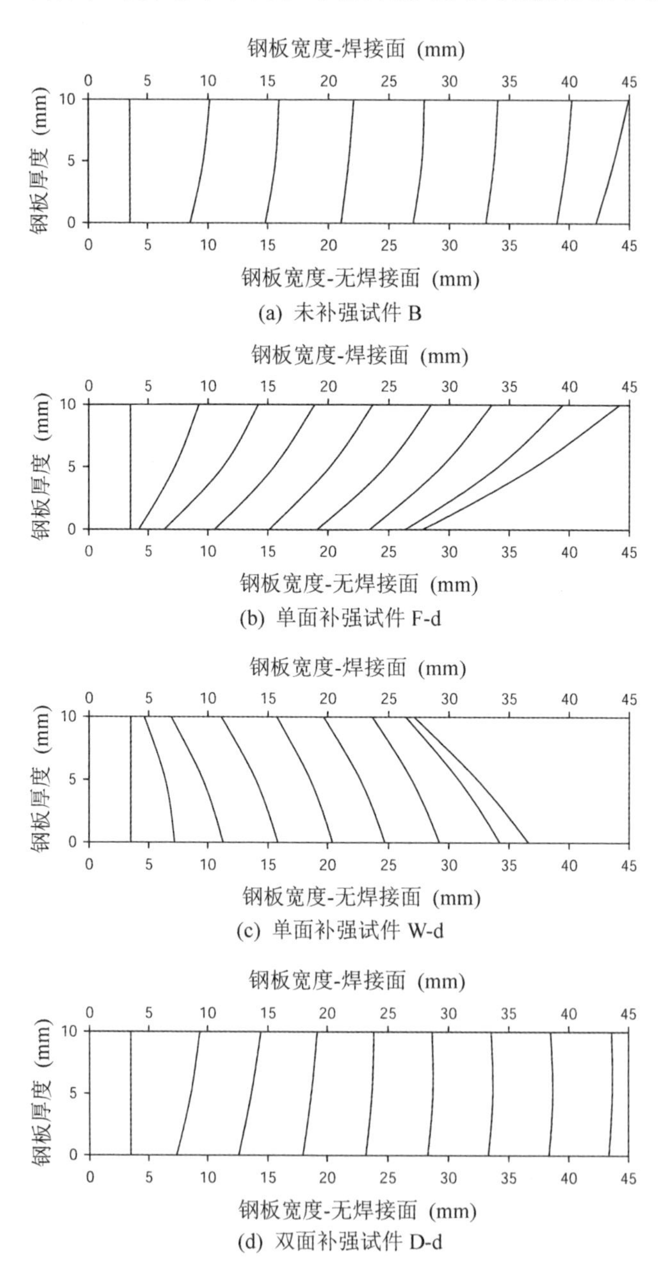

图 5-25 数值模拟结果中断裂截面沙滩纹

补强形式 d 试件的情况。考虑到沙滩纹沿试件宽度方向对称，只绘出 1/2 断裂截面。图中横坐标代表试件宽度方向(从中轴线至钢板边缘)，纵坐标代表钢板厚度方向，第一条竖线代表人工预制裂纹前缘。观察到裂纹扩展情况与试验结果大致吻合(图 5-26)[79]。在未补强试件中，由于焊接钢板的存在，中心缺陷焊接面附近应力场较大，因此焊接面裂纹扩展相较无焊接面略快。在试件 F-d 中，焊接面和无焊接面裂纹扩展差异进一步增加。这是由于，当 CFRP 板布置于无焊接面，试件中和轴向下偏移，次弯矩的存在进一步增大了焊接面附近的应力场，从而加速该位置裂纹扩展；同时，CFRP 板能够减小裂纹表面张开位移，约束无焊接面裂纹扩展。因此尽管 CFRP 材料能够帮助分担远端荷载，但这种有利因素由于次弯矩的作用而部分抵销，这就解释了为什么在无焊接面补强的试件疲劳性能改善非常有限。相反地，当 CFRP 板布置于焊接面，无焊接面裂纹扩展则略快于焊接面。图 5-25(d)表明，试件 D-d 两面裂纹扩展几乎同步，仅在疲劳寿命初期略有差异，认为这主要是由于 CFRP 材料对裂纹表面的约束作用引起的。所有工况无裂纹模型中心圆孔边缘最大主应力分布如图 5-27 所示。横坐标为最大主应力值，纵坐标为沿着钢板厚度方向，从无焊接面到焊接面的坐标值。图中可以清楚地体现上文中关于试件两面应力分析的情况。

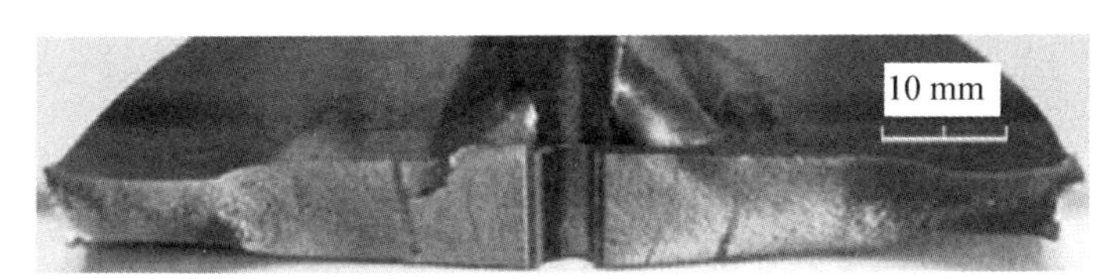

(a) 未补强试件 B

(b) 补强试件 F-d

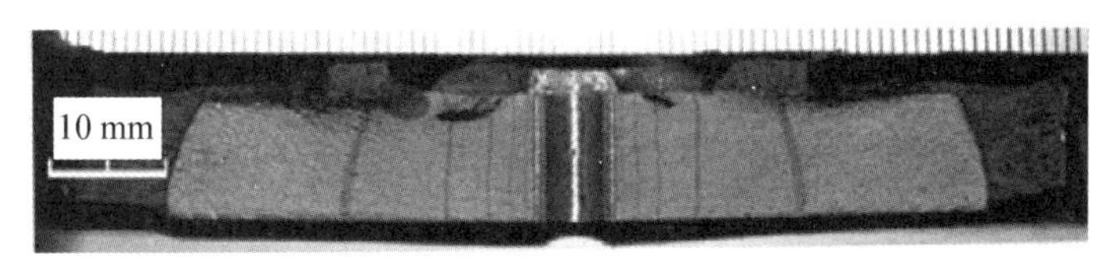

(c) 补强试件 W-d

图 5-26　文献[79]试验结果中断裂截面沙滩纹

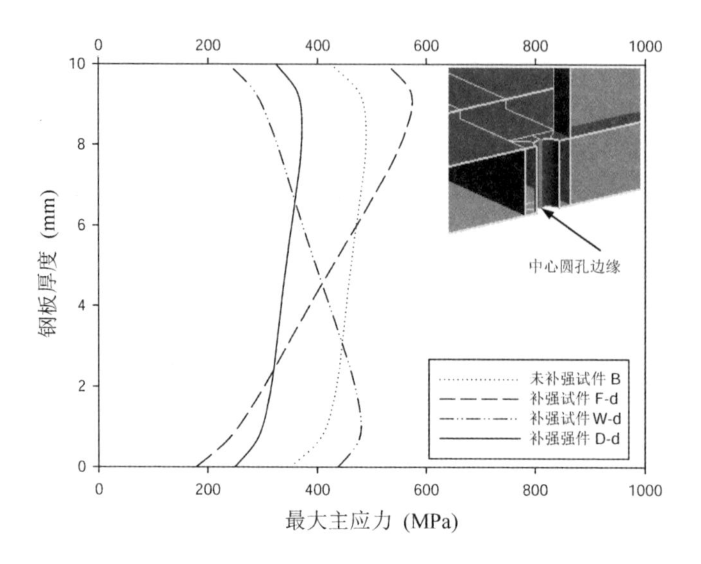

图 5-27　中心圆孔边缘最大主应力分布

图 5-28 比较了不同补强形式试件在焊接面和无焊接面疲劳裂纹随着循环荷载扩展的情况。从图中可以清楚看到，双面补强试件相比单面补强试件，无论是无焊接面还是焊接面，疲劳裂纹扩展速率都明显下降。因此，在工程实际允许的情况下，应尽可能采用双面粘贴补强方式。

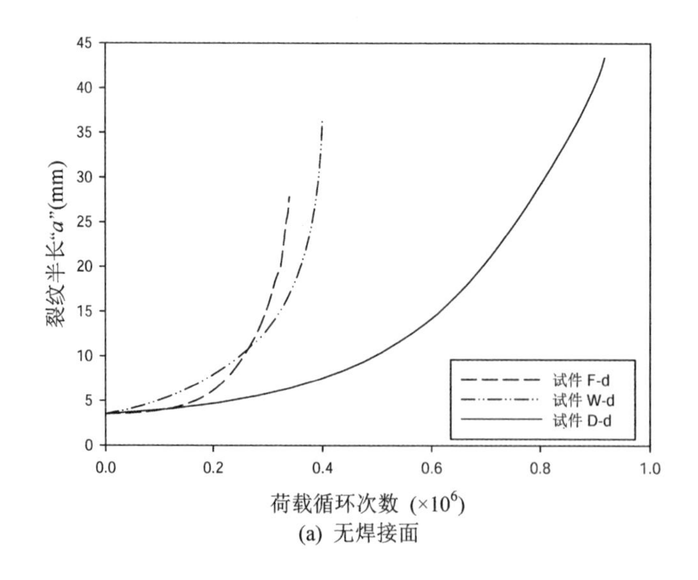

(a) 无焊接面

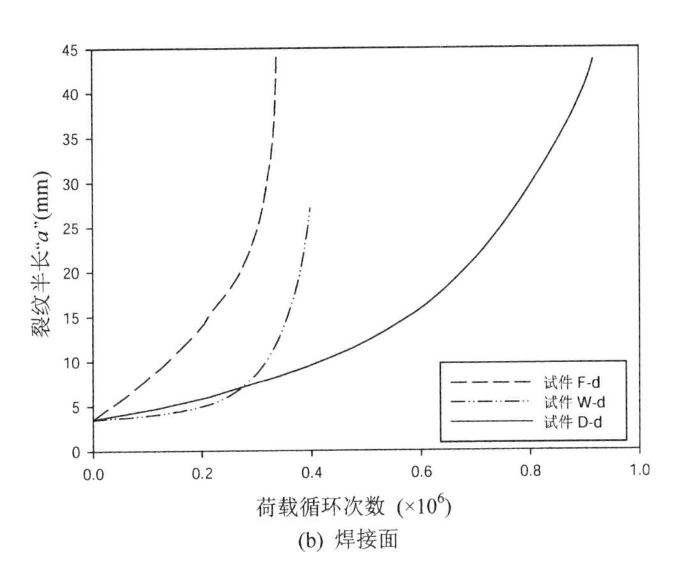

(b) 焊接面

图 5-28　不同补强形式试件 *N*-*a* 曲线比较

5.2.6　焊接钢板影响

和无焊接钢板试件相比，单面焊接钢板由于焊接钢板的存在，导致初始缺陷焊接面附近应力较大，裂纹扩展形状关于试件厚度方向不对称。为了进一步分析焊接钢板的作用，采用边界元方法计算双面焊接钢板试件的疲劳性能，如表 5-7 所列。和双面补强情况类似，受到于试件几何形状的限制，对于双面焊接试件，仅考虑了 d 和 e 两种补强形式。鉴于双面焊接接头试件对称性，表中以"S"表示单面 CFRP 粘贴补强，不再区分焊接面和无焊接面。具体补强粘贴区域如图 5-29 所示。

表 5-7　双面焊接试件

试　　件	粘贴区域	CFRP 长度（mm）	CFRP 宽度（mm）	粘贴面
未补强试件(双面焊接)	—	—	—	—
补强试件 S-d(双面焊接)	d_1，d_2	250	25×2	单面粘贴
补强试件 S-e(双面焊接)	e_1，e_2	250	25×2	单面粘贴
补强试件 D-d(双面焊接)	d_1，d_2，d_3，d_4	250	25×2	双面粘贴
补强试件 D-e(双面焊接)	e_1，e_2，e_3，e_4	250	25×2	双面粘贴

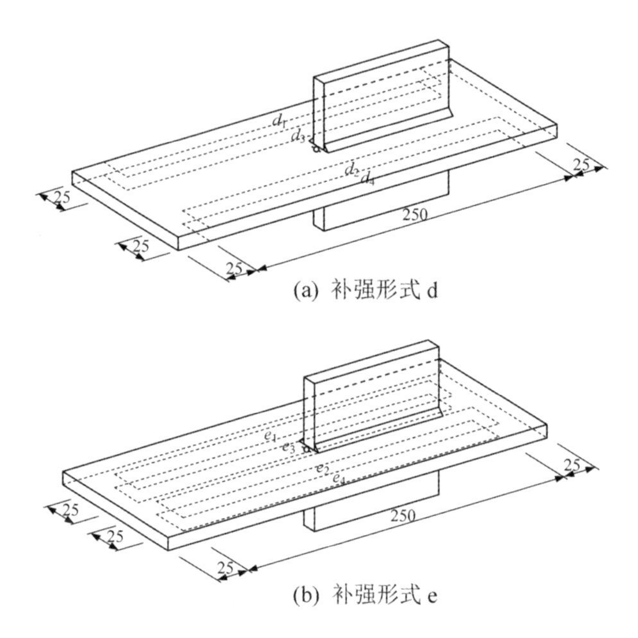

(a) 补强形式 d

(b) 补强形式 e

图 5-29　双面焊接试件形状和几何尺寸(mm)

1. 疲劳寿命分析

单面焊接和双面焊接试件疲劳寿命计算结果如图 5-30 所示。图中显示，未补强试件或不同补强形式的试件，双面焊接接头试件疲劳寿命总是小于单面焊接接头试件。

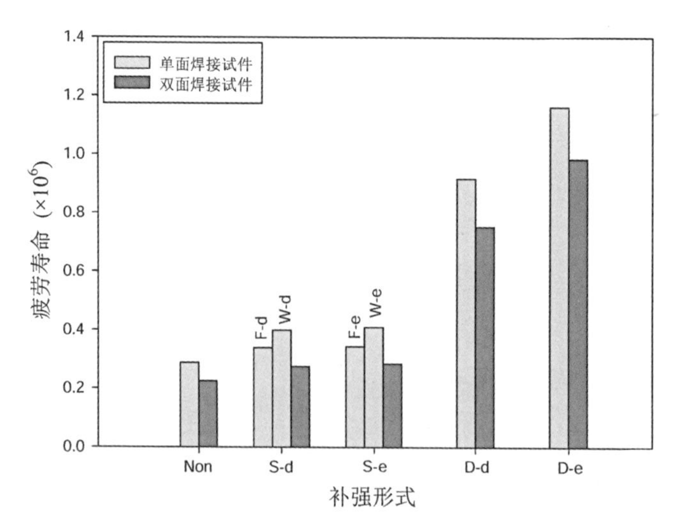

图 5-30　单/双面焊接试件疲劳寿命比较

和图5-24类似，这里将双面焊接接头试件纳入疲劳寿命延长程度比较中，如图5-31所示。从图中看到，双面焊接接头试件和单面焊接接头试件的疲劳寿命延长程度大致趋势相同。和无焊接钢板试件相比，单面补强和双面补强得到的疲劳性能改善情况有明显不同。单面补强的双面焊接接头试件疲劳寿命延长非常有限，而采用补强形式d和e的双面补强试件，疲劳寿命分别延长至3.3倍和4.4倍，几乎和无焊接钢板试件持平。双面补强的单面焊接接头试件相应数据略低，认为是由于试件的不对称性引起的。

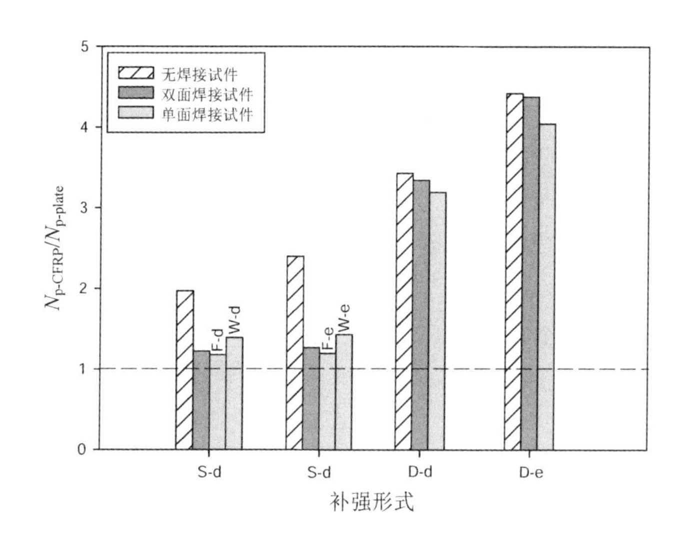

图5-31　单/双面焊接试件疲劳寿命延长程度比较

2. 疲劳裂纹扩展分析

采用补强形式e的单/双面焊接接头疲劳裂纹随循环荷载扩展情况比较于图5-32和图5-33。需要说明的是，对于双面焊接接头的单面补强，只有一种情况。为了简便起见，纵坐标轴为试件断裂截面中轴线上的裂纹长度(即不再区分焊接面和非焊接面不同裂纹长度)。因此，图5-32(a)为未补强试件疲劳裂纹扩展情况，图5-32(b)为在无焊接面补强的单面焊接试件和单面补强双面焊接试件疲劳裂纹扩展情况，图5-33(a)为在焊接面补强的单面焊接试件和单面补强双面焊接试件疲劳裂纹扩展情况，图5-33(b)为双面补强试件疲劳裂纹扩展情况。图中结果表明，双面焊接接头试件裂纹扩展速率明显比单面焊接接头试件快，对应的疲劳寿命相对较短。这里的分析表明，在单面焊接接头试件上额外增加的焊接钢板进一步加速了疲劳裂纹扩展。

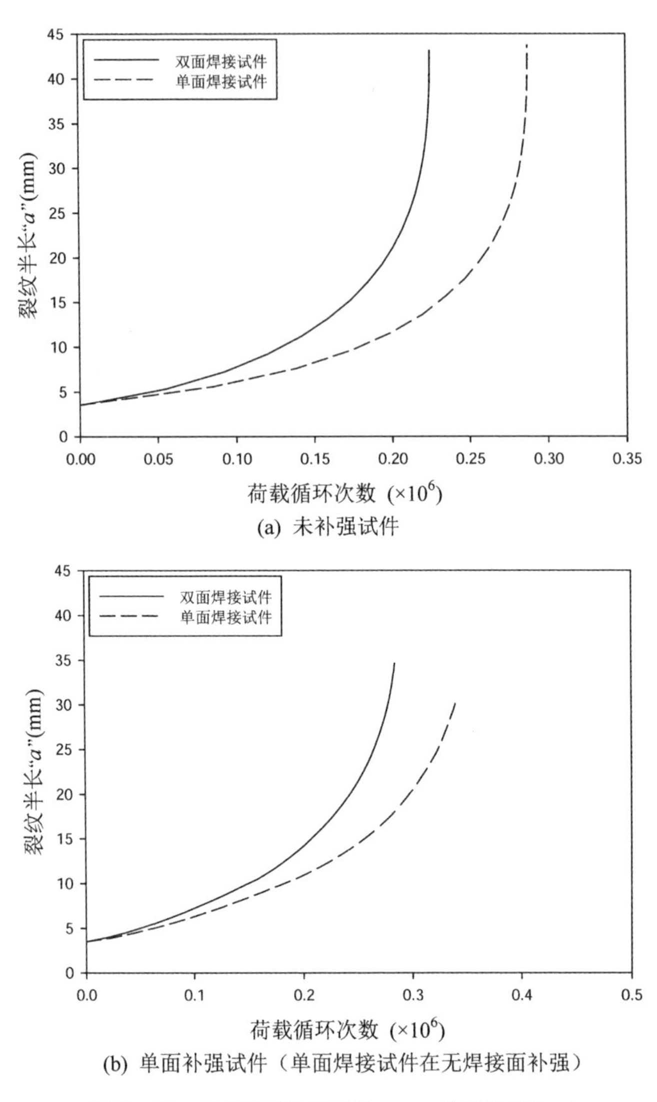

(a) 未补强试件

(b) 单面补强试件（单面焊接试件在无焊接面补强）

图 5-32 单/双面焊接试件 N-a 曲线比较(一)

5.2.7 CFRP 弹性模量影响

文献[79]中采用高弹性模量 CFRP 板(E=460 GPa)对所有试件进行补强。尽管在大多数情况下，认为采用高弹性模量复合材料能够有效提高补强效率，但在实际工程中这类材料应用仍相对较少。因此，这里同时计算普通弹性模量 CFRP 板(E=210 GPa)补强焊接接头的疲劳性能以考量补强材料弹性模量对试件疲劳性能的影响(计算中认为两种 CFRP 材料厚度一致)。图 5-34 为不同

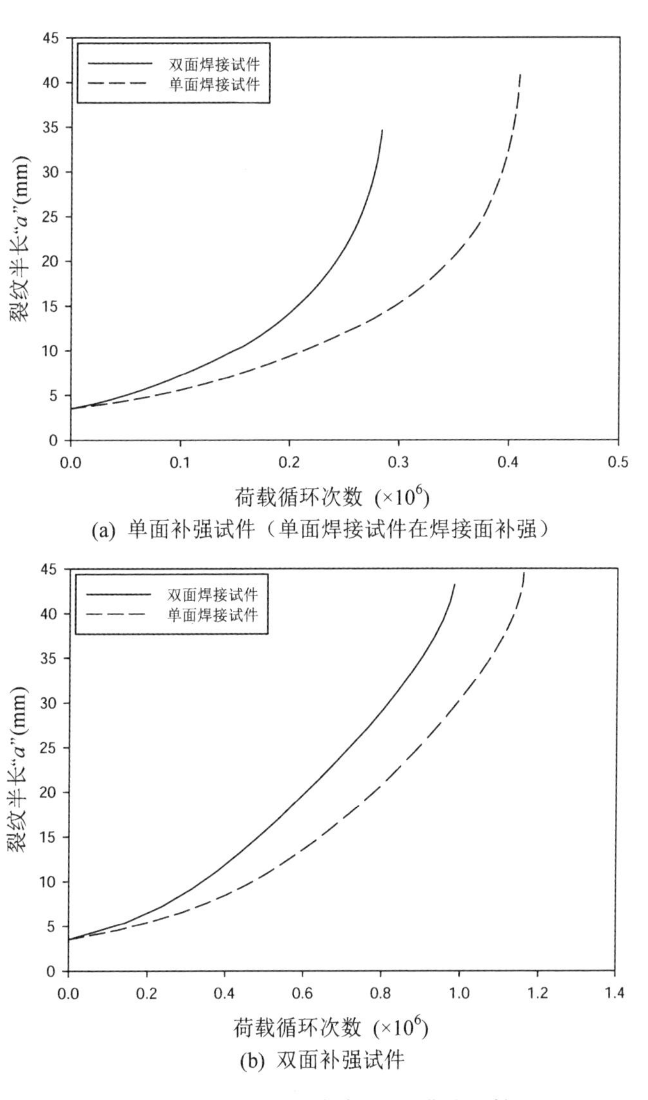

(a) 单面补强试件（单面焊接试件在焊接面补强）

(b) 双面补强试件

图 5-33　单/双面焊接试件 $N-a$ 曲线比较(二)

弹性模量 CFRP 板补强试件疲劳寿命比值和不同补强形式之间的关系。纵坐标中，$N_{\text{p-CFRP, H}}$为高弹性模量 CFRP 板补强试件疲劳寿命；$N_{\text{p-CFRP, N}}$为普通弹性模量 CFRP 板补强试件疲劳寿命。图中结果显示，对于单面补强模型，采用高弹性模量 CFRP 板补强提高效果非常有限，而对于双面补强模型，当补强材料弹性模量从 210 GPa 提高至 460 GPa，试件疲劳寿命延长 174%～186%。值得注意的是，高弹性模量 CFRP 板补强的试件 F-a 疲劳寿命反而小于普通弹性模量 CFRP 补强的相同试件。这主要是由于，试件 F-a 采用复合材料在无焊接面整

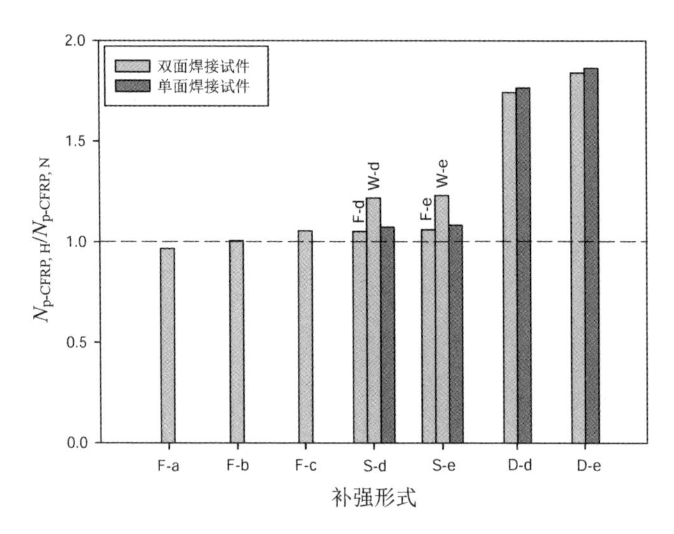

图 5-34 不同弹性模量 CFRP 板补强试件疲劳寿命延长程度比较

面粘贴，高弹性模量复合材料虽然能够帮助分担更多远端荷载，但同时产生的次弯矩也急剧增加，反而削弱了有利效应。综上所述，当现场条件允许采用双面补强方式时，推荐采用高弹性模量 CFRP 板以进一步提高补强效应；然而，对于单面补强试件，提高补强材料弹性模量意义不大。

5.2.8 焊接接头初始损伤预测

通过第 4 章的疲劳试验研究，发现疲劳裂纹从焊趾处萌发，这是由于焊缝中存在各种初始缺陷，同时焊接接头位于构件几何不连续处。而原状焊接接头由于焊缝中初始缺陷的不确定性及焊趾几何参数的离散性，往往直接导致疲劳试验结果的离散性。为了剔除这种离散性的影响，Wu 等[79]采用人工缺陷来模拟焊缝中初始缺陷，引导疲劳裂纹扩展，以期获得比较系统均一的结果。边界元分析表明，这种数值手段能够有效预测此类焊接接头疲劳性能。因此，尝试通过这种方法来估算平面外纵向焊接接头中的初始缺陷尺寸。

各国规范根据焊接接头具体构造给出的 95%保证率下 2×10^6（或 1×10^7）荷载循环次数对应的疲劳强度，即 $S-N$ 曲线。表 5-8 列出了若干规范中关于论文研究对象(平面外纵向焊接接头，焊接钢板长度为 100 mm)对应的疲劳强度。根据式(2-2)可以计算得到试件对应于论文边界元分析中工况(应力幅为 135 MPa)的疲劳寿命。通过变化边界元模型中初始裂纹尺寸，计算疲劳寿命，和表中疲劳寿命数据相对比。发现含 1 mm 初始裂纹(另有 2.5 mm 中心圆孔半径)的双面焊接试件疲劳寿命值为 225 050，基本符合表 5-8 中疲劳寿命数值。

表 5-8　规范中关于平面外纵向焊接接头疲劳性能指标

规　　范	疲劳强度(MPa)	疲劳寿命
Japanese Society of Steel Construction [148]	65(2×10^6)	223 238
International Institute of Welding [122]	71(2×10^6)	290 940
BS EN 1993-1-9：2005 [172]	63(2×10^6)	203 259
BS 7608：1993 [173]	40(1×10^7)	260 123

尽管在实际试验过程中，疲劳裂纹从焊趾处萌生，继而向试件宽度和厚度方向不断扩展，基本呈现半椭圆形的形态，与人工预制缺陷的贯穿裂纹不相符合。但是随着裂纹不断扩展，贯穿钢板厚度后，两者基本保持一致。同时，规范中给出的焊接接头疲劳性能曲线偏于保守，即对应这里提出的缺陷尺寸也将偏于保守的估算试件疲劳性能。因此，若不考虑疲劳裂纹扩展形态，而仅关注疲劳寿命，可以将 1 mm 初始裂纹长度作为评估此类焊接接头疲劳性能的一个参考。若以预制裂纹长度和钢板半宽之比来定义初始损伤程度“β”，对应于初始裂纹长度 1 mm，试件初始损伤程度为 2.22%。

5.3　本章小结

本章首先采用有限元方法研究了 CFRP 材料补强平面外纵向焊接接头焊趾处应力集中系数，考察了 CFRP 材料粘贴此类焊接接头体系中的各种影响因素，包括焊趾半径、补强率、材料形式和补强材料弹性模量。继而对此类试件进行边界元建模分析，通过和文献中试验结果比较验证其可靠性，然后进一步讨论了双面补强、双面焊接及 CFRP 板弹性模量对此类补强焊接接头疲劳性能的影响。本章内容拓展了 CFRP 补强平面外纵向焊接接头方面的研究，并对这种补强方法提出了一些建议，基于目前的结果，可以得出以下结论：

(1) 平面外纵向焊接接头焊趾处存在应力集中现象，粘贴 CFRP 材料后能够明显减缓应力集中程度，降低板内应力值，从而延长试件疲劳寿命。

(2) 焊趾半径是影响平面外纵向焊接接头疲劳性能的重要参数，试件焊趾几何参数的离散性直接导致了试验结果的离散性。

(3) 补强率的增加对于降低焊趾处应力集中系数是有利的，能够有效提高试件疲劳性能。采用高弹性模量补强材料能够降低焊趾附近应力集中系数，但是效果有限。

(4) 边界元方法能够准确计算 CFRP 补强平面外纵向焊接接头补强后的疲劳寿命和疲劳裂纹扩展过程,数值结果同时能够体现疲劳裂纹沿着钢板厚度方向的不均匀扩展情况。

(5) 双面粘贴 CFRP 板补强更为有效。对于单面含焊接钢板的试件,即使采用宽度较小的 CFRP 板,双面粘贴在远离初始缺陷的位置,补强后疲劳性能也远超过在试件无焊接面整面粘贴 CFRP 板。双面补强模型裂纹扩展比较均匀,基本关于钢板厚度方向对称,表明 CFRP 材料能够有效约束裂纹扩展。

(6) 通过比较单面焊接试件和双面焊接试件的疲劳性能,表明额外的焊接钢板加速了疲劳裂纹扩展,导致双面焊接试件疲劳寿命较短。

(7) 有关采用 CFRP 补强后疲劳寿命延长程度,相比无焊接钢板试件,补强效率在单面粘贴 CFRP 焊接接头试件中明显下降,而在双面粘贴 CFRP 焊接接头试件中则相差无几。除此之外,复合材料粘贴位置对试件疲劳性能的影响也在双面补强情况中更为明显。

(8) 当焊接接头试件采用双面粘贴方式补强时,高弹性模量 CFRP 板能够有效提高补强效率。而对于单面粘贴试件,提高 CFRP 弹性模量对试件疲劳寿命影响不大。

(9) 通过比较规范中关于平面外焊接接头疲劳性能曲线和不同长度初始缺陷模型数值计算结果,提出可以将初始损伤程度 2.22%作为评估此类焊接接头疲劳性能的一个参考。

第6章

粘贴 CFRP 改善含缺陷钢板疲劳性能试验研究

从第 2 章和第 4 章的试验研究中看到，焊接接头离散性大，若采用原状焊接接头试件进行 CFRP 补强，较难对其补强后疲劳性能做出系统的分析。因此可以将焊接接头初始缺陷通过人工预制的方式，集中到一处，第 5 章中，采用边界元方法对文献中含人工缺陷的平面外纵向焊接接头进行建模分析，通过比较规范中给出的平面外焊接接头疲劳强度和数值计算结果，认为若只关注疲劳寿命，可以采用初始损伤程度 2.22%来表征此类焊接接头的初始缺陷。为了进一步研究初始损伤程度对试件疲劳性能的影响，本章将对 CFRP 补强的人工缺陷钢板试件展开详细的讨论和分析。

已有学者采用试验或数值方法，研究 CFRP 材料补强的钢板试件或钢梁试件受拉翼缘的疲劳性能。Täljsten 等[88]从一座废弃钢桥上取材，制作含中心缺陷的钢板试件，两端施加疲劳拉伸荷载直至破坏。试验结果表明，采用无预应力 CFRP 板补强的钢板试件疲劳寿命延长 2.5～3.7 倍。在一定情况下，采用预应力 CFRP 板补强可以完全抑制疲劳裂纹扩展。Tavakkolizadeh & Saadatmanesh[2]进行了 21 根钢梁试件疲劳试验。试件在受拉翼缘处预制缺陷，以模拟初始损伤，然后粘贴 CFRP 板补强，采用四点受弯装置加载。试验结果表明，补强试件疲劳寿命延长 2.6～3.4 倍，其疲劳性能相当于 AASHTO 目录中从类别 D 提高到类别 C。

在英国，很多国家路网内的钢结构和钢-混凝土组合结构桥梁已经服役超过 100 年[44]；在美国，不合格的高架桥数量多达 167 000 座，其中一半以上含结构性缺陷[42]；日本 Kinuura 大桥也在桥面纵向肋板对接焊缝处发现大量疲劳裂纹[45]。显而易见，这些桥梁或基础设施结构中的所有构件，损伤程度不可能完全相同。因此，当使用 CFRP 材料对这些结构进行补强时，需要考虑不同程度初始损伤对补强构件疲劳性能的影响。然而文献调研显示，既有研究大多采用类似的钢板构件，即含较小初始缺陷，且预制裂纹长度固定，少有针对含不同程度初始损伤构件的研究[75,82,174-175]。Jones 等[82]采用边缘含 V 型缺口的钢板试件，比较裂纹扩展前后进行补强的不同疲劳性能，发现若在疲劳裂纹扩展到约试件宽度 1/4 时采取补强措施，残余疲劳寿命仍可延长 170%。

为了研究 CFRP 补强应用至处于疲劳裂纹不同扩展阶段的钢结构构件的效果，采用含不同程度初始损伤的试件是非常必要的。本章进行两批疲劳试验（均由研究生本人），采用含不同程度初始损伤的钢板试件，粘贴 CFRP 板双面补强，利用沙滩纹方法和裂纹扩展片（crack propagation gauge）监测疲劳裂纹随荷载循环扩展情况。重点研究不同程度初始损伤对补强后试件疲劳性能的影响，同时考虑补强粘贴方式和 CFRP 板弹性模量的影响。

6.1 含缺陷钢板第一批疲劳试验

第一批试验在同济大学航空航天与力学学院下属力学实验中心进行。一共对 6 块钢板试件进行了疲劳加载。其中，3 块为未补强试件，作为对比试验；3 块为双面补强试件。试验考察不同程度初始损伤对试件疲劳性能的影响。

6.1.1 含缺陷钢板第一批试件

补强试件由 CFRP 板双面粘贴含缺陷钢板制作而成。试件具体形状和几何尺寸如图 6-1(a)所示。钢板长 500 mm，宽 100 mm，厚 8 mm。中心预制缺陷，经机械方法加工，由直径 10 mm 的小孔和两条 0.2 mm 宽的线裂纹组成。为了模拟不同程度的初始损伤，引入 3 种不同长度的预制裂纹。同样，采用预制裂纹长度和钢板半宽之比来定义初始损伤程度“β”，也就是说，对应于不同的初始裂纹长度 1 mm、5 mm 和 10 mm，试件初始损伤程度分别为 2%，10%和 20%。钢板采用 CFRP 板在两面粘贴补强，CFRP 板尺寸为 40 mm×200 mm，如图 6-1(b)所示。中心圆孔采用 4 层 CFRP 板圆片（直径 8 mm）填充。

钢板采用热轧 Q345 钢材，其力学性能根据相关规范 GB/T228-2002[142]采用受拉材性试验测定，具体结果如表 6-1 所列。CFRP 板由（株）韩日 CARBON CO, LTD 生产，北京韩日加本建筑材料有限公司提供，板材厚度为 1.4 mm，宽度为 100 mm。试验所使用的结构粘胶由韩国青原化学（株）生产，北京韩日加本建筑材料有限公司提供，型号为 EFR-400。CFRP 板和结构粘胶力

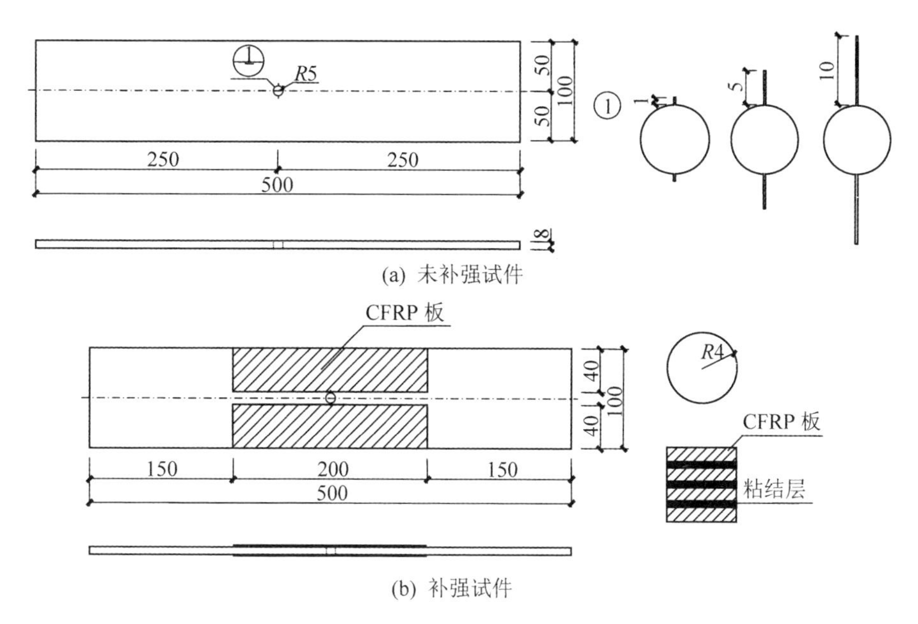

(a) 未补强试件

(b) 补强试件

图 6－1　含缺陷钢板第一批试件形状和几何尺寸(mm)

学性能根据产品生产商的提供的数据，列于表 6－1 中。钢材化学元素组成由上海材料研究所检测中心测定，列于表 6－2 中。

表 6－1　含缺陷钢板第一批试件钢材、CFRP 板和结构粘胶力学性能

	钢材 Q345	CFRP 板	粘胶 EFR－400
屈服强度(MPa)	279	—	—
极限强度(MPa)	406	3 089	41.6
弹性模量(GPa)	182	191	3.32
延伸率(%)	32.33	1.7	1.53

表 6－2　含缺陷钢板第一批试件钢材化学成分(重量百分比)

钢	Mn	C	S	Si	P
Q345	1.52%	0.16%	0.004%	0.22%	0.017%

采用与前文类似的施工工艺，在钢板表面指定位置粘贴 CFRP 板。钢板中心孔洞填充 4 层直径为 8 mm 的 CFRP 板圆片以及相应的结构粘胶。粘贴过程完成后，试件在室温条件下养护一周后进行试验，制作完成的试件如图 6－2 所示。

图 6-2　补强后的含缺陷钢板第一批试件

试件粘结层厚度测量结果如表 6-3 所列。补强试件的粘结层厚度为 2.24～2.63 mm，平均值为 2.40 mm。测量过程中发现，CFRP 板角部粘胶普遍略有不实，不够饱满。分析认为这是由于此批结构粘胶流动性较小，在试件准备过程中未采取有效措施控制粘结质量引起的。

表 6-3　含缺陷钢板第一批试件粘结层厚度

初始损伤程度 β(%)	粘结层厚度(mm)
2	2.24
10	2.63
20	2.33

6.1.2　含缺陷钢板第一批试验装置和加载制度

试验装置为 Instron 1343 型电液伺服疲劳试验机，其最大动力荷载为 200 kN。对所有试件两端施加拉伸疲劳荷载，加载频率为 10 Hz，应力比为 0.1，荷载波为正弦曲线。对未补强钢板试件，应力幅为 110 MPa，即最大应力为 122 MPa，最小应力为 12 MPa，对应的最大荷载为 97.6 kN，最小荷载为 9.6 kN。对补强钢板试件，采用相同大小荷载。应力谱中最大应力约为钢材极限强度的 30%，屈服强度的 44%。试件加载如图 6-3 所示。

采用沙滩纹方法加载，在 5 万次普通应力幅疲劳荷载后插入 2 万次低应力幅疲劳荷载，部分试件采用 3 万次或 2 万次普通应力幅疲劳荷载后插入 2 万次低应力幅疲劳荷载，如图 6-4 所示。在一个试件加载过程中，间隔荷载循环次数和插入荷载循环次数相同，且所有试件插入的低应力幅荷载循环次数均为 2

图6-3 含缺陷钢板第一批疲劳试验加载装置

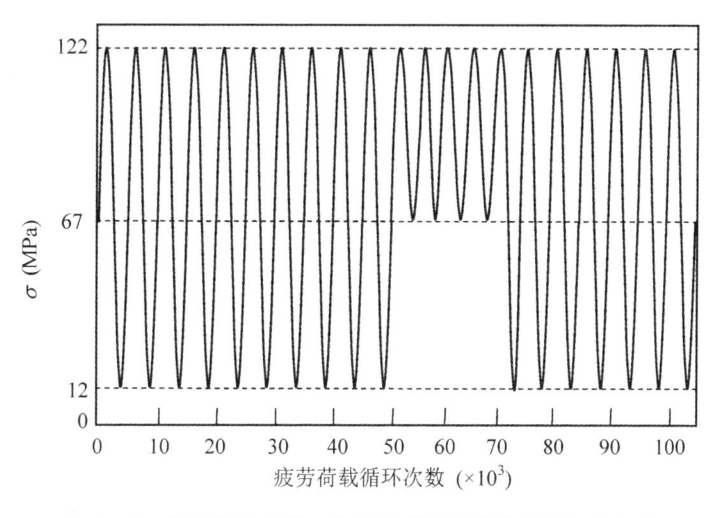

图6-4 含缺陷钢板第一批疲劳试验沙滩纹方法加载方式

万次。低应力幅疲劳荷载是指最大荷载保持不变,应力幅从110 MPa减半至55 MPa,应力比从0.1增加到0.55,最小荷载从9.6 kN提高到53.6 kN。

6.1.3 含缺陷钢板第一批试件破坏模式和疲劳寿命

表6-4给出了第一批疲劳试验结果,包括疲劳寿命和疲劳寿命延长幅度。这里,延长幅度由补强后钢板试件疲劳寿命除以相同初始损伤程度的未补强钢板试件疲劳寿命而得。试件命名中,CN为未补强试件,S1为补强试件,短划线后的数字表示初始损伤程度。

表 6-4　含缺陷钢板第一批疲劳试验结果

试　件	初始损伤程度 β(%)	CFRP 层数	补强率	疲劳寿命	延长幅度
CN-2	2	—	0.00	234 533	—
CN-10	10	—	0.00	123 738	—
CN-20	20	—	0.00	65 625	—
S1-2	2	1	0.28	462 679	2.0
S1-10	10	1	0.28	234 710	1.9
S1-20	20	1	0.28	187 856	2.9

当预制裂纹扩展到一定长度后，所有试件均沿着钢板中部破坏，同时伴有钢板和粘结层界面粘结失效，如图 6-5 所示。未观察到 CFRP 板断裂破坏，但存在一些纤维层离。试验过程中发现，试件 S1-10 在早期发生钢板和粘结层界面破坏，其他两个试件未见明显初期破坏。

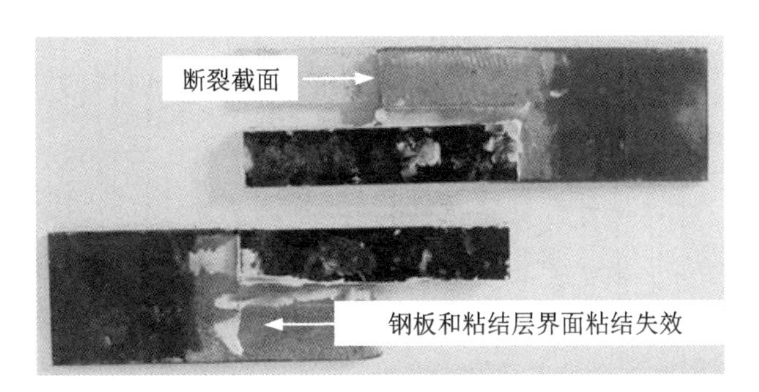

图 6-5　典型粘贴 CFRP 含缺陷钢板第一批试件破坏模式

所有试件的疲劳寿命列于表 6-4 中。这里，疲劳寿命指从试验加载开始到试件完全断裂经历的荷载循环次数。沙滩纹方法中低应力幅荷载循环次数按第 4 章中式(4-1)将其折算为对应于普通应力幅的荷载循环次数。从表 6-4 中可见，补强后试件疲劳寿命延长至 1.9～2.9 倍，说明这种补强方式能够有效延长损伤钢板疲劳寿命。

6.1.4　含缺陷钢板第一批试件疲劳裂纹扩展

图 6-6 和图 6-7 分别为含缺陷钢板第一批未补强试件和补强试件的断裂截面及沙滩纹照片。从图中发现，加载过程中每次插入的低应力幅荷载循环均

留下了清晰可见的沙滩纹，因此证明沙滩纹方法是一种可靠有效的记录疲劳裂纹扩展的方法（括号中的数字为该沙滩纹对应的疲劳荷载循环次数和试件总体疲劳寿命的比值）。这里，每个试件加载过程中，间隔相同的荷载循环次数插入相同次数的低应力幅循环荷载，所以从钢板中轴线到两边，每两条沙滩纹之间的距离表征了裂纹扩展速率。观察到沙滩纹间距不断增大，说明裂纹扩展速率不断增大。从试验结果来看，沙滩纹大致分为两种形状：关于钢板厚度方向对称和关于钢板厚度方向不对称。对未补强钢板试件和试验初期没有观察到钢板-粘结层界面粘结失效的补强钢板试件，钢板两面疲劳裂纹扩展速率几乎相同，因此沙滩纹呈现关于钢板厚度方向对称的形状。而在试验初期存在钢板-粘结层界面粘结失效的补强钢板试件中，疲劳裂纹在 CFRP 板粘结失效的一面扩展更快，导致最后沙滩纹呈现关于钢板厚度方向不对称的形状。因此说明，粘结性能非常重要，早期粘结失效会导致对应的 CFRP 板退出工作，从而影响试件整体疲劳性能。

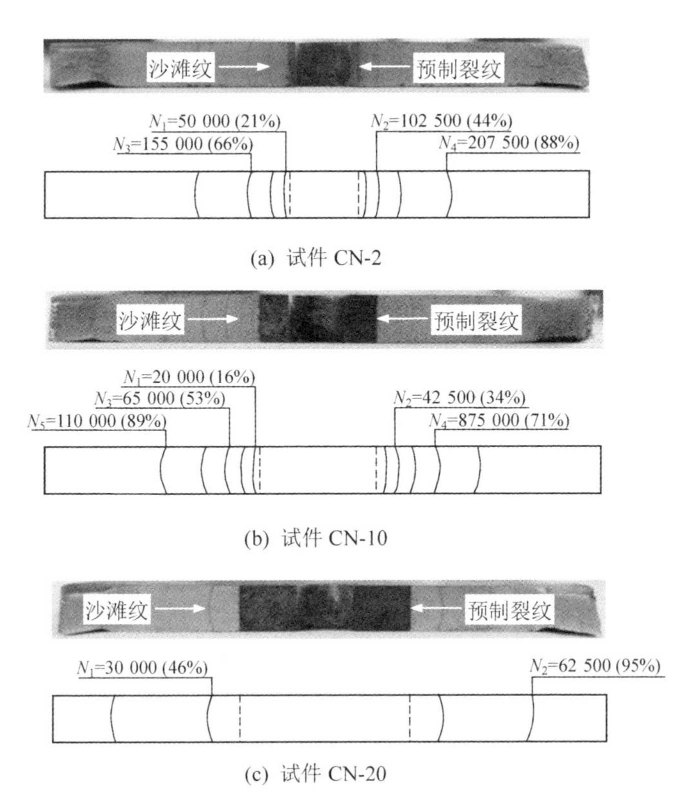

图 6-6　含缺陷钢板第一批未补强试件断裂截面及沙滩纹

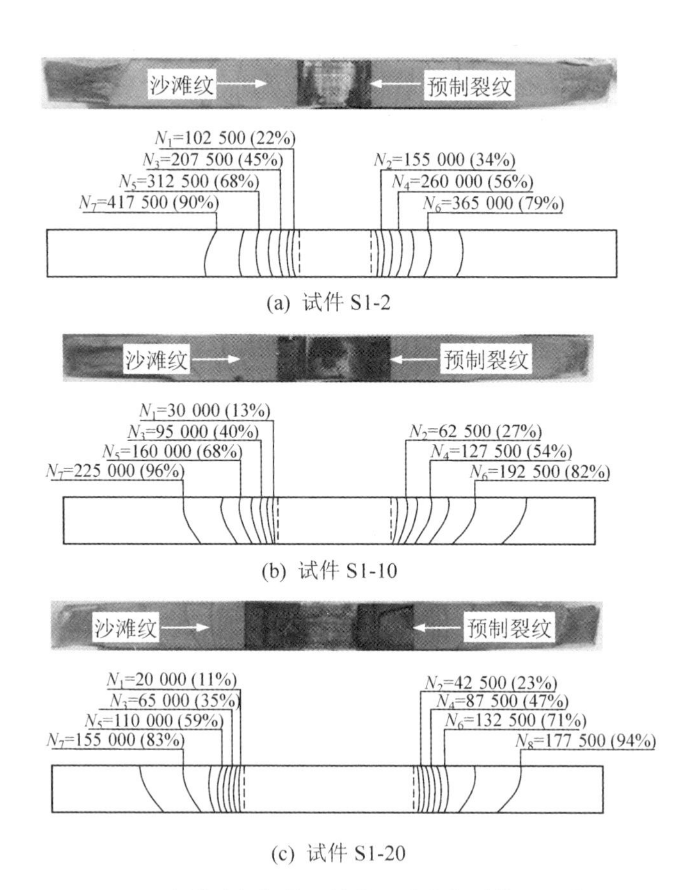

(a) 试件 S1-2

(b) 试件 S1-10

(c) 试件 S1-20

图 6－7　含缺陷钢板第一批补强试件断裂截面及沙滩纹

通过测量沙滩纹位置结合试验仪器记录的荷载循环次数，疲劳裂纹关于荷载循环次数的 $N-a$ 曲线绘于图 6－8。图中横坐标 N 为对应的折算后疲劳荷载循环次数，纵坐标 a 为沿着钢板中轴线测量的裂纹半长，包括钢板中心孔洞半径和预制裂纹长度。从图中可以看到，初始损伤程度越大，曲线斜率越大，也即裂纹扩展速度越快。通过比较未补强钢板试件和补强钢板试件的 $N-a$ 曲线可以看到，在裂纹扩展的任何阶段采用 CFRP 板补强，均能够明显抑制疲劳裂纹扩展，延长试件疲劳寿命。

试件采用不同长度的预制裂纹，以模拟不同程度的初始损伤，或在裂纹扩展不同阶段施加补强措施的情况。在图 6－8 所示的疲劳裂纹扩展曲线基础上，补充预制裂纹长度对应的疲劳荷载循环次数 N_i，以观察裂纹长度和总疲劳寿命的关系。对于初始损伤程度为 2％的试件，认为疲劳裂纹初始扩展荷载循环次数较少，假定 $N_i=0$。因而对于含初始损伤程度为 10％和 20％的试件，其 N_i 值分

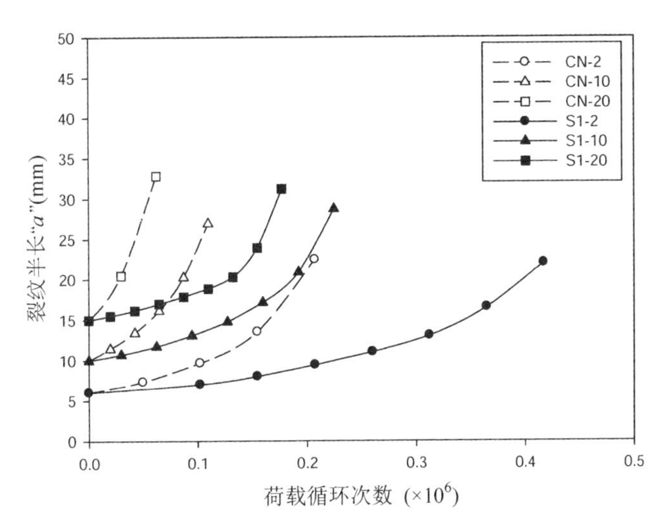

图 6-8　含缺陷钢板第一批试件疲劳裂纹长度和荷载循环次数的关系

别对应于裂纹长度从 1 mm 扩展到 5 mm 和 10 mm 的荷载循环次数，可以基于初始损伤程度为 2% 的未补强钢板试件 $N-a$ 曲线估算。疲劳裂纹长度和总疲劳寿命关系绘于图 6-9。从图中看到，在考虑了疲劳裂纹初始扩展荷载循环次数后，不同程度初始损伤的未补强钢板试件 $N-a$ 曲线在重叠区域非常靠近，几近重合，这是非常合理的，因为理论上含相同长度裂纹的钢板试件裂纹扩展速率

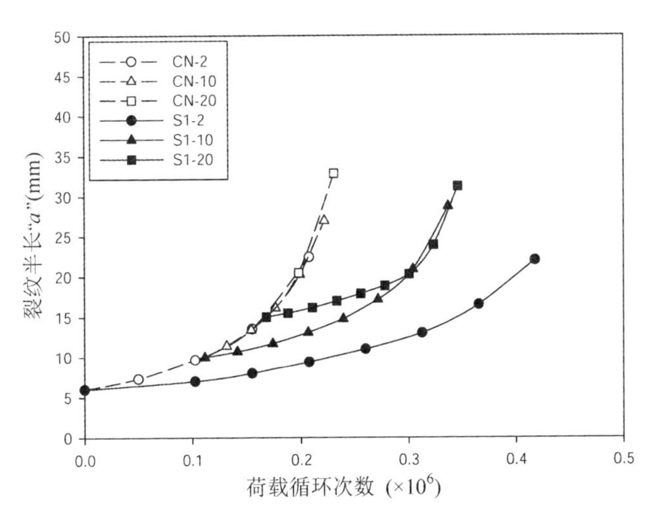

图 6-9　含缺陷钢板第一批试件疲劳裂纹长度和总体疲劳寿命的关系

相同。但是对补强钢板试件的 $N-a$ 曲线，可以看到更多的不同，尤其是曲线斜率的改变。从图中发现试件 S1－10 曲线的斜率大于试件 S1－2 曲线的斜率，而试件 S1－20 曲线的斜率又小于试件 S1－2 和 S1－10 曲线的斜率。分析认为，试件 S1－10 曲线的斜率较大是由于疲劳试验早期发生粘结失效导致的，而试件 S1－20 曲线中后期的拐点也是由于发生粘结失效引起的。试件 S1－20 断裂截面上沙滩纹在前期关于钢板厚度方向对称，而后期变为不对称，认为此时发生粘结失效，一侧 CFRP 板退出工作，如图 6－7(c)所示。

6.1.5　不同程度初始损伤的影响

试验中引入 3 种不同长度的预制裂纹，以模拟不同程度的初始损伤，来研究在钢板试件疲劳裂纹扩展不同阶段采取补强措施的有效程度。初始损伤程度和疲劳寿命延长程度关系如图 6－10 所示。这里，$N_{\text{p-CFRP}}$代表 CFRP 补强钢板试件疲劳寿命，而 $N_{\text{p-plate}}$代表相应未补强钢板试件疲劳寿命。从图中发现，补强钢板试件疲劳寿命和未补强钢板试件的疲劳寿命比值，随着初始损伤程度的增加而提高。含 2％和 10％初始损伤的试件疲劳寿命延长比例基本相同，是由于含 10％初始损伤的试件过早发生粘结破坏引起的。

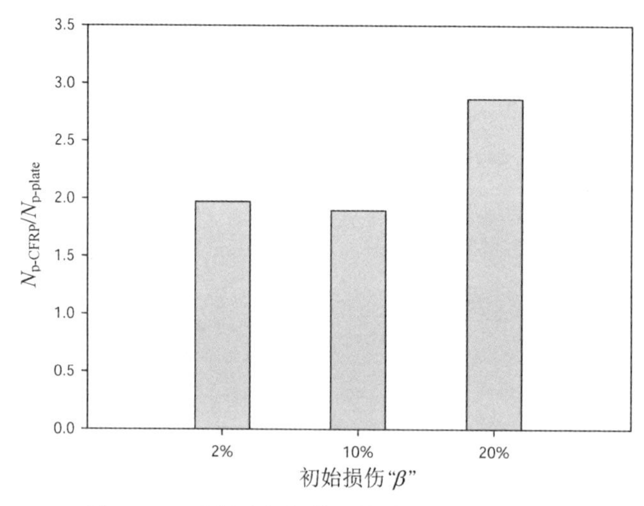

图 6－10　含缺陷钢板第一批试件残余疲劳寿命延长程度和初始损伤程度的关系

和图 6－9 类似，引入裂纹初始扩展荷载循环次数 N_i 做进一步比较。图 6－11 展示了试件总体疲劳寿命延长程度和初始损伤程度之间的关系，表明越早施加补强措施，总体疲劳寿命越大。

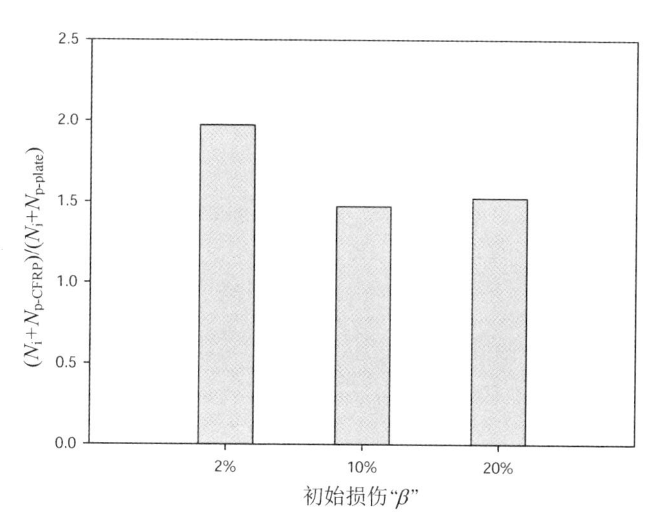

图 6－11　含缺陷钢板第一批试件总体疲劳寿命延长程度和初始损伤程度的关系

最后，用含不同程度初始损伤的补强钢板试件疲劳寿命 $N_{p\text{-CFRP}}$ 除以含 2% 初始损伤补强钢板试件疲劳寿命 $N_{p\text{-CFRP},\ 2\%}$ 来表征初始损伤程度对补强后疲劳寿命的影响，即 $N_{p\text{-CFRP}}/N_{p\text{-CFRP},\ 2\%}$，结果如图 6－12 所示。从图中看到，裂纹扩展后期速率很快，补强效果减弱。

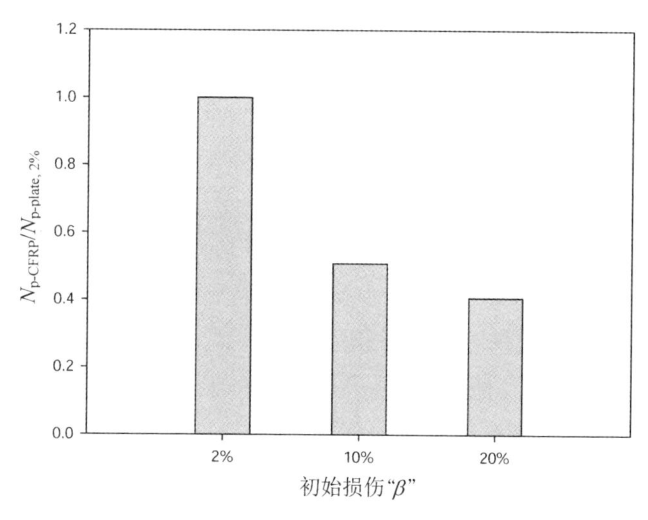

图 6－12　含缺陷钢板第一批补强试件疲劳寿命比值和初始损伤程度的关系

6.2 含缺陷钢板第二批疲劳试验

第二批试验基于第一批试验展开，主要在以下三方面进行拓展：1）试件初始损伤程度：初始损伤范围进一步增加到5个级别，分别为2%、10%、20%、30%和40%，以调查在裂纹扩展不同阶段采取补强措施的不同效果；2）CFRP板弹性模量：采用普通弹性模量CFRP板和高弹性模量CFRP板以比较补强材料刚度对补强效果的影响；3）CFRP补强方式：采用两种不同的补强形式以比较粘贴方式对补强效果的影响。

试验在澳大利亚Monash大学土木工程实验室进行。一共对20块钢板试件进行了疲劳加载。其中，5块为未补强试件，作为对比试验；15块为双面补强试件。试验考察不同程度初始损伤、CFRP粘贴方式和CFRP弹性模量对试件疲劳性能的影响。

6.2.1 含缺陷钢板第二批试件

由于Monash大学土木工程实验室已经开展过大量CFRP材料补强钢板试件的试验研究，为了进行系统研究，方便结果比较分析，试件选型参考Liu等[84]和Wu等[85]。

补强试件由CFRP板双面粘贴含缺陷钢板制作而成。试件具体形状和几何尺寸如图6-13(a)所示。钢板长500 mm，宽90 mm，厚10 mm。中心预制缺陷，经机械方法加工，由直径5 mm的小孔和两条宽0.3 mm的线裂纹组成。和第一批试验类似，为了模拟不同程度的初始损伤，引入5种不同长度的预制裂纹。对应于不同初始裂纹长度0.9 mm、4.5 mm、9 mm、13.5 mm和18 mm，试件初始损伤程度分别为2%，10%，20%，30%和40%。钢板采用CFRP板在两面粘贴补强，为了研究粘贴方式对补强效果的影响，采用两种不同的补强方式，定义为补强形式A和补强形式D。在补强形式A中，CFRP板尺寸为250 mm×90 mm，覆盖在钢板两面。在补强形式D中，CFRP板尺寸为250 mm×25 mm，分列在中心缺陷两边，如图6-13(b)和(c)所示。

钢板采用Grade 300，其力学性能根据相关规范AS1391[176]采用受拉材性试验测定(根据实测力学性能，认为约相当于中国Q345钢材)。为了研究CFRP板弹性模量对补强钢板试件疲劳性能的影响，试验采用两种不同弹性模量的

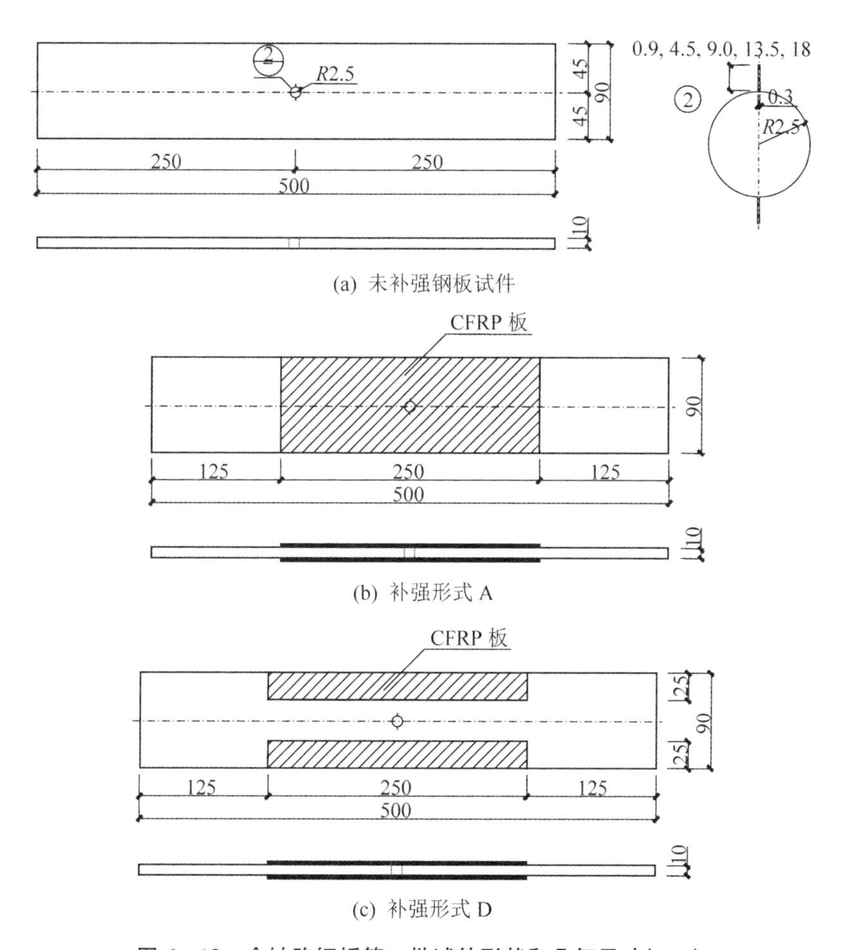

(a) 未补强钢板试件

(b) 补强形式 A

(c) 补强形式 D

图 6－13　含缺陷钢板第二批试件形状和几何尺寸(mm)

CFRP 板,分别为 MBRACE® Laminate 210/3 300 和 MBRACE® Laminate 460/1 500,两种板材宽度分别为 100 mm 和 50 mm 。根据产品生产商提供的数据, MBRACE® Laminate 210/3 300 的受拉弹性模量为 210 GPa,受拉极限强度为 3 300 MPa,破坏时极限伸长率为 1. 4%,板材厚度为 1. 4 mm;MBRACE® Laminate 460/1 500 的受拉弹性模量为 460 GPa,受拉极限强度为 1 500 MPa,破坏时极限伸长率为 0. 3%～0. 4%,板材厚度为 1. 2 mm。同时,根据相关规范 ASTMD3039[177]采用受拉材性试验对 CFRP 板的力学性能进行测定。在论文中,分别称 MBRACE® Laminate 210/3 300 和 MBRACE® Laminate 460/1 500 为普通弹性模量 CFRP 板和高弹性模量 CFRP 板。试验中采用结构粘胶 Araldite 420 将 CFRP 板粘结到钢板表面。实测的钢板、CFRP 板和结构粘胶力学性能列于表 6－5 中。钢板和 CFRP 板材性试件形状和几何尺寸如图 6－14 所示。

表 6-5　含缺陷钢板第二批试件实测钢材、CFRP 板和结构粘胶力学性能

	钢材	Laminate 210/3 300	Laminate 460/1 500	Araldite 420[157]
极限强度(MPa)	497	2 882	1 606[85]	28.6
屈服强度(MPa)	329	—	—	—
弹性模量(GPa)	200	177	479[85]	1.901
板材厚度(mm)	10	1.57	1.46	—

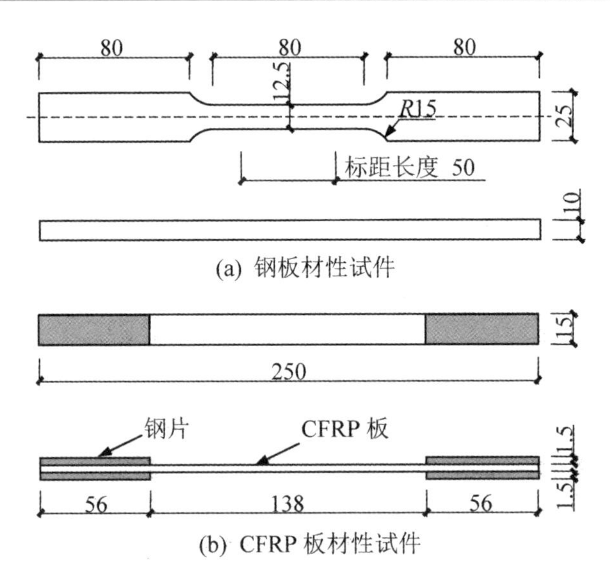

图 6-14　含缺陷钢板第二批试件钢板和 CFRP 板材性试验试件(mm)

钢板试件表面处理方法类同第一批疲劳试验，不同的是，这里采用喷砂机打磨试件表面，相比人工砂轮打磨，这种方法得到的表面特性相对更为均一。试件表面处理完成后，把按照设计尺寸切割的 CFRP 板保护层剥去待用，以保证其表面清洁[47]。将结构粘胶 Araldite 420 的主剂和固化剂以 5∶2 的比例均匀混合，用刷子分别涂满钢板粘贴区域和 CFRP 板表面，接着将 CFRP 板放置在钢板对应区域。已有研究表明，粘结性能对 CFRP 补强试件疲劳性能有很大的影响，上节第一批疲劳试验中也存在提前发生粘结失效的问题。考虑到结构粘胶 Aralidte 420 相较第一批试验中的结构粘胶流动性大，因此采用 Wu 等[85]中的方法控制粘结层厚度，以期获得良好的粘结性能。将 CFRP 板放置到钢板表面后，在钢板两端放置铝片，其厚度为 CFRP 板厚度和设计的粘结层厚度之和，然

后在铝片、CFRP 板上方放置重物，以便多余的胶水和气泡溢出，获得均匀饱满的粘结层，最后清理溢出的粘胶，具体如图 6-15 所示。这里，控制粘结层厚度大约为 0.5 mm[178-179]。粘贴过程完成后，根据 Araldite 420 产品说明，试件在室温条件下养护两周以使粘结层强度完全发展。制作完成的试件如图 6-16 所示。

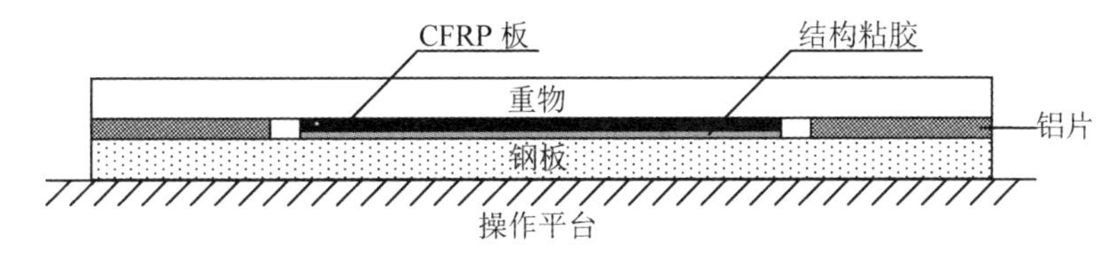

图 6-15　粘结层厚度控制图示

(a) 补强形式 A 钢板试件

(b) 补强形式 D 钢板试件

图 6-16　补强后的含缺陷钢板第二批试件

同样在试件制作完成后测量粘结层厚度，结果如表 6-6 所列。补强试件的粘结层厚度为 0.30～0.60 mm，平均值为 0.48 mm，且观察到试件粘结层饱满，说明在粘贴过程中控制粘结层厚度方法有效可靠。

表 6-6　含缺陷钢板第二批试件粘结层厚度(mm)

初始损伤程度 β(%)	普通弹性模量 CFRP 板补强形式 A 试件	普通弹性模量 CFRP 板补强形式 D 试件	高弹性模量 CFRP 板补强形式 D 试件
2	0.54	0.40	0.56
10	0.48	0.30	0.48
20	0.50	0.54	0.55
30	0.60	0.47	0.49
40	0.42	0.34	0.51

6.2.2 含缺陷钢板第二批试验装置和加载制度

试验装置为 Instron 8802 型液压伺服疲劳试验机，其最大动力荷载为 250 kN。对所有试件两端施加拉伸疲劳荷载，加载频率为 20 Hz，应力比为 0.1，荷载波为正弦曲线。对未补强钢板试件，名义应力幅为 135 MPa，即最大应力为 150 MPa，最小应力为 15 MPa，对应的最大荷载为 135 kN，最小荷载为13.5 kN。对补强钢板试件，采用相同大小荷载。这里的荷载制度也与 Liu 等[84]和 Wu 等[85]中保持一致。应力谱中最大应力约为钢材极限强度的 30%，屈服强度的 46%。试件加载如图 6-17所示。

图 6-17 含缺陷钢板第二批疲劳试验加载装置

6.2.3 第二批试验疲劳裂纹扩展测量

第二批疲劳试验采用两种方法来记录试件疲劳裂纹扩展过程。第一种和前面的方法相同，即沙滩纹方法，通过改变部分循环荷载应力幅来改变裂纹尖端应力强度因子和裂纹扩展速率，在试件截面上留下沙滩纹。这里，最大荷载保持不变，应力幅从 135 MPa 减半至 67.5 MPa，应力比从 0.1 增加到 0.55，最小荷载从 13.5 kN 增加到 74.5 kN，如图 6-18 所示。为了使应力幅转换过程平缓流畅，减少对试验仪器的冲击和损伤，插入的应力幅采用荷载频率为 10 Hz。在第一批疲劳试验中，每个试件采用固定的加载制度，即间隔荷载循环次数和插入荷载循环次数保持不变。试件破坏后，观察断裂截面和沙滩纹，发现此类方式存在一个比较明显的缺陷。由于裂纹扩展速率随着裂纹长度的增加而显著增长，若在一个试件中采用相同的加载制度，从钢板中心到两边，每两条沙滩纹的间距呈现从窄到宽的发展趋势。在裂纹扩展缓慢的疲劳寿命初期，沙滩纹密集，不便观测；在裂纹扩展较快的疲劳寿命后期，较难留下沙滩纹，尤其对于初始损伤程度较大、疲劳寿命相对较短的试件，留下的沙滩纹数量过少，难以精确描述裂纹随疲劳荷载的扩展情况，影响分析计算。因此，在这批试件加载过程中，首先估算试件疲劳寿命，设计合理的加载制度，在每个试件加载过程中分阶段间隔不同荷载循环次数插入不同循环次数的低应力幅荷载，从下面的试验结果可以看到，效果良好。

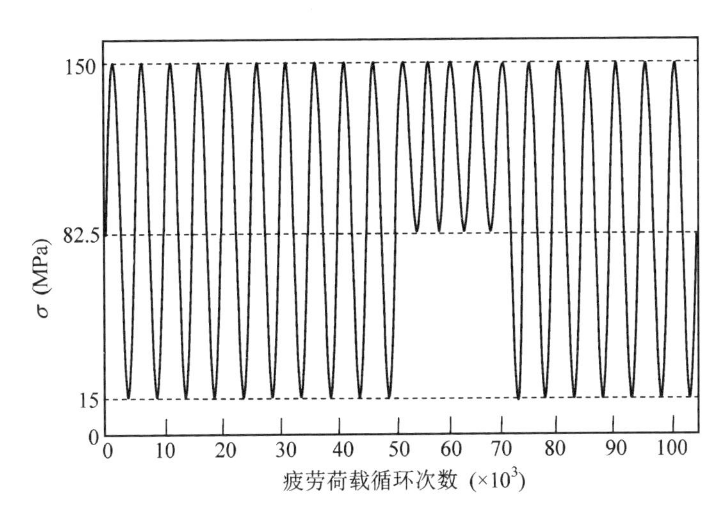

图 6 - 18　含缺陷钢板第二批试验沙滩纹方法加载方式

除了沙滩纹方法之外，本批试验还采用裂纹扩展片来监测裂纹扩展过程。这种裂纹扩展片 CPC03 由 Vishay Micro-measurements® 公司生产，采用 20 根电阻丝平行排列组合而成，厚度为 0. 43 mm，其照片及具体尺寸如图 6 - 19(a)

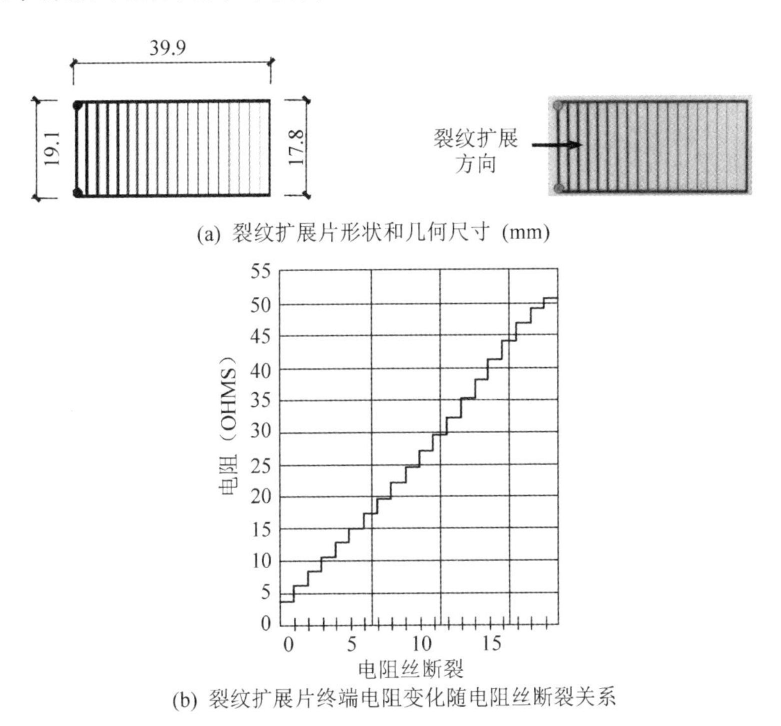

(a) 裂纹扩展片形状和几何尺寸 (mm)

(b) 裂纹扩展片终端电阻变化随电阻丝断裂关系

图 6 - 19　裂纹扩展片

所示，裂纹扩展方向也在图中标出。当它粘贴到结构构件表面后，电阻丝随着裂纹扩展连续断裂，引起两个终端之间电阻变化，转化为电信号记录下来，如图6－19(b)所示。此型裂纹扩展片每两根电阻丝间距为2.03 mm，因此可以记录裂纹每扩展2.03 mm经过的荷载循环数。此外，裂纹扩展片制作材料K合金铝箔耐久性良好，格栅单周期应变范围可达±1.5%，在±2 000微应变条件下，疲劳寿命长达1千万次，因为非常适用于疲劳试验。根据产品生产商提供的技术报告，采用M－Bond 610胶水将其粘贴到钢板表面，在150℃以上养护。图6－20为粘贴完成的裂纹扩展片。由于试件尺寸限制，会有若干电阻丝位于预制裂纹表面，为了防止这些电阻丝在加载初期瞬间破坏对后面电阻丝造成影响，在试验之前将这些电阻丝人工切断。同时准确测量并记录裂纹扩展片和预制裂纹的相对位置。

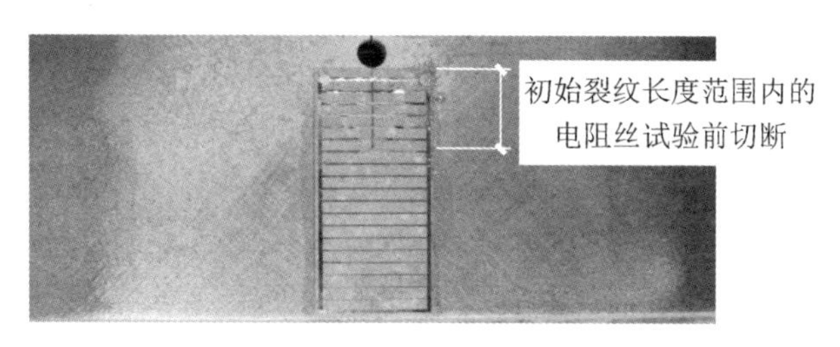

图6－20　粘贴在钢板表面的裂纹扩展片

6.2.4　第二批试件破坏模式和疲劳寿命

表6－7给出了第二批疲劳试验结果，包括疲劳寿命和疲劳寿命延长幅度。这里延长幅度由补强后钢板试件疲劳寿命除以相同程度初始损伤未补强钢板试件疲劳寿命而得。试件命名中，U表示未补强试件，N表示采用普通弹性模量CFRP板补强的试件，A表示采用补强形式A补强的试件，D表示采用补强形式D补强的试件，短划线后的数字表示初始损伤程度。其中，对于试件HD－10，采用两个重复试件以不同的疲劳裂纹扩展监测方式进行试验(HD－10－1采用裂纹扩展片，HD－10－2采用沙滩纹方法)，表中列出的为HD－10－2情况，具体会在后文中说明。

表6－7　含缺陷钢板第二批疲劳试验结果

试　件	初始损伤程度	粘贴方式	CFRP板弹性模量	疲劳寿命	延长幅度
U－2	2	—	—	203 811	—
U－10	10	—	—	92 405	—

续　表

试　件	初始损伤程度	粘贴方式	CFRP 板弹性模量	疲劳寿命	延长幅度
U - 20	20	—	—	47 951	—
U - 30	30	—	—	25 867	—
U - 40	40	—	—	11 971	—
NA - 2	2	A	普通	1 401 609	6.9
NA - 10	10	A	普通	806 619	8.7
NA - 20	20	A	普通	425 850	8.9
NA - 30	30	A	普通	448 340	17.3
NA - 40	40	A	普通	352 188	29.4
ND - 2	2	D	普通	366 247	1.8
ND - 10	10	D	普通	208 256	2.3
ND - 20	20	D	普通	121 609	2.5
ND - 30	30	D	普通	82 225	3.2
ND - 40	40	D	普通	62 837	5.3
HD - 2	2	D	高	622 190	3.1
HD - 10 - 2	10	D	高	359 566	3.9
HD - 20	20	D	高	220 118	4.6
HD - 30	30	D	高	160 369	6.2
HD - 40	40	D	高	121 351	10.1

对于未补强钢板试件，裂纹扩展到一定长度后，贯穿钢板，试件破坏。图 6 - 21 为典型的破坏试件（U - 10）和其断裂截面。从图 6 - 21(b)中可以发现，试件断裂截面上存在三组明显不同的区域，这里分别称之为中心区域(A)，即中心圆孔和预制裂纹；2 块区域(B)，在这个区间内，疲劳裂纹稳定扩展，沙滩纹明显，截面平滑；2 块位于试件边缘的塑性区域(C)，随着裂纹扩展至最后阶段，钢板净截面积不断减少，直至无法承受荷载循环中的最大应力，钢板瞬间断裂形成塑性区域。

对于拉伸荷载作用下的 CFRP 材料补强钢构件，一般有六种可能的破坏模式[34]，如第 1 章中图 1 - 4 所示。在本批试验中，CFRP 补强钢板试件在裂纹扩

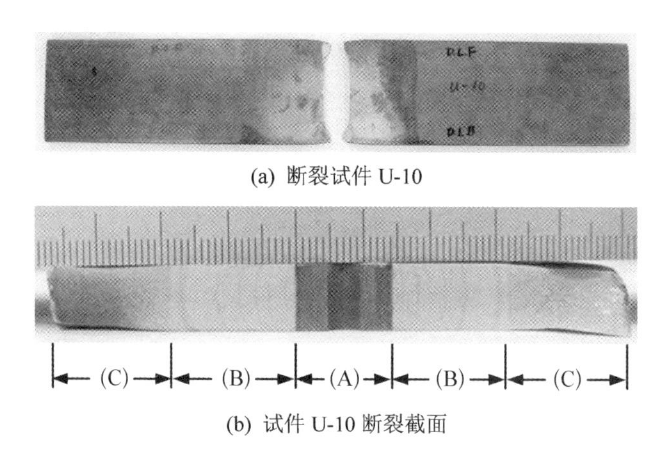

(a) 断裂试件 U-10

(b) 试件 U-10 断裂截面

图 6-21　未补强钢板试件破坏模式(U-10)

展到一定长度后沿中线破坏。观察到不同弹性模量 CFRP 板补强的钢板试件破坏模式不尽相同。对于普通弹性模量 CFRP 板补强的试件(除试件 NA-20),发生粘结层内破坏,并伴有 CFRP 板纤维层离,CFRP 板在多处沿着纤维方向劈裂。对于高弹性模量 CFRP 板补强的试件,CFRP 板断裂成为主要的破坏模式,同时伴有 CFRP 板纤维层离。图 6-22 为典型的普通弹性模量 CFRP 板和高弹性模量 CFRP 板补强的钢板试件破坏模式。需要说明的是,不同于其他 NA 试件,试件 NA-20 发生了 CFRP 板和粘结层之间界面破坏。

对于复合材料补强体系中的界面失效,一般分为两种,一为发生在粘结层内部的破坏(cohesion failure);二为发生在钢材/粘结层界面或粘结层/复合材料界面的破坏(adhesion failure)[34,36]。前者主要由粘结材料力学性能控制,而后者主要取决于粘贴过程中的表面处理情况和施工工艺。从图 6-21 中看到,普通弹性模量 CFRP 板补强钢板试件破坏后,钢板表面和 CFRP 板表面均有粘结材料残留,即界面破坏发生在粘结层内部。而试件 NA-20 发生的 CFRP 板和粘结层之间的界面破坏可能和试件准备过程中的表面处理不当有关。

不同弹性模量 CFRP 板补强的钢板试件疲劳破坏模式不同可以由极限应变理论解释,和 Liu[180] 中采用不同弹性模量 CFRP 布补强的钢板试件疲劳破坏模式不同类似。根据产品生产商提供的数据,普通弹性模量 CFRP 板极限伸长率为 1.4%;高弹性模量 CFRP 板极限伸长率为 0.3%~0.4%。CFRP 板基质中的环氧树脂极限应变大约为 0.6%。在试验过程中,随着裂纹不断增长,CFRP 板分担荷载增加,应变增加,在普通弹性模量 CFRP 板补强试件中,CFRP 板基质中的环氧树脂首先达到极限应变,因而发生 CFRP 板纵向劈裂,而在高弹性模量 CFRP 板补强试件中，CFRP 板首先达到极限应变，因而发生 CFRP 板断裂的情况。

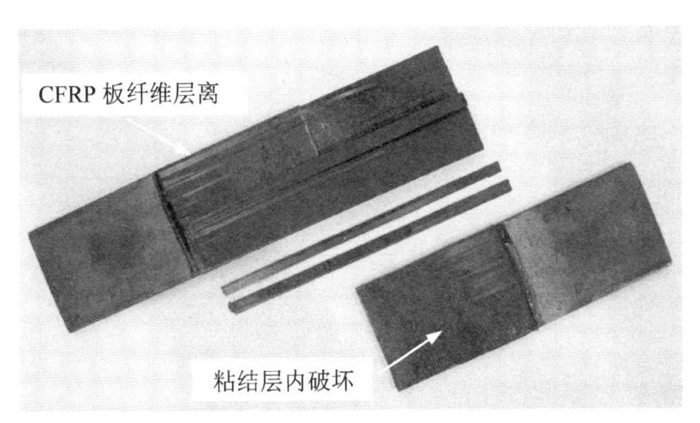

(a) 普通弹性模量 CFRP 板，补强形式 A 钢板试件

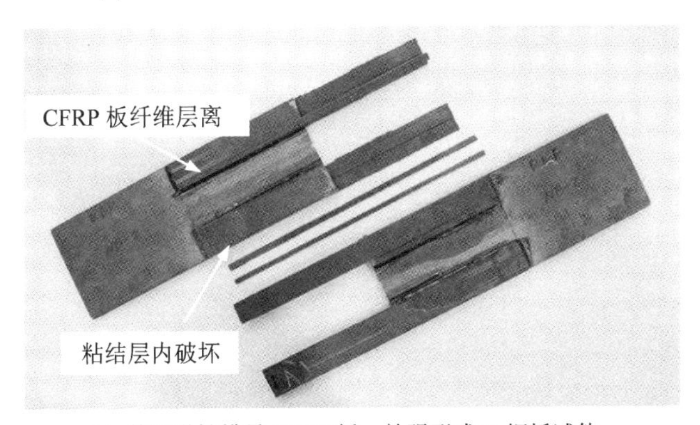

(b) 普通弹性模量 CFRP 板，补强形式 D 钢板试件

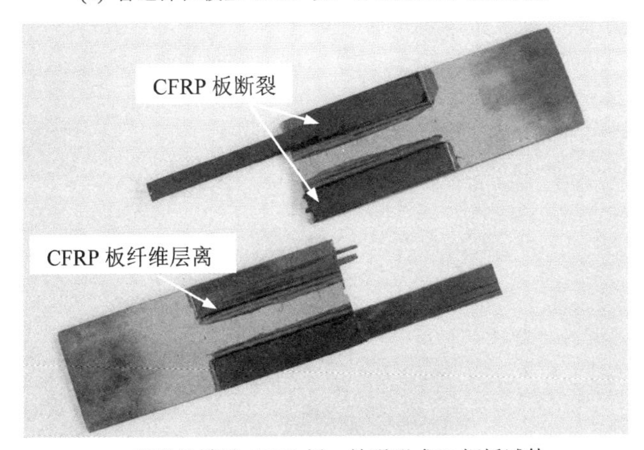

(c) 高弹性模量 CFRP 板，补强形式 D 钢板试件

图 6-22　典型粘贴 CFRP 含缺陷钢板第二批试件破坏模式

相较未补强钢板试件，经 CFRP 板补强后，试件断裂截面上的塑性区面积大幅减少，如图 6-23 所示。这是由于随着裂纹扩展，钢板净截面积逐渐减小，CFRP 板承担的荷载增加，所以最终裂纹长度[从钢板中心到图 6-21(b)中区域(B)和(C)界限的距离]相较未补强钢板试件大幅度增长。根据试件测量结果，补强后最终裂纹长度延长至 1.2～1.6 倍。

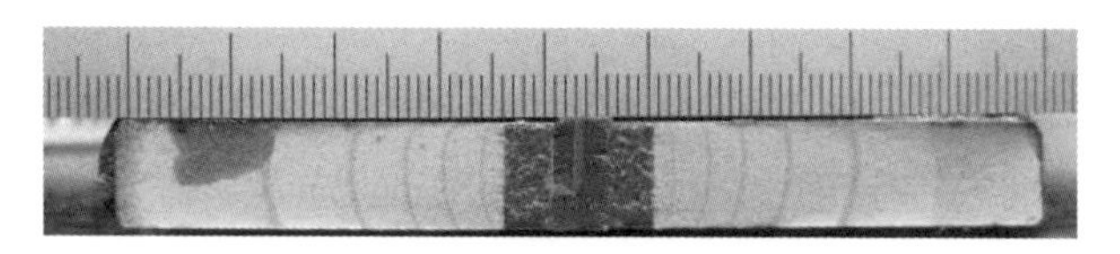

(a) 试件 NA-10 断裂截面

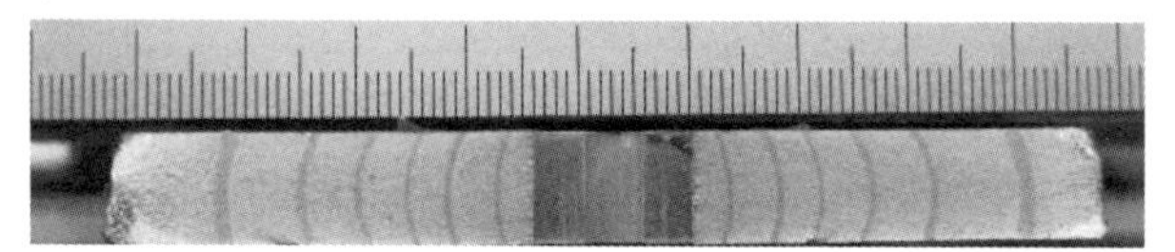

(b) 试件 ND-10 断裂截面

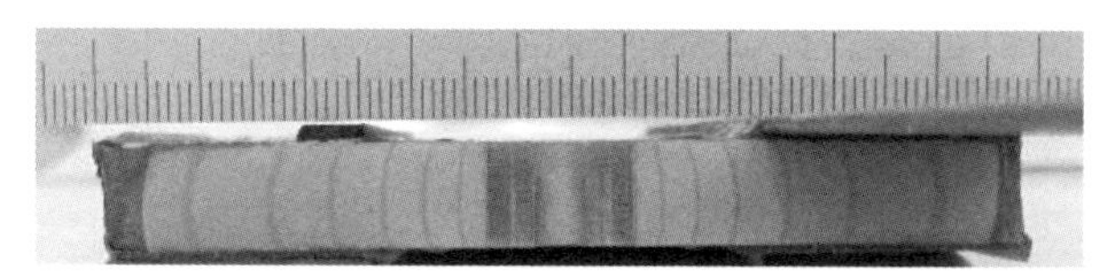

(c) 试件 HD-10 断裂截面

图 6-23　典型粘贴 CFRP 含缺陷钢板第二批试件断裂截面

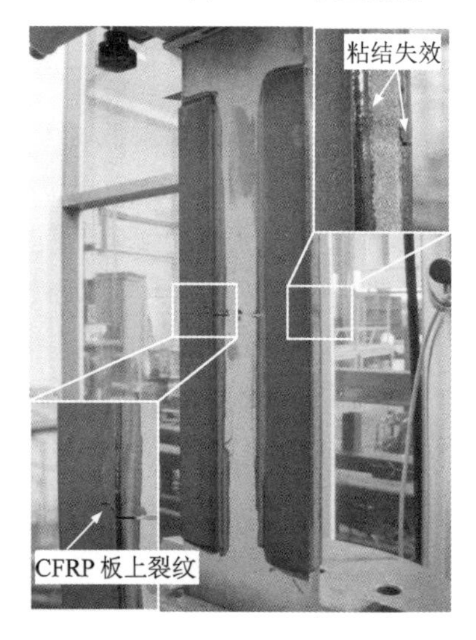

图 6-24　试件 HD-10 中 CFRP 板裂纹及裂纹尖端粘结失效

在试件 HD-10 试验过程中，试验仪器在最后一个荷载循环之前中断。此时试件如图 6-24 所示。可以看到，疲劳裂纹已经扩展进入到 CFRP 板覆盖的钢板区域内，同时发现 CFRP 板上也有裂纹。试件上未观察到提前粘结失效，仅在裂纹尖端存在局部粘结失效，这是由于裂纹尖端应力高度集中引起的。当重新启动试验仪器后，未经过 1 个荷载循环试件即断裂破坏。从中可以推断，试件在完全断裂之前的瞬间，发生 CFRP 板断裂及 CFRP 板纤维层离。

所有试件的疲劳寿命列于表 6-7 中。这里，疲劳寿命指从试验加载开始到试件完全断裂经历的荷载循环次数，对应于沙滩纹方法中插入的低应力幅荷载循环次数，均已经按第 4 章中式(4－1)折算为正常应力幅对应的循环次数[122]。以未补强钢板试件 U－2、U－10、U－20、U－30 和 U－40 作为对比试件，试验结果表明，含不同程度初始损伤的钢板试件采用 CFRP 板补强后，疲劳寿命延长至 1.8～29.4 倍。产生这种补强效应主要有两方面的原因，首先是复合材料通过粘结层传递能够有效分担远端荷载，降低钢板中裂纹尖端的应力场和应力强度因子；其次，复合材料覆盖在裂纹表面，能够对其提供约束和搭接作用，减小裂纹张开位移。

6.2.5　疲劳裂纹扩展

从图 6－21 和图 6－23 可见，试件断裂截面上留下了清晰的沙滩纹。未补强钢板试件和 NA 系列钢板试件的疲劳裂纹扩展 $N-a$ 曲线绘制于图 6－25 中。横坐标代表疲劳荷载循环次数，纵坐标代表试件断裂截面上沿中轴线测量的裂纹半长，即从钢板中心计起，包括中心圆孔半径和预制裂纹长度。图中曲线最后一点并非真实沙滩纹对应的数据，而是图 6－21 中试件断裂截面上裂纹平稳扩展区域(B)和塑性区域(C)界限所对应的裂纹长度，认为其对应的荷载循环次数是最终疲劳寿命。从图 6－21 和图 6－23 可以看到，沙滩纹在钢板宽度方向和厚度方向均关于中心轴线对称，从而表明疲劳裂纹在两个方向上的扩展保持相同速率，也说明在试验过程中没有提前发生粘结失效。比较未补强钢板试件和补强钢板试件的 $N-a$ 曲线，可以发现 CFRP 板补强能够明显延缓裂纹扩展速

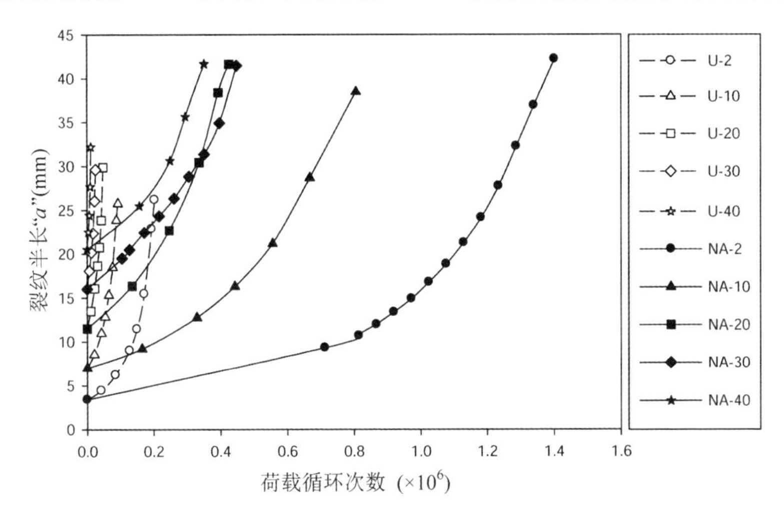

图 6－25　第二批钢板试件中未补强试件和 NA 系列试件裂纹长度和荷载循环次数的关系

率，延长试件疲劳寿命。同时，通过比较含不同程度初始损伤试件的曲线可以看到，初始裂纹长度越大，初始损伤程度越高，裂纹扩展速率越快。

试验结果表明，裂纹扩展片同样可以准确记录疲劳裂纹扩展过程。在本次试验中，裂纹扩展片应用于 U－30 和 HD－10－1 两个试件中，代表其在未补强钢板试件和 CFRP 板补强钢板试件中的应用。下面分别详述之。

在试件 U－30 中，预制裂纹长度为 13.5 mm。受到试件尺寸限制，粘贴在钢板表面的裂纹扩展片有 6 条电阻丝位于预制裂纹上方。试验开始后，这 6 根电阻丝会瞬间断裂，考虑该过程可能会损坏其余的电阻丝，在试验前首先将它们人工切断(图 6－20)。因此在试验全程中，一共有 14 根电阻丝随着裂纹扩展而断裂，引起两个终端之间电阻变化，试验输出结果电压变化和荷载循环次数关系如图 6－26 所示。可以看到一共有 14 处电压突变，代表疲劳裂纹扩展到对应的每一条电阻丝处。

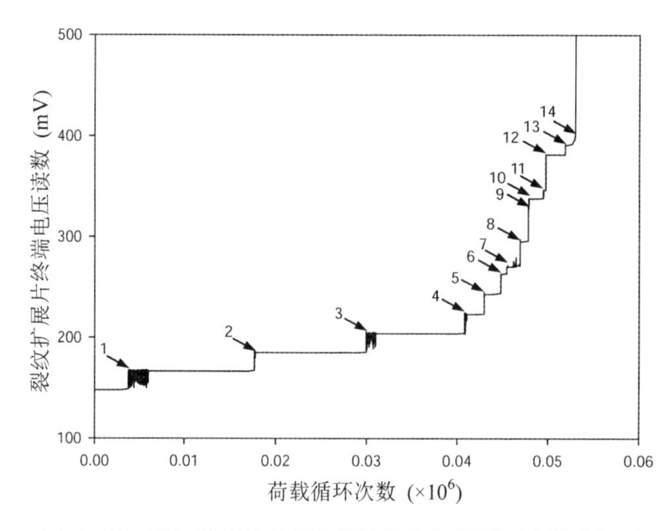

图 6－26　裂纹扩展片终端电压变化和荷载循环次数的关系

根据试验前测定的裂纹扩展片位置和试验仪器记录的疲劳荷载循环次数，可以绘制相应的 $N-a$ 曲线，和沙滩纹方法测试结果比较于图 6－27 中。从中可以清楚地看到，除了最后一点，曲线吻合非常良好，而沙滩纹曲线最后一点其实并非真实的沙滩纹对应的数据，已在前文中说明。因此，试验证明，对未补强钢板试件，沙滩纹方法和裂纹扩展片均能够精确记录裂纹随着疲劳荷载的扩展规律，为进一步分析比较提供依据。相较沙滩纹方法，除了前期裂纹平稳扩展阶段，裂纹扩展片还能够记录后期裂纹快速扩展阶段的情况。

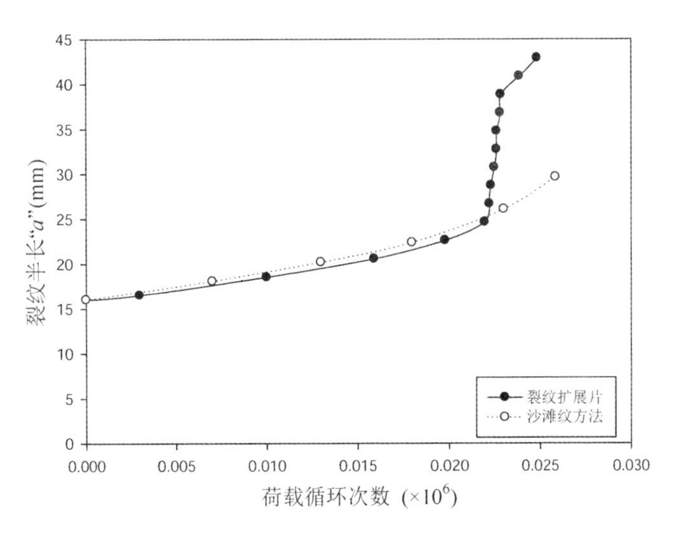

图 6-27　裂纹扩展片和沙滩纹方法测试结果比较(U-30)

在试件 HD-10-1 中,同样使用裂纹扩展片来考察其在 CFRP 补强钢板试件中的应用。根据裂纹扩展片记录得到的 $N-a$ 曲线和沙滩纹方法的结果比较如图 6-28 所示。可以看到,曲线吻合良好,证实对于 CFRP 补强钢板试件,裂纹扩展片同样能够精确记录裂纹随着疲劳荷载的扩展规律。但是同时发现,和未补强钢板试件中不同,这里裂纹扩展片只能记录部分裂纹扩展情况,不能记录裂纹扩展完整过程。这是由于在试件准备过程中,粘贴裂纹扩展片之后,需要在其表面涂抹一层粘胶以保证其不和 CFRP 板直接接触,起到保护作用。在试件

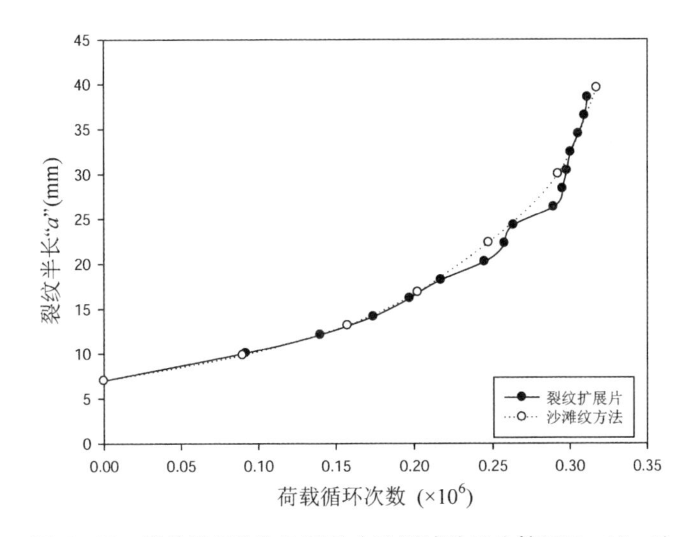

图 6-28　裂纹扩展片和沙滩纹方法测试结果比较(HD-10-1)

破坏后发现，由于表面覆盖粘结层的作用，裂纹扩展片并不像在未补强钢板试件中一样，沿着中线破坏，因此后期数据缺失。需要对裂纹扩展片应用于 CFRP 补强试件的施工工艺做进一步研究和尝试。

虽然裂纹扩展片厚度非常薄，仅有 0.43 mm，但在其粘贴区域，疲劳裂纹扩展不受 CFRP 纤维直接约束，为了分析它对试件整体疲劳性能的影响，额外对一个试件 HD－10－2 进行疲劳试验，试件几何形状及补强形式和试件 HD－10－1 完全相同，但没有使用裂纹扩展片，而是采用沙滩纹方法记录疲劳裂纹扩展情况。试验结果表明，使用裂纹扩展片的试件疲劳寿命为 317 305，而不使用裂纹扩展片的试件疲劳寿命为 359 566，其比值为 0.88。它们对应的 $N-a$ 曲线如图 6－29 所示。从图中可以看到，在裂纹扩展初期，曲线几乎重合，当裂纹进入到裂纹扩展片的粘贴区域后，使用裂纹扩展片的试件裂纹扩展略快，相信是由于没有受到 CFRP 板约束裂纹扩展而引起的。同时从试件 HD－10－1 断裂截面发现，沙滩纹基本关于中心轴对称。在裂纹扩展片覆盖区域，裂纹扩展略快（图 6－30），但差别很小。因此认为，裂纹扩展片对 CFRP 补强钢板试件整体疲劳性能影响可以忽略不计，适用于这类试件的疲劳裂纹扩展监测。

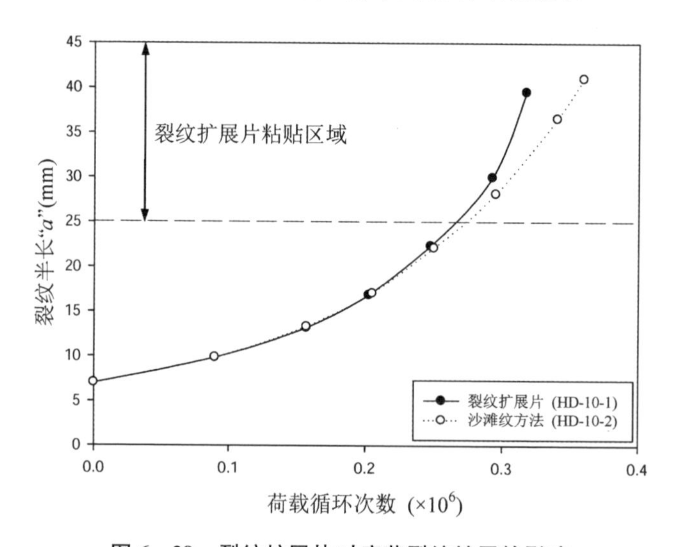

图 6－29　裂纹扩展片对疲劳裂纹扩展的影响

和第一批试验类似，疲劳寿命的比较分析在图 6－25 的基础上，考虑增加预制裂纹长度对应的疲劳荷载循环次数后的 $N-a$ 关系曲线。对于初始损伤程度为 2％的试件，认为疲劳裂纹初始扩展荷载循环次数较少，假定 $N_i=0$。含初始损伤 10％，20％，30％和 40％的试件的 N_i 值可以从初始损伤程度为 2％的未补强钢板试

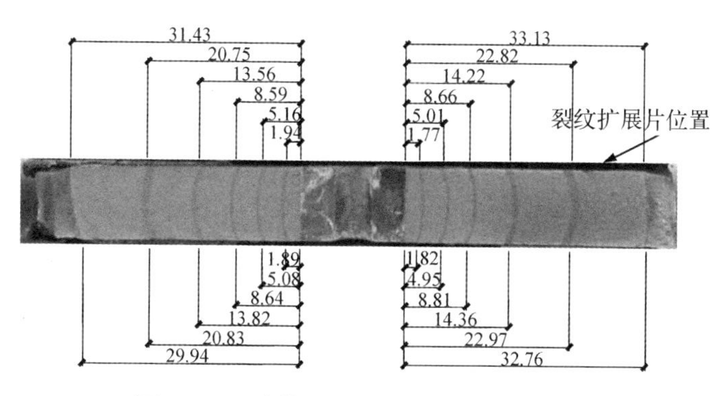

图 6－30　试件 HD－10－1 断裂截面(mm)

件 $N-a$ 曲线拟合估算，其 N_i 值分别为裂纹长度从 0.9 mm 扩展到 4.5 mm，9 mm，13.5 mm 和 18 mm 所对应的荷载循环次数。从图 6－31 可以看出，在考虑了疲劳裂纹初始扩展荷载循环次数后，不同初始损伤程度的未补强钢板试件 $N-a$ 曲线在重叠区域非常靠近，几近重合。对于补强钢板试件的 $N-a$ 曲线，在 CFRP 板补强施加前，疲劳裂纹扩展遵循未补强钢板试件的规律，因为此时试件仍为普通钢板试件，直到裂纹扩展到初始损伤程度对应的长度，采用 CFRP 板进行补强后，相较未补强钢板试件，$N-a$ 曲线斜率均明显下降，即裂纹扩展速率大幅减缓。从图中还可以发现，考虑疲劳裂纹初始扩展荷载循环次数后的试件总疲劳寿命和初始损伤程度有关，即补强措施施加时的疲劳裂纹扩展阶段对试件疲劳性能有重要影响。因此，推荐在裂纹扩展初期就施加补强措施，以延长试件总体疲劳寿命。

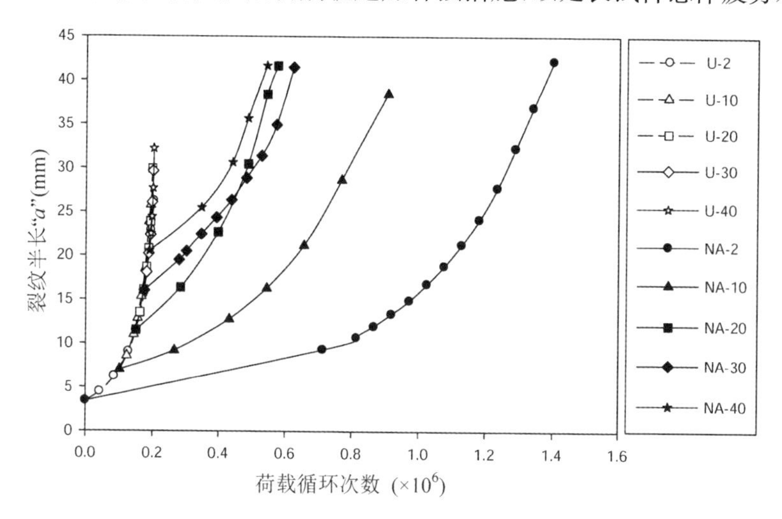

图 6－31　第二批试验中未补强钢板试件和 NA 系列试件裂纹长度和总体疲劳寿命的关系

6.2.6 不同程度初始损伤的影响

试验中引入 5 种不同长度的预制裂纹，以模拟不同程度的初始损伤，来研究在钢结构构件疲劳裂纹扩展不同阶段采取补强措施的有效程度。初始损伤程度和疲劳寿命延长关系如图 6－32 所示。从图中可以看到，补强钢板试件疲劳寿命和未补强钢板试件的疲劳寿命比值，随着初始损伤程度的增加而提高，从 1.8～29.4 倍不等。但需要注意的是，这里的疲劳寿命是指裂纹从预制长度扩展到试件断裂破坏所经历的荷载循环次数，因此图 6－32 实际反映的是钢结构构件裂纹扩展到一定长度后，施加 CFRP 板补强对构件残余疲劳寿命的提高。产生这种现象的原因是钢板随着裂纹扩展净截面积减小，CFRP 材料承担荷载比例大幅增加引起的。上节第一批疲劳试验对应于初始损伤程度为 2%，10% 和 20%试件结果也在图中绘出，可以观察到总体趋势一致，即后期补强残余疲劳寿命延长越明显。

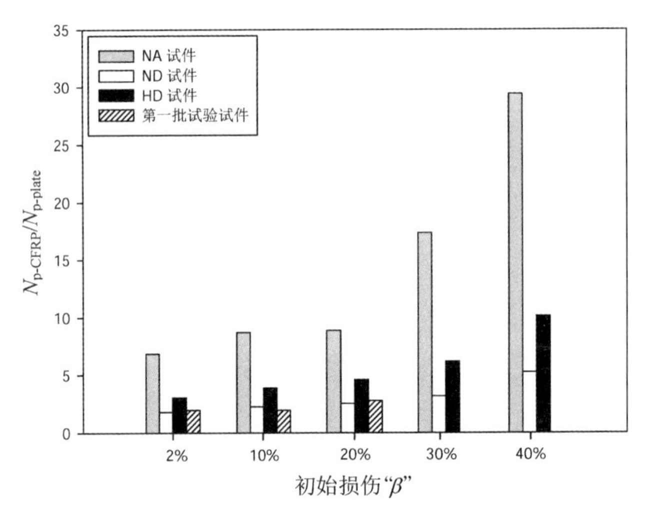

图 6－32 含缺陷钢板试件残余疲劳寿命延长程度和初始损伤程度的关系

和图 6－31 类似，这里同样引入裂纹初始扩展荷载循环次数 N_i 做进一步比较。图 6－33 展示了比值 $(N_i+N_{p\text{-CFRP}})/(N_i+N_{p\text{-plate}})$ 和初始损伤程度之间的关系，发现图 6－33 的关系趋势和图 6－32 完全相反。事实上，裂纹初始扩展荷载循环次数占据试件整体疲劳寿命很大一部分。含初始损伤程度为 10%，20%，30%和 40%的试件 N_i 值分别占含初始损伤程度为 2%的未补强钢板试件疲劳寿命的 49%,74%,86%和 93%。以 NA 系列试件为例,随着初始损伤程度从 2%增加到 40%,试件残余寿命延长至 6.9～29.4 倍,但总体疲劳寿命延长至 6.9～2.7 倍。这表明,需要尽早采取补强措施,以延长构件整体服役寿命。上节第一批疲劳试验中,试件总体疲劳寿命的延长幅度同样随着初始损伤程度的增加从 2.0 倍降低到 1.5 倍。

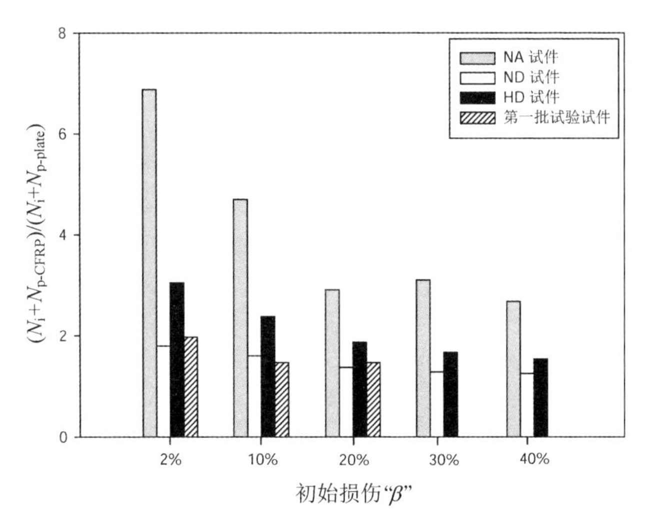

图 6-33　含缺陷钢板试件总体疲劳寿命延长程度和初始损伤程度的关系

最后,将裂纹扩展到不同阶段后施加 CFRP 板补强的钢板试件疲劳寿命和含初始损伤程度为 2%试件经补强后的疲劳寿命相比较,即 $N_{p\text{-CFRP}}/N_{p\text{-CFRP},\ 2\%}$,结果如图 6-34 所示。此图也表征了裂纹扩展后期速率很快,补强效果减弱。Xiao 等[175]通过对不同程度损伤的薄壁矩形交叉梁节点进行疲劳试验,得出类似的结论,即当试件损坏不严重时进行补强,疲劳寿命能够得到大幅延长,而当试件初始损伤程度很大时,再进行补强效果已不明显。

6.2.7　补强体系的影响

1. 补强材料粘贴方式

试验中采用两种不同的粘贴方式 A 和 D 来比较补强形式对试件疲劳性能的影响。图 6-35 为采用不同粘贴方法补强试件的 $N-a$ 曲线。事实上,A 和 D 这两种补强形式的影响是复合材料补强率和粘贴位置两种效果的共同作用。试验结果表明,虽然采用两种补强形式均能够有效延缓裂纹扩展,延长疲劳寿命,

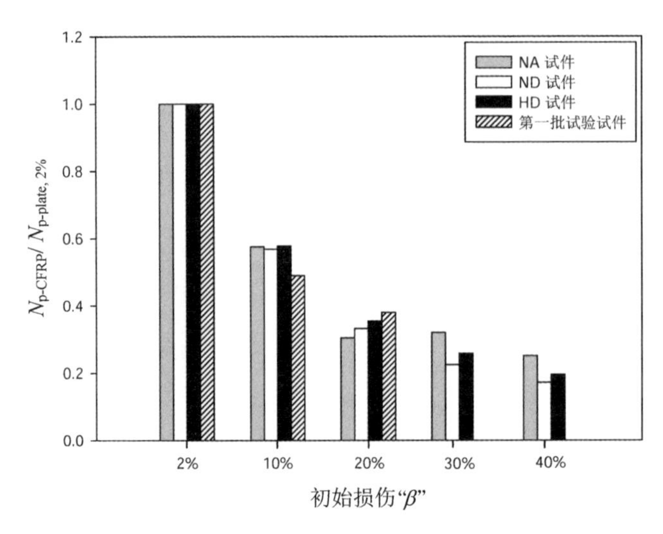

图 6-34　补强钢板试件疲劳寿命比值和初始损伤程度的关系

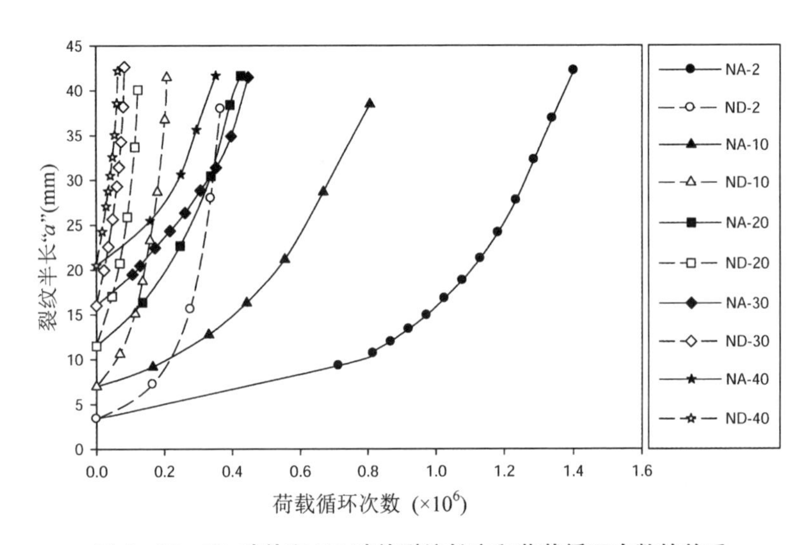

图 6-35　NA 试件和 ND 试件裂纹长度和荷载循环次数的关系

但相较于补强形式 D(S=0.17)，补强形式 A(S=0.31)对含缺陷钢板的疲劳性能改善更为明显，而对于最终裂纹长度的影响不大。通过比较试件 NA-40 和试件 ND-40 可以发现，当钢板中疲劳裂纹长度扩展到约为试件宽度 40%左右时，采用 CFRP 板覆盖整个开裂表面(补强形式 A)与仅覆盖剩余未开裂截面(补强形式 D)，残余疲劳寿命延长程度差异很大，分别为 29.4 倍和 5.3 倍。

在复合材料补强钢板系统中，远端疲劳荷载由钢板、粘结层和 CFRP 板一同承担。因此，当 CFRP 板补强率较大时，可分担较多荷载，降低钢板应力场和裂纹尖端应力强度因子。此外，复合材料覆盖在裂纹表面能够对裂纹表面提供搭接和约束作用，从而进一步延长试件疲劳寿命。

2. 补强材料弹性模量

除了不同补强形式，试验中还考虑了 CFRP 板弹性模量对补强效果的影响，选择两种不同弹性模量的 CFRP 板，其名义弹性模量分别为 210 GPa 和 460 GPa。采用不同弹性模量 CFRP 板补强试件的 $N-a$ 曲线如图 6 - 36 所示。很明显两种 CFRP 板均能有效延长试件疲劳寿命，但高弹性模量 CFRP 板效果更好。基于现有的试验结果发现，无论试件的初始损伤程度大小，采用高弹性模量 CFRP 板补强后钢板试件疲劳寿命延长程度约为采用普通弹性模量 CFRP 板补强钢板试件疲劳寿命延长程度的 1.8 倍。这是由于提高复合材料弹性模量不但能够帮助分担更多远端荷载，还能够增强对裂纹表面的约束作用，降低裂纹尖端应力强度因子，并减小裂纹张开位移。有关最终裂纹长度，和补强形式的影响类似，采用不同弹性模量 CFRP 板补强的钢板试件裂纹均能扩展至钢板边缘，差别不大。

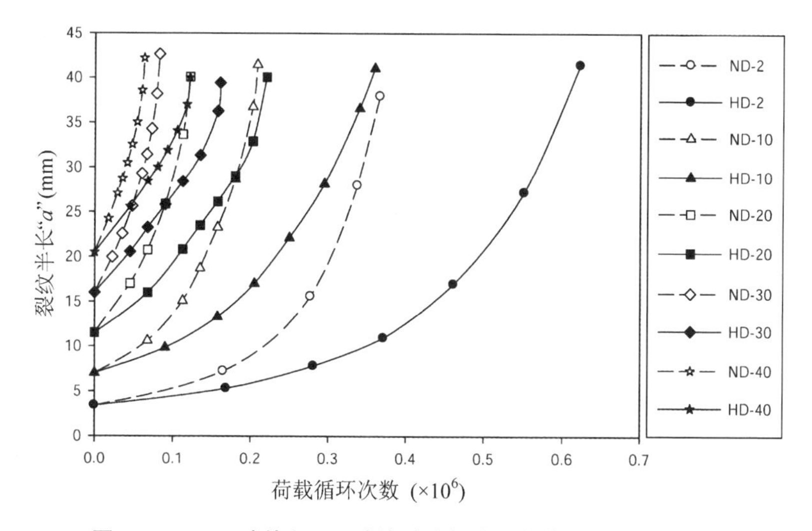

图 6 - 36　ND 试件和 HD 试件裂纹长度和荷载循环次数的关系

6.2.8　与已有文献结果的比较

1. 普通弹性模量 CFRP 板和高弹性模量 CFRP 布比较

已有文献采用 CFRP 布对含缺陷钢板补强，进行类似的研究。Liu 等[84] 采用一系列疲劳试验，研究 CFRP 布粘贴层数、粘贴宽度、单/双面粘贴和 CFRP 弹性模量对补强效果的影响。通过比较本节疲劳试验和 Liu 等[84]试验中几何形状和补强方式相同的试件试验结果，发现本节试验试件 NA－2 和文献中试验试件 DH3B250 经补强后疲劳寿命延长程度类似，分别为 6.9 倍和 6.6 倍。这里，两个试件的预制裂纹长度分别为 0.9 mm 和 1 mm，认为差别微小，忽略不计。试件 DH3B250 代表 3 层高弹性模量 CFRP 布双面补强，粘结长度为 250 mm，补强形式为 B，所指和论文中试验补强形式 A 相同。试件 NA－2 和 DH3B250 粘结层厚度分别为 0.54 mm 和 0.51 mm。采用 Liu 等[140]中的公式计算补强体系中复合材料和粘结材料等效弹性模量，将多层复合材料和粘结层看成一个整体，根据试验得到的各层荷载传递因子，按式(6－1)计算等效弹性模量 E_e。

$$E_e = \frac{E_f t_f + E_a t_a}{n(t_f + t_a)} \sum_{i=1}^{n} k_i \tag{6-1}$$

式中，E 和 t 分别代表杨氏弹性模量和厚度；下标 e，f 和 a 分别代表等效复合材料层，CFRP 层和粘结层；n 为复合材料层数；k_i 为第 i 层复合材料应变和钢板应变比值系数。对于试件 NA－2，$k_1=1$；对于试件 DH3B250，$k_1=1.0$，$k_2=0.78$，$k_3=0.56$[140]。计算得到 NA－2 和 DH3B250 的 E_e 值分别为 132 188 MPa 和 136 577 MPa[140]，差值为 3%，非常相近。因此有理由认为，这里相似的补强效果是由于相近的复合材料层等效弹性模量引起的。可以得出结论，如果补强粘贴方式类似，1 层普通弹性模量 CFRP 板($E=210$ GPa，$t=1.40$ mm)和 3 层高弹性模量的 CFRP 布($E=640$ GPa，单层 $t=0.19$ mm)补强效果类似。此外，本节试验中不同弹性模量的 CFRP 板补强钢板试件破坏模式不同也和 LIU 等[84]中的不同弹性模量的 CFRP 布补强钢板试件破坏模式不同类似。

2. 高弹性模量 CFRP 板和预应力普通弹性模量 CFRP 板比较

近年来，学者们尝试采用预应力 CFRP 体系来提高补强效率[88,81,181-183]。和无预应力补强体系相比，预应力 CFRP 不仅能够更好地利用复合材料强度高的特性，还能够承担一部分恒荷载[181]。已有文献研究中，一般采用普通弹性模量的 CFRP 板施加预张力，对钢板试件或工字钢梁试件进行补强，研究其受拉或受弯疲劳性能。研究结果表明，经过预张拉的 CFRP 板能够明显提高试件疲劳性能，而具体疲劳寿命延长程度取决于试验中的不同补强形式和不同预应力水平。Colombi 等[81]通过试验研究，对比了无预张拉 CFRP 板和预张拉 CFRP 板对损伤钢板疲劳性能的改善情况，发现无预张拉 CFRP 板补强的钢板试件疲劳寿命延长约 3 倍，而进行过预张拉 CFRP 板补强的钢板试件疲劳寿命延长达到 5 倍。

Täljsten 等[88]也进行了类似的试验研究。相比无预张拉 CFRP 板补强钢板试件，预张拉 CFRP 板补强钢板试件疲劳寿命延长 2.5～3.7 倍，在一些特定情况下，采用预张拉 CFRP 板补强后，试件裂纹扩展完全停止。毫无疑问，采用高弹性模量 CFRP 板或预张拉普通弹性模量 CFRP 板，均能够达到提高补强效率的目的。就施工工艺而言，使用高弹性模量 CFRP 板更为方便，避免了在预张拉 CFRP 板过程中涉及的预应力夹具，粘结层应力增加等问题。但在材料价格方面，高弹性模量 CFRP 板费用较高。

3. 含不同程度初始损伤试件疲劳试验和静力试验比较

目前文献中，大多数试验研究采用的钢板试件或工字钢梁试件，仅含有很小的初始缺陷，而且在一组试验设计中，初始缺陷长度一般固定，针对含不同程度初始损伤试件的研究较为少见。Hmidan 等[174]设计了一组 CFRP 布补强的工字钢梁静力试验，在钢梁腹板上切割不同长度的线裂纹以模拟疲劳裂纹扩展的不同阶段，调查初始损伤程度和补强效果之间的关系。试件由四点受弯加载装置施加静力荷载，直至发生最终破坏。试验结果表明，补强后试件极限荷载提高程度随着初始损伤程度的增加而提高，和图 6－32 所显示的趋势类似。试件过程中还观察到，CFRP 布覆盖在裂纹表面能够有效减小裂纹张开位移。

4. 不同裂纹扩展记录方法比较

疲劳试验中，裂纹扩展记录对研究裂纹扩展过程，理解补强后试件疲劳性能改善机理至关重要，因此，采用有效的方法记录裂纹扩展过程是试验设计中非常重要的一部分。通过文献调研发现，目前大致有以下三类方法用来记录疲劳裂纹扩展，分别是沙滩纹方法、裂纹扩展片以及其他采用各种仪器的光学/热学方法。沙滩纹方法通过在原有循环荷载基础上改变一小段荷载的应力幅，从而改变此段荷载对应的裂纹扩展速率，在试件裂纹扩展截面上留下可见痕迹。试件疲劳破坏后，在断裂截面上可以通过肉眼方便地观察裂纹扩展的形状和尺寸[85,182,184]。该方法对普通钢结构构件或复合材料补强的钢结构构件均适用，而且使用方便，无需额外辅助仪器。建议在试验之前估算试件的疲劳寿命，设计合理的沙滩纹荷载制度，以期在试件断裂截面上留下数量合理的沙滩纹。如果数量过少，数据点不足，对分析比较造成影响；如果数量过多，可能导致过密而不便观察，同时大量延长试验时间，增加试验成本。同时，学者们也将裂纹扩展片应用在实验室试验研究[93]和现场健康监测[185]中来记录疲劳裂纹扩展情况。尽管从相关文献来看，使用还比较少，但相较于前一种方法，它的显著优点是提高了测量过程的自动化程度和完整性。裂纹每扩展一定距离即可发出电信号进行记录，同时不需要改变荷载条件，更宜在实际工程中使用。同样地，只要试件处理得当，这种方法也适用于未补强构件和有其他材料覆盖的构件。类似地，Täljsten 等[88]采用 PI-2-50 位移传感器和一种 Instron 加持仪器记录裂纹张开位移，然后通过公式换算，转换为裂纹长度值。除此之外，文献中还采用各种仪器测量疲劳裂纹随循环荷载扩展的情况，例如 ACFM 方法（alternating current filed measurement）[186-187]、ACPD 方法（alternating current potential drop）[81,188-189]、Rohmann 涡流测试系统[190]、高速数码摄像系统[93]、红外记录系统[182]、着色渗透探伤方法[184]、显微镜[91]、X 射线探伤等[91]。需要注意的是，并非所有的方法适用于复合材料覆盖表面的试件裂纹扩展探测，且有些仪器的使用受到所需终端的一些特定限制，因此需要根据实际情况来选用合适的方法。和上面两种方法相比，这类方法均需要使用特定的附加仪器，仪器的调试较为复杂。

6.3 本章小结

本章一共分两批对 26 块含人工预制缺陷钢板试件进行疲劳试验，其中 18 块为 CFRP 板双面补强的钢板试件，8 块为未补强对比试件。试验方案中考虑不同程度初始缺陷、不同补强粘贴方式和不同弹性模量 CFRP 板对补强钢板试件疲劳性能的影响。基于目前的试验结果，可以得出以下结论：

(1) CFRP 补强钢板试件疲劳寿命明显增长，通过比较疲劳裂纹扩展曲线，进一步表明 CFRP 材料能够改善损伤钢板的疲劳性能，延缓疲劳裂纹扩展，延长试件疲劳寿命。试验设计中引入 5 种不同程度初始损伤模拟试件不同程度初始损伤，调查在钢板试件疲劳裂纹扩展的不同阶段采取补强措施的有效程度。试验结果表明，钢板试件疲劳寿命随着初始损伤程度的增加而显著减少。但不论初始损伤程度的大小，通过 CFRP 板补强后，试件疲劳性能均得到明显改善，而且随着初始损伤程度增加而愈加明显，残余寿命延长 1.8～29.4 倍。但是考虑到试件总体疲劳寿命，仍然推荐在裂纹扩展初期采取补强措施。

(2) 试验表明 CFRP 补强粘贴方式对试件疲劳性能有重大影响。补强形式 A 相比补强形式 D 更为有效。当试件疲劳裂纹长度扩展到约为钢板宽度的 40%左右时，采用普通弹性模量 CFRP 补强，粘贴整个开裂钢板表面（补强形式 A）和仅粘贴未开裂的钢板表面（补强形式 D），残余疲劳寿命分别延长 29.4 倍和 5.3 倍。在补强体系中，CFRP 板不仅能够帮助分担远端荷载，覆盖在裂纹表面的材料还能够约束裂纹张开位移。因此，如果条件允许，将 CFRP 材料粘贴于试件整个开裂表面更为有利。

（3）对于试验过程中采用的两种不同弹性模量的 CFRP 板，结果表明，提高补强材料弹性模量有利于提高补强效率。基于目前有限的试验数据，采用高弹性模量 CFRP 板补强的钢板试件疲劳寿命延长程度约为普通弹性模量 CFRP 板补强钢板试件的 1.8 倍。

（4）试验采用沙滩纹方法和裂纹扩展片来监测并记录试验过程中疲劳裂纹扩展情况。结果表明这两种方法均能够有效记录疲劳裂纹随循环荷载扩展的情况。沙滩纹的形状同时也反映了疲劳加载过程中粘结失效的情况。补强体系中粘结性能至关重要，直接影响了荷载传递效率，一旦发生粘结失效，对应的 CFRP 材料即退出工作。

粘贴 CFRP 改善含缺陷钢板疲劳性能数值模拟分析

第 6 章中对含不同长度线裂纹的钢板试件进行疲劳试验，重点研究在疲劳裂纹扩展不同阶段施加 CFRP 材料补强的补强效率。本章将采用数值方法，进一步研究不同程度初始缺陷对钢构件疲劳性能的影响。

7.1 影响含缺陷钢板应力强度因子的参数分析

已有文献采用各种数值方法，研究采用复合材料补强的含缺陷钢板裂纹尖端应力强度因子。Kaddouri 等[15]采用有限元方法分析复合材料补强的含中心裂纹铝板裂纹尖端应力强度因子。主要讨论了复合材料几何形状和力学性能对补强后试件裂纹尖端应力强度因子值的影响。结果表明，若采用一块宽度为 c，高度为 h 的八边形复合材料补强，当复合材料高度减少为 $2/3c$ 时，应力强度因子值将降低 5%；当复合材料高度减少为 $1/3c$ 时，应力强度因子值将降低 7%。Gu 等[106] 对铝板进行了类似分析，不同的是，其初始缺陷由单边缺口模拟。分析参数包括粘结层厚度、粘结材料剪切模量、复合材料厚度、粘贴层数和单/双面粘贴。

本节将采用有限元方法，基于商业有限元软件 ABAQUS 6.10，计算 CFRP 板补强的含缺陷钢板试件裂纹尖端应力强度因子值，主要研究不同裂纹长度、单/双面粘贴补强和 CFRP 板弹性模量的影响。

7.1.1 有限元模型

采用商业有限元软件 ABAQUS 6.10 对 CFRP 板补强的含缺陷钢板试件进

行建模分析，计算裂纹尖端应力强度因子值，考察补强体系中多种参数对补强效果的影响。针对第 6.1 节中第一批疲劳试验试件形状和几何尺寸建立三维模型。考虑到模型形状和边界条件的对称性，对未补强钢板试件和双面补强钢板试件建立 1∶8 模型，即长 250 mm，宽 50 mm，厚 4 mm；对单面补强钢板试件建立 1∶4 模型，即长 250 mm，宽 50 mm，厚 8 mm。CFRP 板粘贴区域为 100 mm×40 mm，如图 8-4 所示。假定粘结层厚度为 0.5 mm[84,138]，根据产品生产商提供的数据，取 CFRP 板厚度为 1.4 mm。共建立 7 种不同裂纹长度的模型，分别为 1 mm，5 mm，10 mm，15 mm，20 mm，25 mm 和 30 mm，裂纹长度从中心圆孔边界计起。

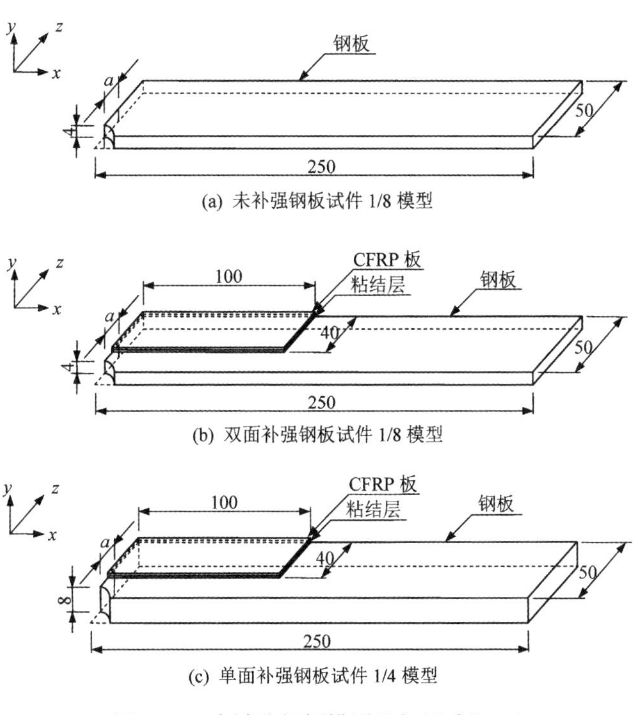

图 7-1　含缺陷钢板模型几何尺寸(mm)

模型计算中，设定钢板弹性模量为 2×10^5 MPa，泊松比为 0.3。根据产品生产商提供的数据，普通弹性模量 CFRP 板弹性模量为 1.91×10^5 MPa，泊松比为 0.3；高弹性模量 CFRP 板弹性模量为 4.60×10^5 MPa，泊松比为 0.3。粘结层弹性模量为 3 320 MPa，泊松比为 0.36[157]。

所有模型均采用三维二次实体单元划分(C3D20R)。在裂纹尖端区域，应力和应变场趋于奇异，原本的 20 节点六面体单元中间节点移动至单元边长 1/4

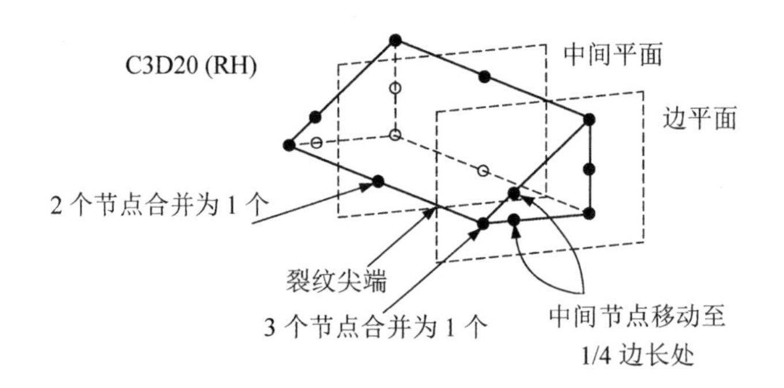

图 7-2 退化的楔形单元

处，退化为 15 节点楔形单元，如图 7-2 所示[160]。

假定 CFRP 板和钢板完全粘结，在疲劳裂纹扩展过程中没有发生粘结失效。采用界面约束方法“TIE”将钢板-粘结层和粘结层-CFRP 板分别连接。在模型对称面上施加对称边界条件。钢板末端施加 100 MPa 均布荷载。图 7-3 为一个典型的三维模型(CN-15-DN)及对应的裂纹尖端网格划分详图。

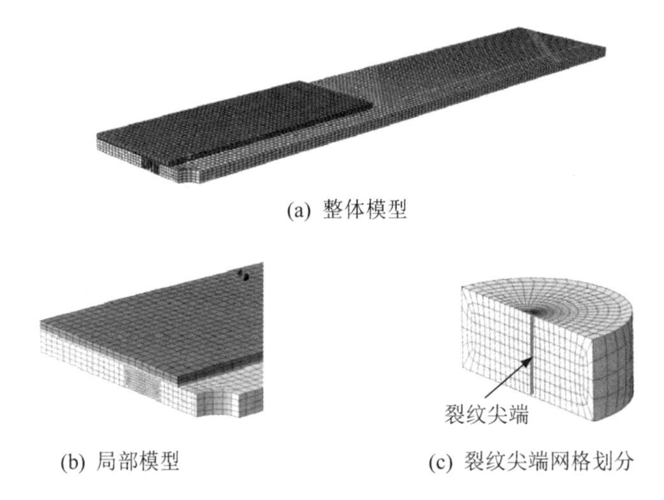

图 7-3 含缺陷钢板试件典型的三维有限元模型(CN-15-DN)

7.1.2 有限元计算结果

计算分析中考虑补强体系不同参数对裂纹尖端应力强度因子的影响，包括裂纹长度、单/双面粘结以及 CFRP 板弹性模量。一共计算了 35 个模型的裂纹尖端应力强度因子值，具体结果如表 7-1 所列。

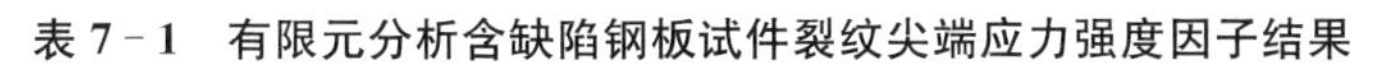

表 7-1　有限元分析含缺陷钢板试件裂纹尖端应力强度因子结果

模　型	裂纹长度（mm）	单/双面粘贴	CFRP 弹性模量（GPa）	应力强度因子（MPa・$mm^{1/2}$）
CN-1	1	—	—	456.5
CN-5	5	—	—	639.9
CN-10	10	—	—	789.1
CN-15	15	—	—	948.8
CN-20	20	—	—	1 132.0
CN-25	25	—	—	1 360.0
CN-30	30	—	—	1 674.0
CN-1-DN	1	双面	191	353.4
CN-5-DN	5	双面	191	479.6
CN-10-DN	10	双面	191	533.6
CN-15-DN	15	双面	191	557.5
CN-20-DN	20	双面	191	574.3
CN-25-DN	25	双面	191	591.9
CN-30-DN	30	双面	191	610.5
CN-1-SN	1	单面	191	419.1
CN-5-SN	5	单面	191	581.0
CN-10-SN	10	单面	191	692.0
CN-15-SN	15	单面	191	792.5
CN-20-SN	20	单面	191	918.0
CN-25-SN	25	单面	191	1 068.0
CN-30-SN	30	单面	191	1 273.0
CN-1-DH	1	双面	460	269.7
CN-5-DH	5	双面	460	359.9
CN-10-DH	10	双面	460	386.9
CN-15-DH	15	双面	460	388.8
CN-20-DH	20	双面	460	387.6
CN-25-DH	25	双面	460	388.8

续 表

模 型	裂纹长度(mm)	单/双面粘贴	CFRP 弹性模量(GPa)	应力强度因子($MPa\cdot mm^{1/2}$)
CN-30-DH	30	双面	460	391.7
CN-1-SH	1	单面	460	401.3
CN-5-SH	5	单面	460	554.3
CN-10-SH	10	单面	460	657.0
CN-15-SH	15	单面	460	749.1
CN-20-SH	20	单面	460	866.3
CN-25-SH	25	单面	460	1 007.0
CN-30-SH	30	单面	460	1 201.0

7.1.3 数值解和经典解的比较

为了验证数值模拟的准确性，首先将未补强钢板试件裂纹尖端的应力强度因子数值解和经典解相比较。在线弹性断裂力学中，含贯穿裂纹钢板试件裂纹尖端应力强度因子可以采用式(7-1)计算[191]。

$$K = F(a)\sigma\sqrt{\pi a} \tag{7-1}$$

式中，$F = F_E F_S F_W F_G$。F_E，F_S，F_W和 F_G为修正系数，分别代表椭圆形裂纹、裂纹自由面、有限宽度，以及不均匀张开应力效应。这里对于内部贯穿裂纹，且无不均匀裂纹张开应力的情况，F_E、F_S和 F_G均等于 1.0。关于有限宽度的修正系数 F_W可由式(7-2)计算。

$$F_W = \sqrt{\sec\left(\frac{\pi a}{b}\right)} \tag{7-2}$$

式中，a 为裂纹半长，b 为钢板宽度。

未补强钢板试件裂纹尖端应力强度因子数值解和经典解的比较如图 7-4 所示。从图中发现，随着裂纹长度和钢板宽度比值从 0.02 增加到 0.6，数值解和经典理论解均吻合得很好(误差范围为 4.2%～11.3%)，证明数值模拟能够准确预测裂纹尖端的应力强度因子值。

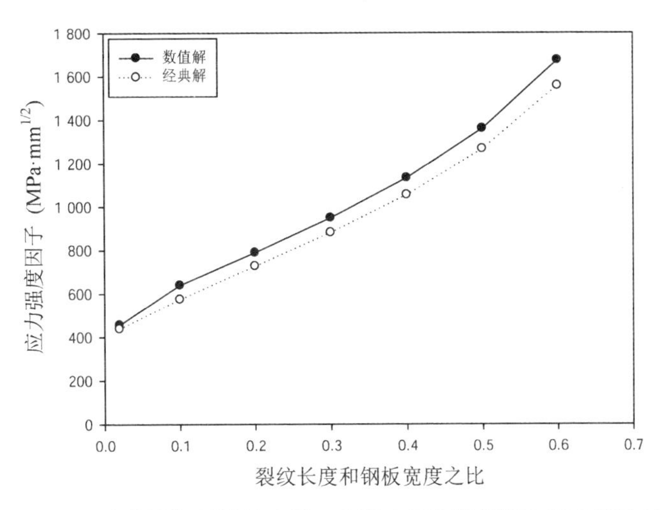

图 7－4　未补强钢板裂纹尖端应力强度因子数值解和经典解比较

7.1.4　裂纹长度影响

图 7－5 的两条曲线分别为未补强钢板试件和普通弹性模量 CFRP 板双面补强钢板试件应力强度因子随着裂纹长度增加的变化情况。这里 ΔK 代表补强后应力强度因子降低值。随着疲劳损伤程度的不断增长，ΔK 从 17%增加到 65%，这也表明了如果在裂纹扩展后期采取补强措施，应力强度因子值下降更为明显，残余寿命增长亦会更加明显，也和第 6 章中的试验结果一致。但是，考虑到后期残余寿命仅占试件整体寿命中很小一部分，还是应该尽早施加补强措施。

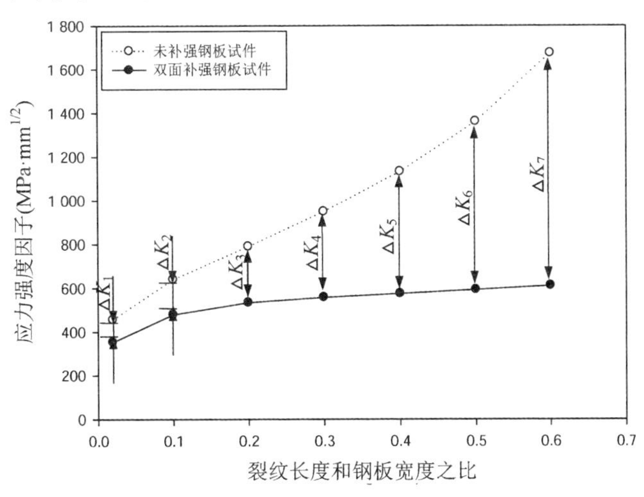

图 7－5　不同裂纹长度对含缺陷钢板应力强度因子的影响

7.1.5 单/双面补强影响

在实际工程中,有时候受到现场施工条件的限制,只能采取单面补强。因此,本节计算了单面补强钢板试件裂纹尖端的应力强度因子值,以考察单/双面补强的影响,如图 7-6 所示。对于单面补强钢板试件,在有限元模型结果中发现了平面外弯曲的现象,而且应力强度因子值沿着裂纹尖端变化。裂纹长度为15 mm的钢板试件不同补强形式裂纹尖端应力强度因子如图 7-7 所示,横坐标为图 7-6 中 y 轴(钢板厚度方向)坐标值,纵坐标为对应的应力强度因子值。从图中发现,未补强钢板试件和双面补强钢板试件裂纹尖端应力强度因子关于钢板厚度方向对称,而单面补强钢板试件裂纹尖端应力强度因子沿着钢板厚度变化明显,补强一侧较小。选取钢板中轴线上的应力强度因子值,普通弹性模量 CFRP 板单/双面补强钢板试件裂纹尖端应力强度因子随裂纹长度增长变化曲线如图 7-8 所示。从图中看到,双面补强或单面补强均能够有效降低裂纹尖端应力强度因子,但是由于采用单面补强时存在平面外弯曲,降低了补强效率,对应力强度因子的降低效应大约比双面补强低 14%。

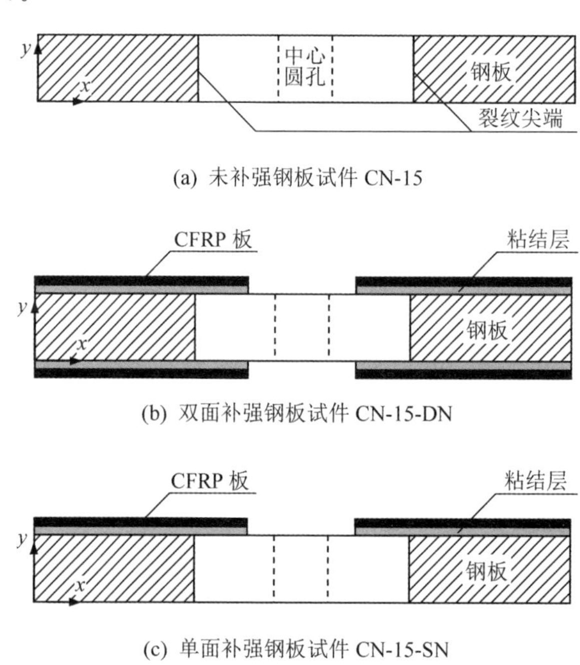

图 7-6 单/双面补强模型示意图(以裂纹长度为 15 mm 为例)

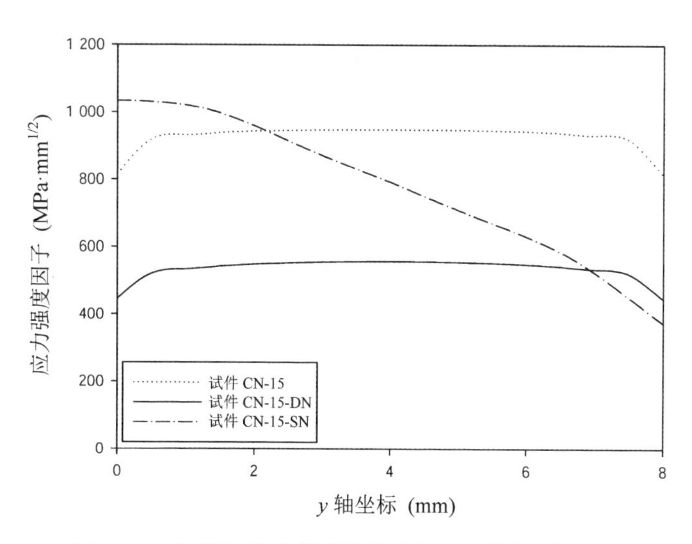

图 7-7　单/双面补强模型裂纹尖端应力强度因子比较
(以裂纹长度为 15 mm 为例)

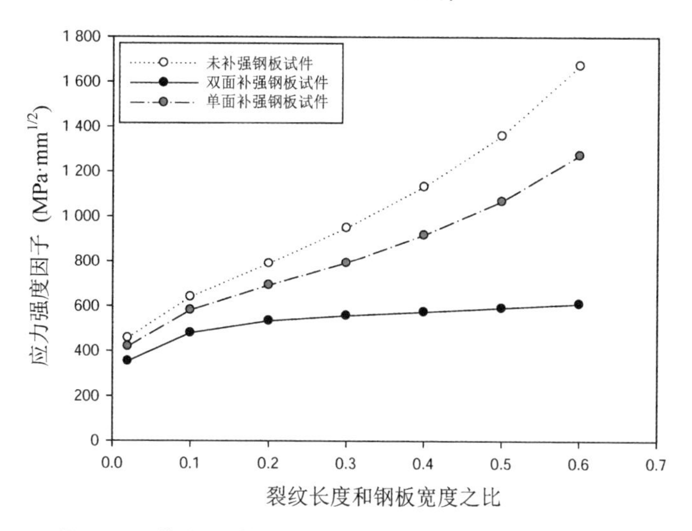

图 7-8　单/双面补强对含缺陷钢板应力强度因子的影响

7.1.6　CFRP 板弹性模量影响

在复合材料补强体系中,复合材料弹性模量是影响补强试件整体刚度和裂纹尖端应力强度因子的重要因素之一。图 7-9 展示了 CFRP 板弹性模量对补强钢板试件裂纹尖端应力强度因子值的影响。从图中发现,若采用高弹性模量的 CFRP 板,对双面或单面补强钢板试件,均能够大幅度降低裂纹尖端的应力强度因子值。这是由于高弹性模量 CFRP 板,能够帮助分担更多远端荷载,从而降低裂纹尖端应力场。同时注意到，单面补强钢板试件中，采用高弹性模量 CFRP 板后应力强度因子降低程度较双面补强钢板试件略微减弱，也是由于上面提到的平面外弯曲引起的。

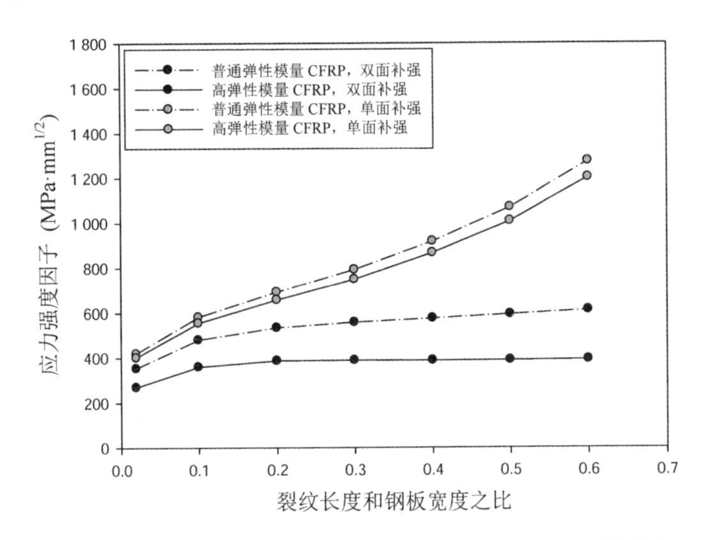

图 7-9　CFRP 板弹性模量对含缺陷钢板应力强度因子的影响

7.2　含缺陷钢板疲劳裂纹扩展全过程模拟

为了深入理解含缺陷钢结构经复合材料补强后疲劳性能的提高，尤其是含不同程度初始损伤钢构件补强后性能，完善复合材料补强体系方法，需要精确模拟复合材料补强试件的裂纹扩展全过程。本节采用边界元方法研究含不同程度初始损伤的钢板采用 CFRP 板补强后的疲劳性能。疲劳裂纹扩展全过程模拟基于商业边界元软件 BEASY 展开。采用不同长度的线裂纹来模拟不同程度的初始损伤，同时考虑补强材料粘贴方式和 CFRP 板弹性模量对补强试件疲劳性能的影响。计算了静力荷载作用下试件表面应力场，疲劳荷载作用下试件裂纹尖端应力强度因子和疲劳寿命。最后，采用这种边界元方法对补强体系中的重要变量进行参数分析，包括粘贴长度、补强率、CFRP 弹性模量和粘结层剪切模量。

7.2.1　边界元模型

针对第 6.2 节第二批疲劳试验试件的形状和几何尺寸建立相应的三维边界

元模型。考虑到模型形状和边界条件的对称性，仅建立 1∶2 模型。钢板表面和 CFRP 板表面采用四边形缩减二次单元模拟，粘结层采用连续均布的线性弹簧单元模拟。弹簧刚度值，以局部坐标的法向和切向定义，根据粘结材料的力学性能和试件实测粘结层厚度计算[121]。弹簧切向刚度 K_t、K_u 和法向刚度 K_n 分别按第 5 章中式(5-1)至式(5-3)计算。

由于中心圆孔区域应力集中，在此附近区域采用较小的网格尺寸，小于 1/4 远端网格尺寸。考虑到 BEASY 软件中对区域长细比的限制，同时为了提高求解效率，模型采用多个子域。图 7-10(a)和(b)分别为典型的两种不同补强形式钢板试件模型。补强形式 A 和补强形式 D 的模型单元个数分别为 1 949 和 3 078。

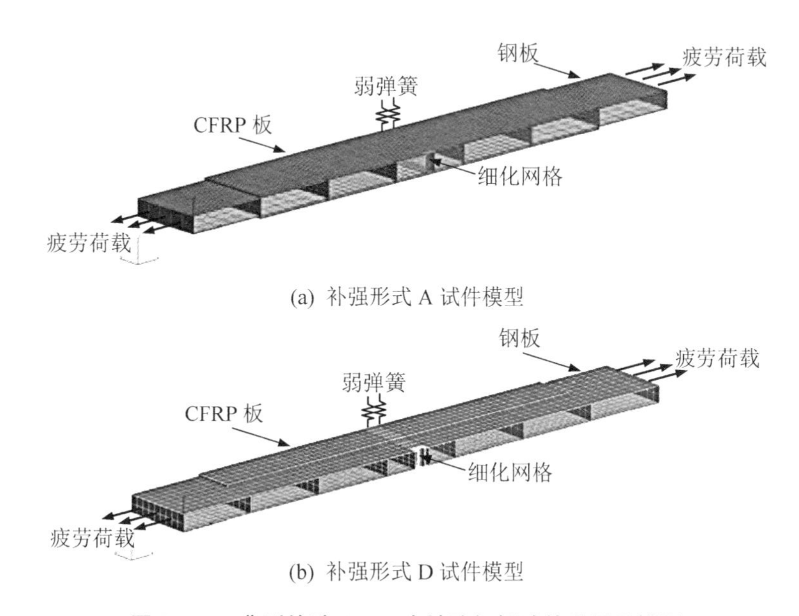

(a) 补强形式 A 试件模型

(b) 补强形式 D 试件模型

图 7-10　典型粘贴 CFRP 含缺陷钢板试件边界元模型

在模型两端施加均布拉伸荷载 135 MPa，中间施加弱弹簧边界条件以提供刚性体约束[167]，同时，在模型对称平面施加对称边界条件。选取疲劳裂纹扩展模型 Nasgro 3 Law，如式(5-4)所示[167]。

对不同补强形式的钢板试件选取不同的材料常数 C 和 m。对未补强钢板和补强形式 D 钢板，根据国际焊接协会(International Institute of Welding - IIW)[122]推荐，C 和 m 值分别取为 5.21×10^{-13} 和 3($\mathrm{d}a/\mathrm{d}N$ 单位为 mm/cycle，ΔK 单位为 $\mathrm{MPa}\cdot\mathrm{mm}^{1/2}$)。对补强形式 A 钢板，根据英国标准协会(British Standards Institution - BSI)[169]推荐，C 和 m 值分别取为 6.77×10^{-13} 和

2.88(da/dN单位为 mm/cycle,ΔK 单位为 MPa・mm$^{1/2}$)。p 和 q 均等于 0.5。ΔK_{th}根据 IIW 和 BSI 取为 148.6 MPa・mm$^{1/2}$,K_c在 BEASY 数据库中定义为 4 170 MPa・mm$^{1/2}$。

对不同模型选取不同的材料常数主要是由于不同的补强模式决定的。对未补强钢板和补强形式 D 钢板,疲劳裂纹主要在钢板中扩展。虽然在补强形式 D 钢板中,裂纹后期在 CFRP 覆盖的钢板中扩展,但由于 CFRP 宽度仅为 25 mm,而且裂纹扩展到后期速度很快,因此影响较小。而对于补强形式 A 钢板,疲劳裂纹一直在 CFRP 覆盖的钢板中扩展,自始至终受到 CFRP 的约束。除此之外,补强形式 A 钢板中 CFRP 板补强率较补强形式 D 钢板大,能帮助分担更多的远端荷载。

7.2.2 边界元方法预测结果和试验结果的比较

边界元方法预测得到的含缺陷钢板试件的疲劳寿命列于表 7-2 中。数值结果和试验结果的比较绘于图 7-11 中。图中横坐标 N_e代表在试验过程中试件发生断裂时记录的疲劳荷载循环次数(沙滩纹试验插入的低应力幅荷载循环次数已折算),纵坐标 N_p代表 BEASY 软件计算得到的疲劳荷载循环次数。可以看到,两者吻合非常好,N_p和 N_e之间的比值除了试件 NA-20 外,均介于 0.94 和 1.14 之间。而数值模型 NA-20 的疲劳寿命为试验结果的 1.52 倍,这主要是由于试验过程中观察到的相比其他 NA 试件的不同破坏模式所引起的。可能是由于在试件准备过程中试件 NA-20 表面处理不妥当,从而影响了该试件的疲劳性能。因此,试验结果比预测结果偏小。

表 7-2 边界元方法预测含缺陷钢板试件的疲劳寿命

试 件	粘结层厚度(mm)	试验疲劳寿命(N_e)	预测疲劳寿命(N_p)	N_p/N_e
U-2	—	203 811	214 820	1.05
U-10	—	92 405	103 323	1.12
U-20	—	47 951	50 793	1.06
U-30	—	25 867	26 917	1.04
U-40	—	11 971	13 701	1.14
NA-2	0.54	1 401 609	1 392 776	0.99
NA-10	0.48	806 619	800 559	0.99

续　表

试　件	粘结层厚度(mm)	试验疲劳寿命(N_e)	预测疲劳寿命(N_p)	N_p/N_e
NA-20	0.50	425 850	647 660	1.52
NA-30	0.60	448 340	476 627	1.06
NA-40	0.42	352 188	335 403	0.95
ND-2	0.40	366 247	388 974	1.06
ND-10	0.30	208 256	207 517	1.00
ND-20	0.54	121 609	119 693	0.98
ND-30	0.47	82 225	77 068	0.94
ND-40	0.34	62 837	59 060	0.94
HD-2	0.56	622 190	680 515	1.09
HD-10	0.48	359 566	360 861	1.00
HD-20	0.55	220 118	237 591	1.08
HD-30	0.49	160 369	167 467	1.04
HD-40	0.51	121 351	118 894	0.98
平均值				1.05
变异系数				0.12

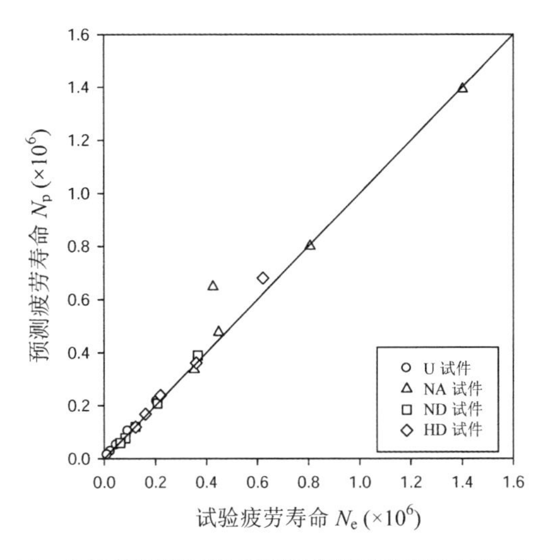

图 7-11　含缺陷钢板试件疲劳寿命预测结果和试验结果比较

有关疲劳裂纹随荷载循环次数的扩展过程，数值预测结果同试验实测结果比较于图 7-12 至图 7-15。这里的坐标轴为荷载循环次数“N”和裂纹半长“a”。裂纹长度 $2a$ 和第 6 章中一致，在钢板厚度中线处量取对应于相同荷载循环次数的两条沙滩纹之间的距离，包括中心圆孔直径和预制裂纹长度。图 7-12 至图 7-15 显示，边界元方法可以有效预测疲劳裂纹扩展全过程，并且结果合理准确。数值模拟结果表明，试件疲劳寿命随着初始损伤程度的增加而显著减少。不论初始损伤程度高低，相比未补强钢板试件，补强试件的 $N-a$ 曲线平缓趋势明显，即 CFRP 板补强有效延滞了疲劳裂纹的扩展速率。这是由复合材料的荷载分担效应和对裂纹表面的约束作用引起的。通过比较图 7-13、图 7-14 和图 7-14、图 7-15，可以观察到不同粘贴方式和不同弹性模量 CFRP 板对补强试件疲劳性能存在重要影响。可以确定，采用复合材料覆盖整个开裂构件表面，或者采用高弹性模量的补强材料，均可以有效提高补强效率。

和图 7-13 至图 7-15 不同，观察到图 7-12 所代表的未补强钢板模型 $N-a$ 曲线，数值结果相比试验结果过高估计了试件断裂发生时的疲劳裂纹长度，与第 5.2 节中未补强平面外纵向焊接接头试件预测最终裂纹长度大于实际试验最终裂纹长度的原因类似。而对于 CFRP 补强的钢板模型，在整个裂纹扩展

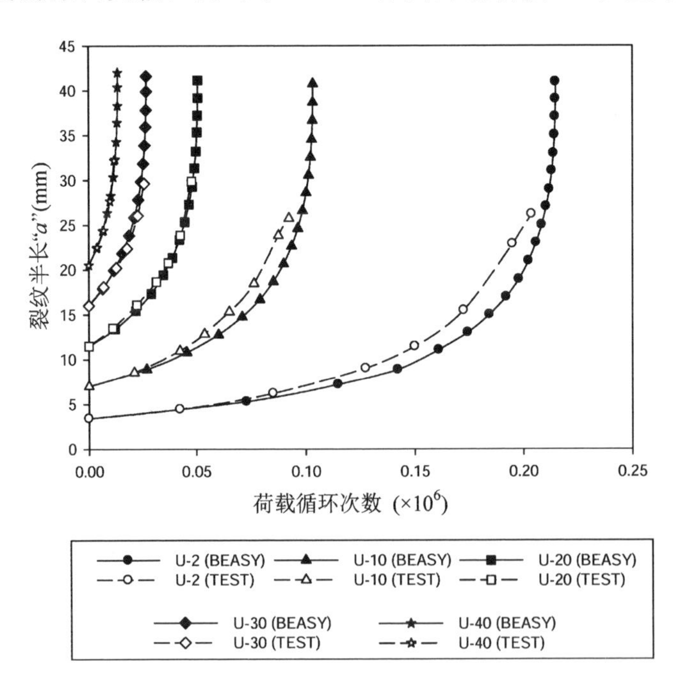

图 7-12　未补强含缺陷钢板 $N-a$ 曲线数值结果和试验结果比较

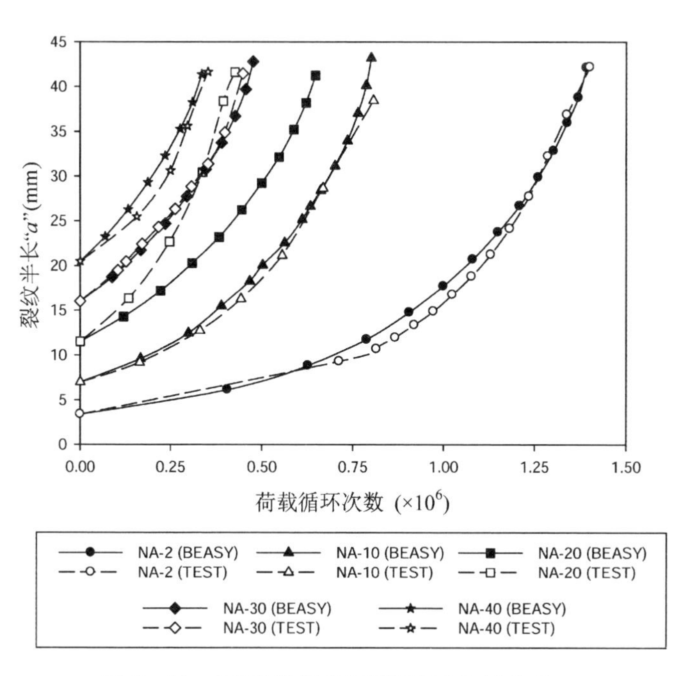

图 7 - 13　CFRP 粘贴含缺陷钢板 NA 试件 $N-a$ 曲线数值结果和试验结果比较

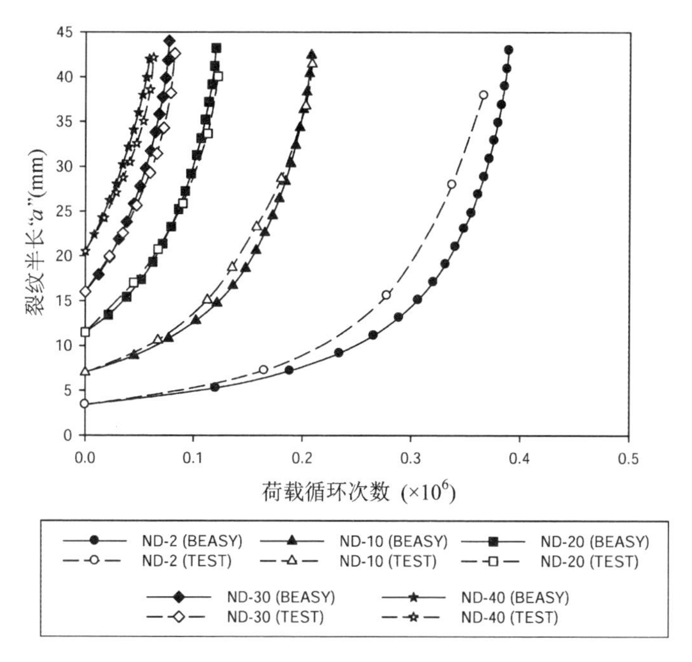

图 7 - 14　CFRP 粘贴含缺陷钢板 ND 试件 $N-a$ 曲线数值结果和试验结果比较

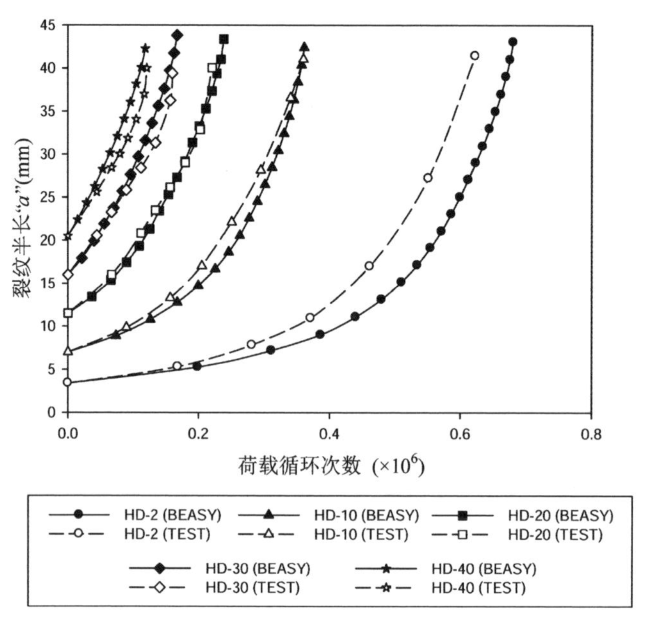

图 7-15 CFRP 粘贴含缺陷钢板 HD 试件 $N-a$ 曲线数值结果和试验结果比较

过程中，裂纹尖端应力强度因子值始终小于断裂韧度 K_c 值，因此，裂纹扩展至钢板试件边缘，数值分析受到模型几何形状约束而终止，这也和试验结果相吻合，即采用 CFRP 板补强后，最终裂纹长度大幅延长。具体应力强度因子值可以参见图 7-26。从图 7-13 中看到，预测的试件 NA-20 疲劳裂纹扩展较试验结果缓慢，这是由于试件 NA-20 发生了界面粘结失效引起的。

7.2.3 应力分析

1. 不含裂纹模型应力场分析

在进行疲劳裂纹扩展分析之前，首先根据建立的模型进行静力分析。此时，模型为含中心圆孔的钢板试件，不包含初始裂纹。图 7-16 为未补强钢板和 CFRP 板补强钢板的最大主应力分布图。对于未补强钢板，可以在中心圆孔附近观察到明显的应力集中现象。采取补强措施后，对应于 NA、ND 和 HD 试件，中心圆孔附近最大主应力从 422.3 MPa 分别减小至 319.6 MPa、364.4 MPa 和 313.7 MPa，对应的降低比例为 24.3%、13.7%和 25.7%。由此表明，复合材料可以有效修复构件受损区域，降低裂纹潜在扩展区域内的应力水平。应力场比较结果也论证了不同粘贴方式和不同弹性模量复合材料对补强效果的影响。增加补强率或提高补强材料弹性模量，均能够进一步降低钢板内部应力，改善补强效果。

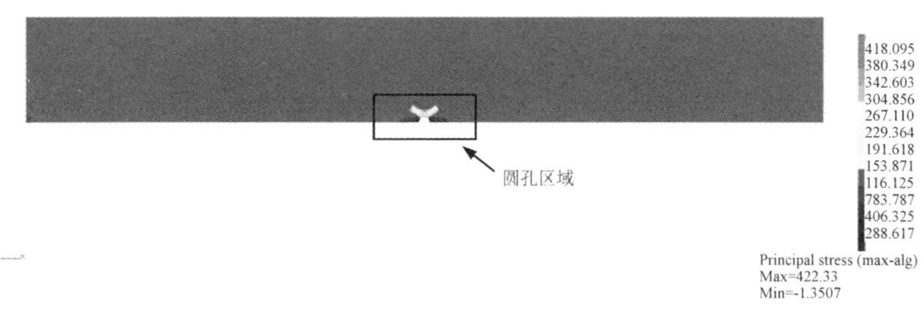

(a) 未补强钢板试件 U

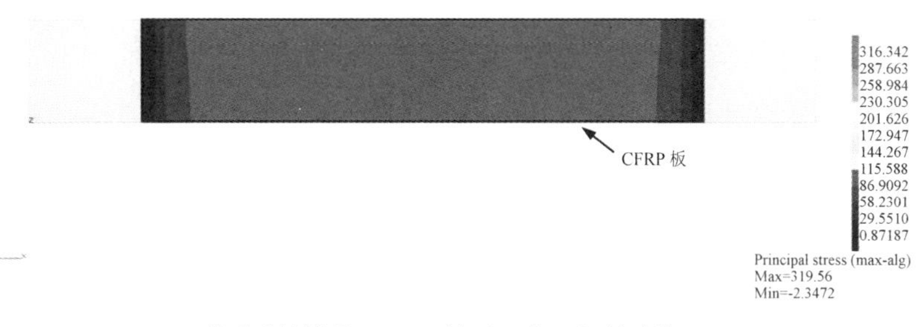

(b) 普通弹性模量 CFRP，补强形式 A 钢板试件 NA

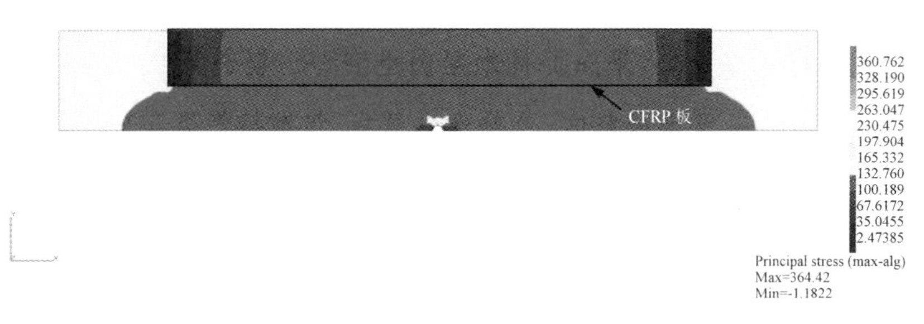

(c) 普通弹性模量 CFRP，补强形式 D 钢板试件 ND

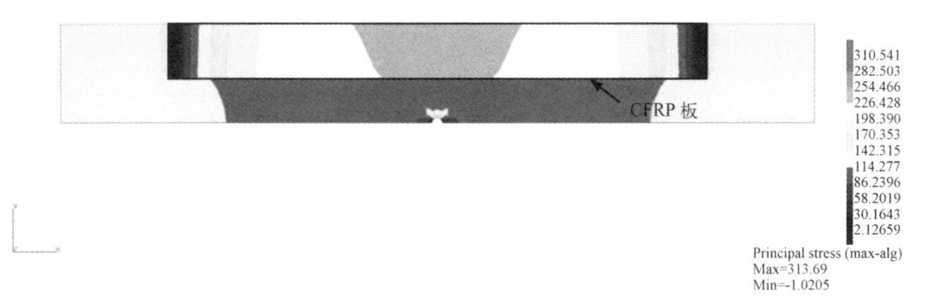

(d) 高弹性模量 CFRP，补强形式 D 钢板试件 HD

图 7-16 无裂纹钢板试件最大主应力分布

2. 随裂纹扩展的应力场分析

在疲劳裂纹扩展分析结束后，可以在后处理模块中查看每个增量步的模型应力场。对应于试件 U－2、NA－2、ND－2 和 HD－2 特定增量步的模型最大主应力分布如图 7－16 至图 7－23 所示。对于裂纹已经扩展至 CFRP 板覆盖区域的情况，图中显示的应力为复合材料表面的情况。限于篇幅，每个模型仅选取 4 个增量步。第一张图对应于裂纹扩展初期，裂纹长度约为 11 mm；随后，裂纹扩展至半宽钢板中部（第二张图），此时对于补强形式 D 的试件模型，裂纹尖端位于 CFRP 板和钢板的边缘位置；在第三张图中，裂纹进一步扩展；第四张图对应数值模拟中最后一步裂纹扩展的情况。从图 7－17 和图 7－18 中可以看到，对于未补强钢板模型，裂纹尖端存在明显的应力集中现象。图 7－19 至图 7－24 表明，复合材料表面对应于裂纹尖端的区域同样存在应力集中的情况。随着疲劳裂纹不断扩展，裂纹尖端的应力集中程度也连续发展，最大主应力随之增加。同时，复合材料内的应力也明显上升，分担远端荷载比例增加，这也是在试验中发现在裂纹扩展后期采用补强措施，补强效果更为明显的原因。

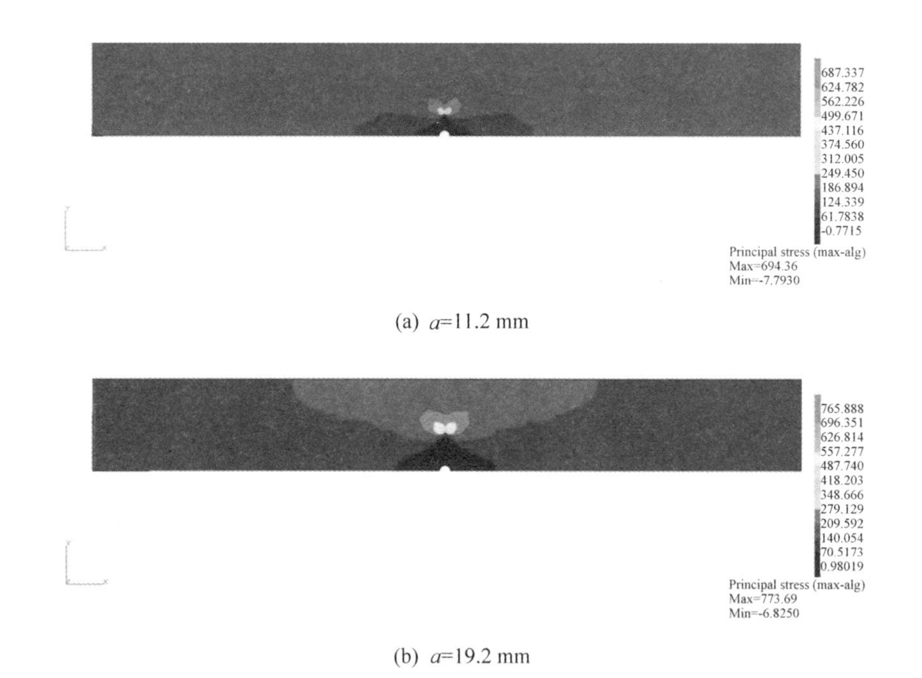

(a) a=11.2 mm

(b) a=19.2 mm

图 7－17　未补强试件 U－2 随着裂纹扩展的最大主应力分布(一)

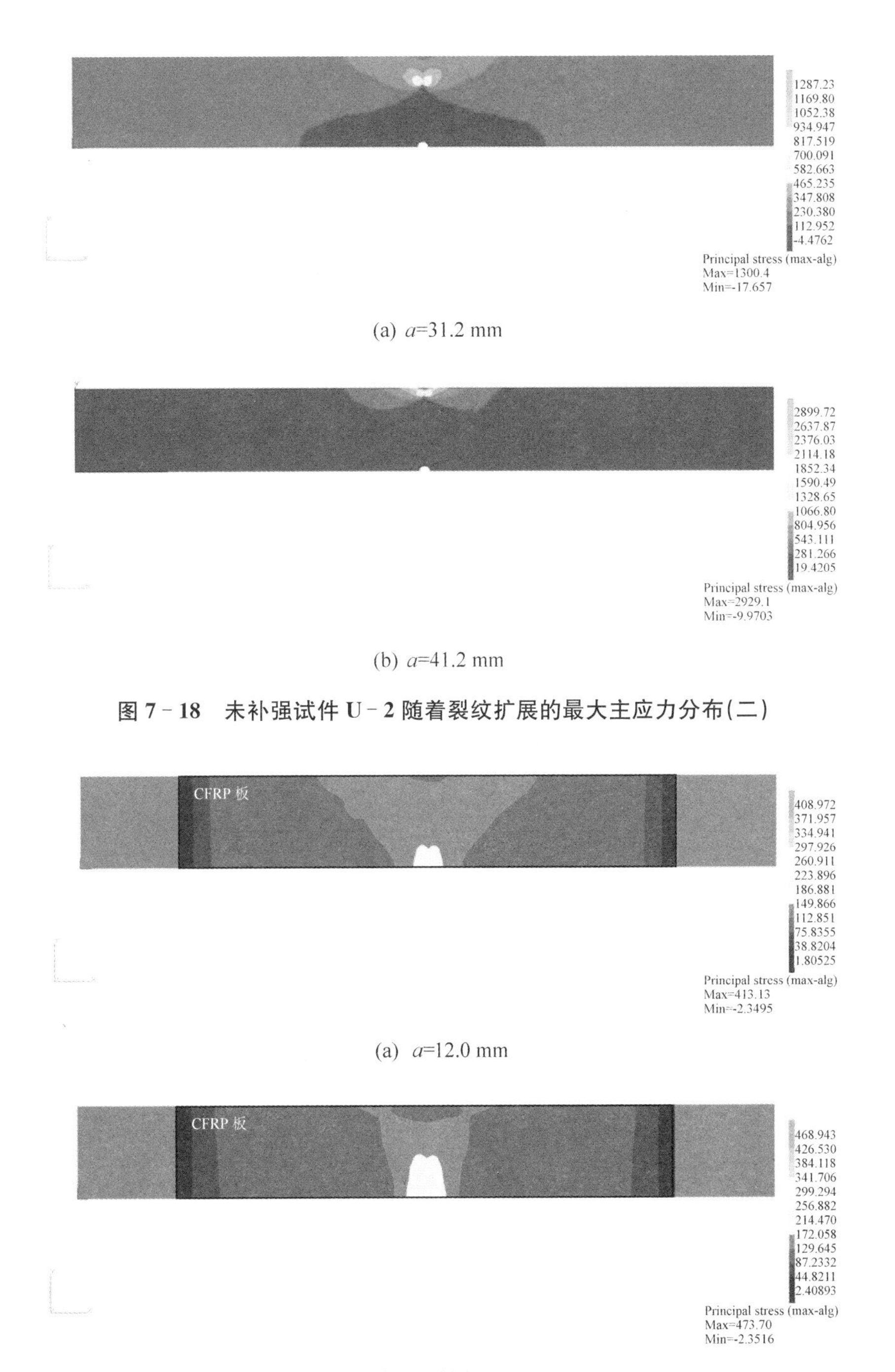

(a) a=31.2 mm

(b) a=41.2 mm

图 7－18　未补强试件 U－2 随着裂纹扩展的最大主应力分布(二)

(a) a=12.0 mm

(b) a=21.0 mm

图 7－19　补强试件 NA－2 随着裂纹扩展的最大主应力分布(一)

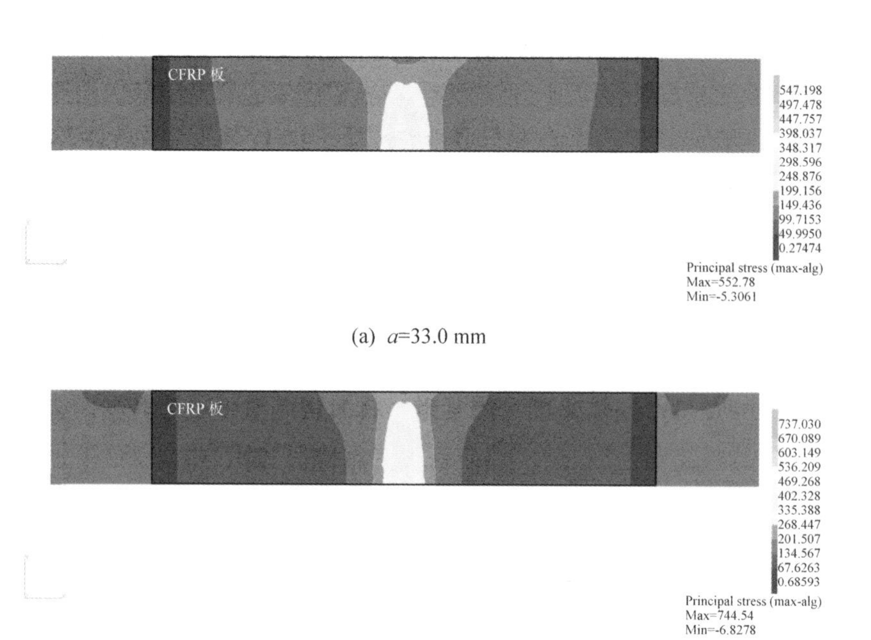

(a) a=33.0 mm

(b) a=41.9 mm

图 7-20　补强试件 NA-2 随着裂纹扩展的最大主应力分布(二)

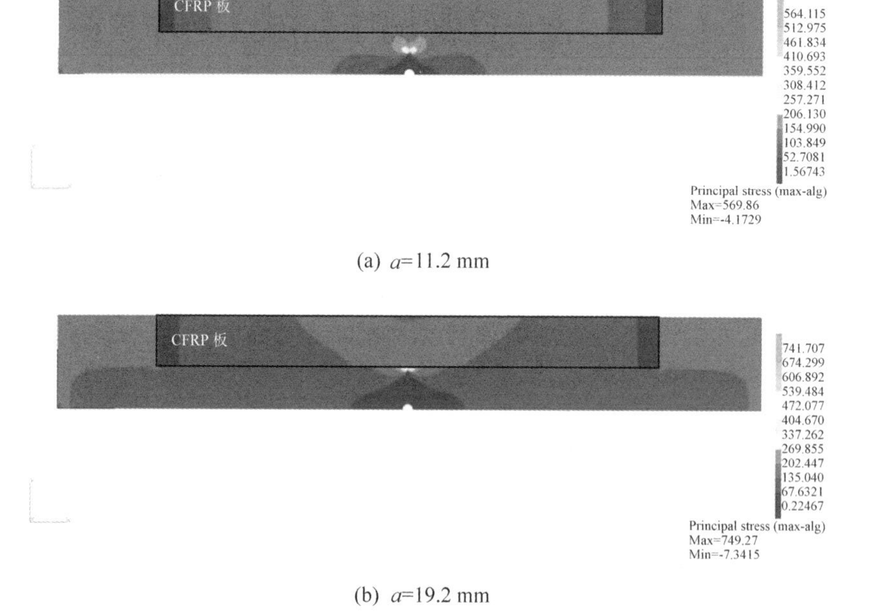

(a) a=11.2 mm

(b) a=19.2 mm

图 7-21　补强试件 ND-2 随着裂纹扩展的最大主应力分布(一)

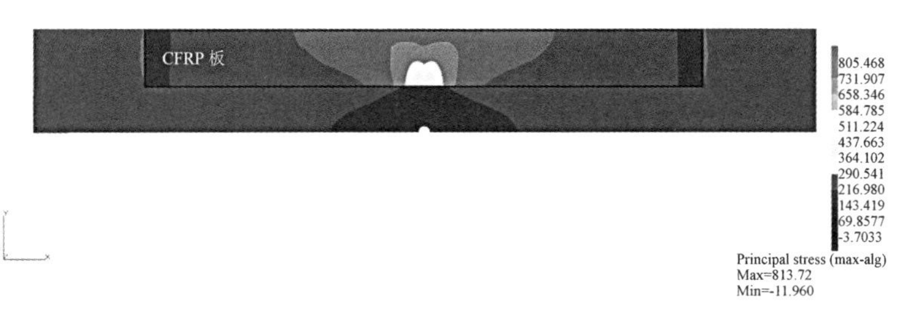

(a) a=31.2 mm

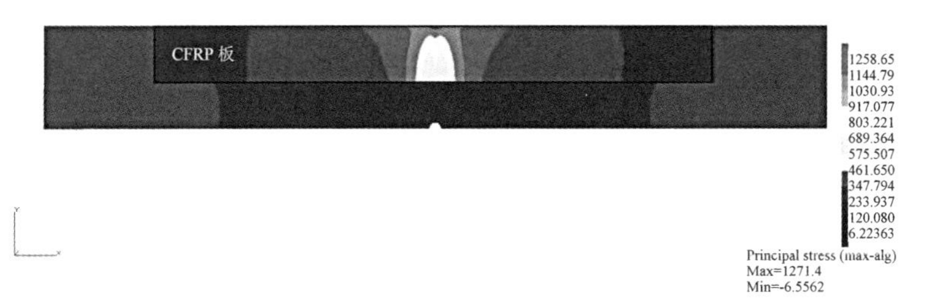

(b) a=43.2 mm

图 7-22　补强试件 ND-2 随着裂纹扩展的最大主应力分布(二)

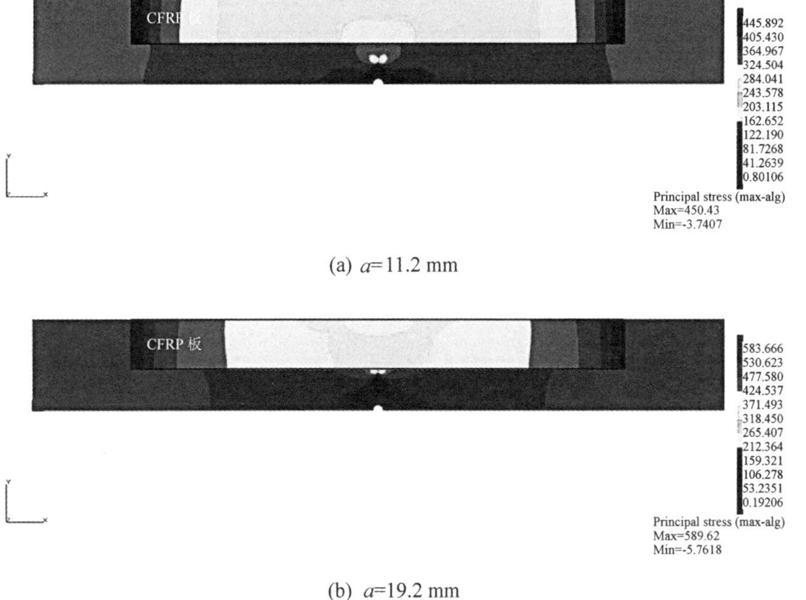

(a) a=11.2 mm

(b) a=19.2 mm

图 7-23　补强试件 HD-2 随着裂纹扩展的最大主应力分布(一)

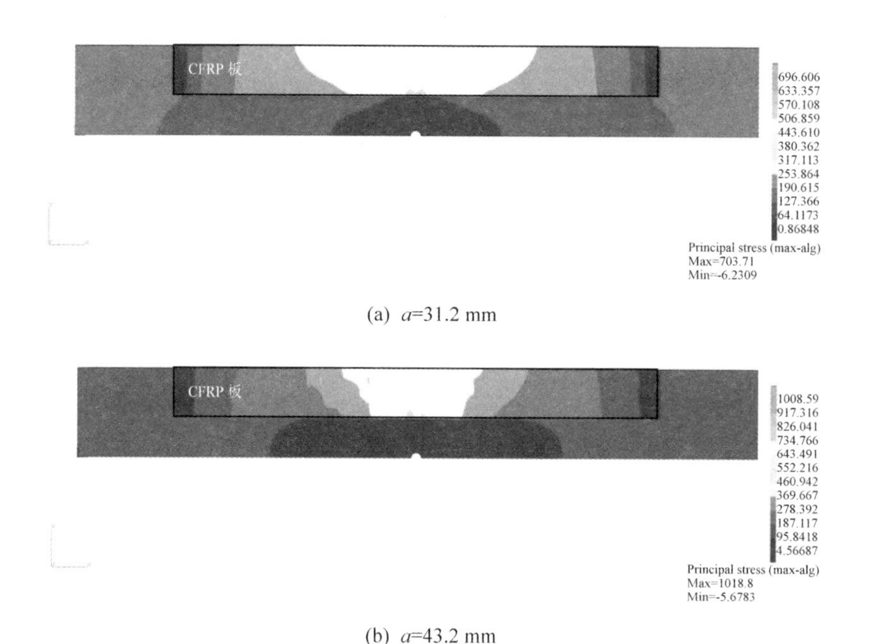

(a) a=31.2 mm

(b) a=43.2 mm

图 7－24　补强试件 HD－2 随着裂纹扩展的最大主应力分布(二)

第 6.2 节试验过程中，除了疲劳试验，还对试件 HD－20 进行静力试验以验证 BEASY 软件中的静力分析的准确性。试件表面共布置 7 个应变片，具体如图 7－25(a)所示。对应于疲劳试验循环荷载从 13.5 kN 到 135 kN，应力幅为 135 MPa，试件 CFRP 板上从中线到边缘沿着粘结长度的应力幅，数值结果和试验结果比较如图 7－25(b)所示。从图中可以看到，应力幅分布从中心到两边逐渐减小，而且两者吻合良好。除此之外，从 BEASY 后处理结果中读取钢板上对应应变片位置的应力幅为 138.8 MPa，而试验应变片结果显示为131.0 MPa，同样表明，采用 BEASY 软件进行静力分析结果有效可靠。

7.2.4　应力强度因子分析

正如预期的一样，从数值模拟结果中看到，Ⅱ型和Ⅲ型裂纹对应的应力强度因子 K_{II} 和 K_{III} 接近于 0，而Ⅰ型裂纹对应的应力强度因子 K_{I} 随裂纹扩展显著增长。图 7－26 为初始损伤程度为 2%的所有模型应力强度因子 K_{I} 随裂纹扩展变化曲线。其中，还采用经典公式求解未补强钢板试件 U－2 的 K_{I} 值，和数值结果相比较[191]。图 7－26 表明，随着裂纹长度和钢板宽度之比从 0.08 增加到 0.91，数值计算的结果和经典求解方法得到的数据吻合良好。采取补强措施后，模型应力强度因子明显降低，其增加速率也显著减缓，在裂纹扩展末期尤为明显。

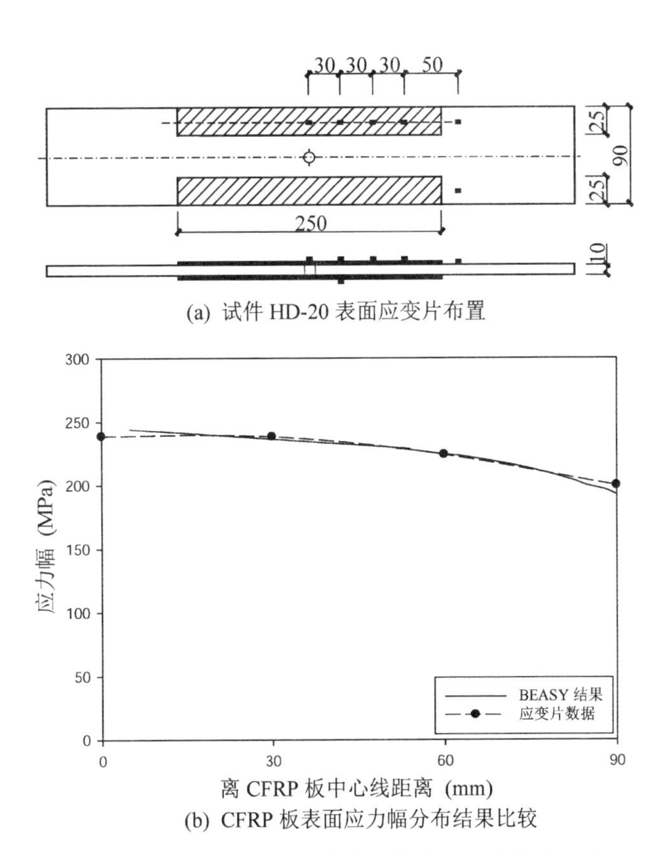

(a) 试件 HD-20 表面应变片布置

(b) CFRP 板表面应力幅分布结果比较

图 7－25　含缺陷钢板静力分析结果与试验结果比较

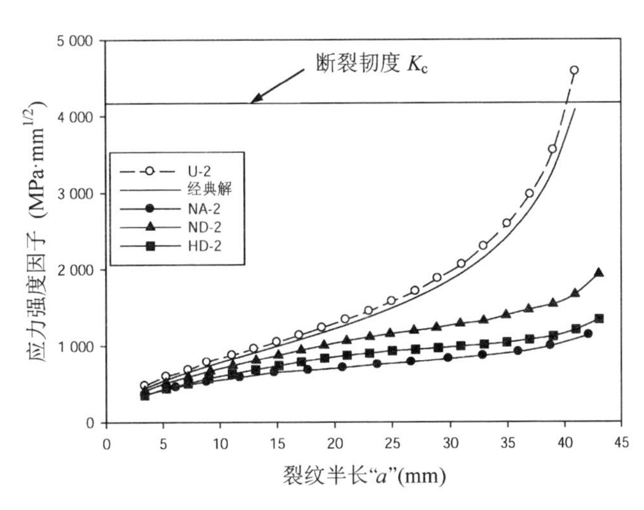

图 7－26　试件 U－2、NA－2、ND－2 和 HD－2 应力强度因子 K_{I} 值的比较

含不同程度初始损伤的试件应力强度因子和裂纹长度关系如图7-27至图7-30所示。从图中看到，对于未补强钢板，在裂纹长度重合区域，应力强度因子曲线几乎完全重合，这是非常合理的，因为理论上，钢板试件在裂纹长度相同时，裂纹扩展速率也应该相同。而对于补强钢板，也可以观察到在裂纹长度重合区域，应力强度因子曲线虽然存在微小的差别，但仍然非常靠近。这里认为其差别是由于试验试件粘结层厚度略有差异，导致模型中用来模拟粘结层的弹簧单元刚度不同引起的。因此，对于CFRP补强的钢板，一定裂纹长度对应的应力强度

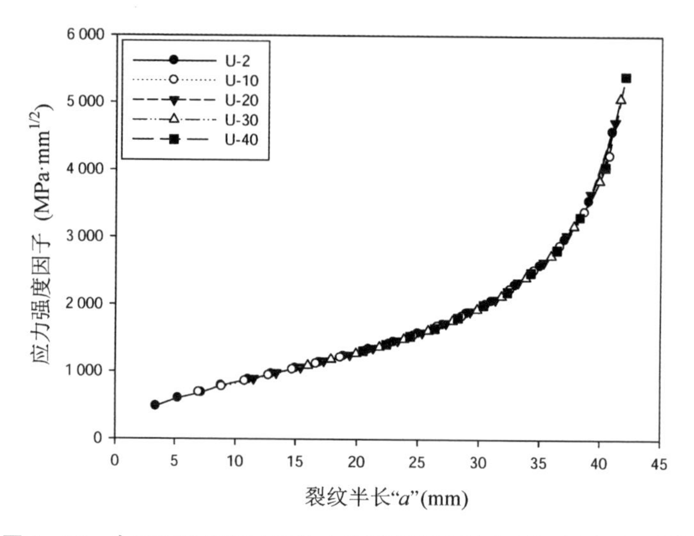

图7-27　含不同程度初始损伤未补强钢板试件应力强度因子的比较

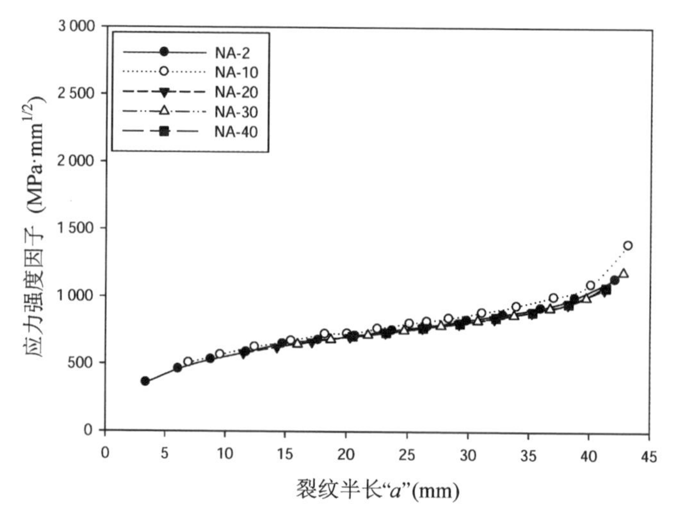

图7-28　含不同程度初始损伤补强钢板NA试件应力强度因子的比较

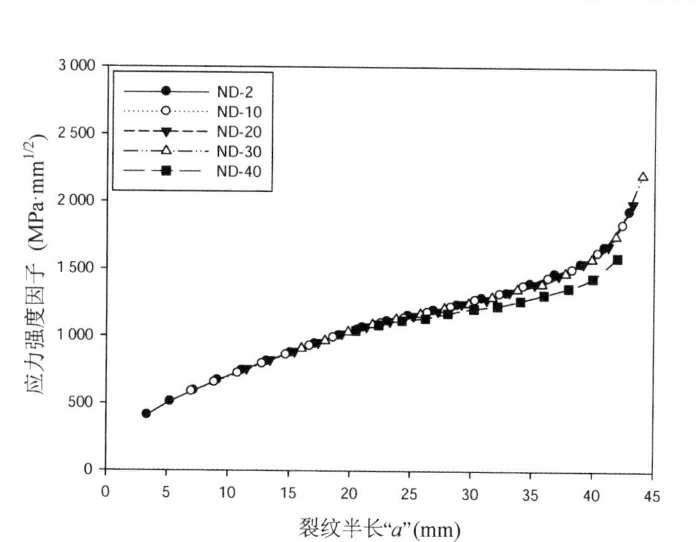

图 7-29　含不同程度初始损伤补强钢板 ND 试件应力强度因子的比较

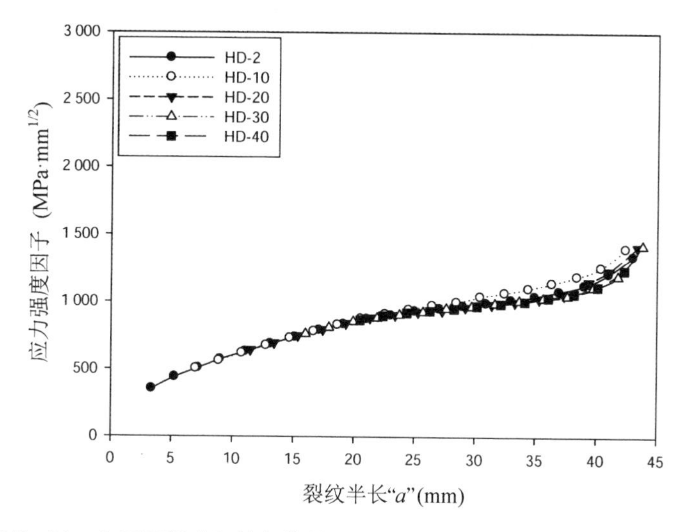

图 7-30　含不同程度初始损伤补强钢板 HD 试件应力强度因子的比较

因子值，认为和试件初始损伤程度无关，也即和施加补强措施时裂纹扩展阶段无关。进一步地，认为在裂纹扩展不同阶段施加补强措施而引起的试件整体疲劳寿命的差别，仅为未施加补强措施阶段对应的疲劳寿命。

在此基础上，采用边界元方法进一步对 CFRP 板补强钢板裂纹尖端应力强度因子影响因素进行参数分析，包括粘结长度、补强率、CFRP 板弹性模量和粘结层剪切模量，同时和 Liu[121] 中 CFRP 布补强钢板的参数分析相比较。为了简便起见，选取 NA 试件为基础模型，主要基于以下两点原因：认为其他类型的试件参数分析趋势一致；试件形式和 Liu[121] 中类似，更具有可比性。参数分析中钢板、CFRP 板的材料力学性能采用试验分析和数值模拟中的数据。设置粘结层厚度为 0.5 mm，对应的弹簧单元刚度值 K_t、K_u 和 K_n 分别为 1 400 N/mm³、1 400 N/mm³ 和 3 800 N/mm³。

1. CFRP 板粘结长度对应力强度因子的影响

在这部分中，计算不同粘结长度模型裂纹尖端应力强度因子。图 7－31 为采用普通弹性模量 CFRP 板和高弹性模量 CFRP 板补强的钢板应力强度因子和粘结长度关系曲线。计算中同时考虑了 6 种不同损伤程度。这里，粘结长度指

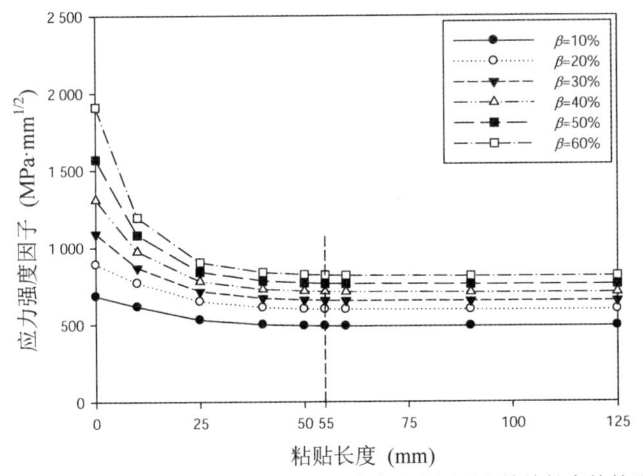

(a) 普通弹性模量 CFRP 板补强钢板应力强度因子和粘结长度的关系

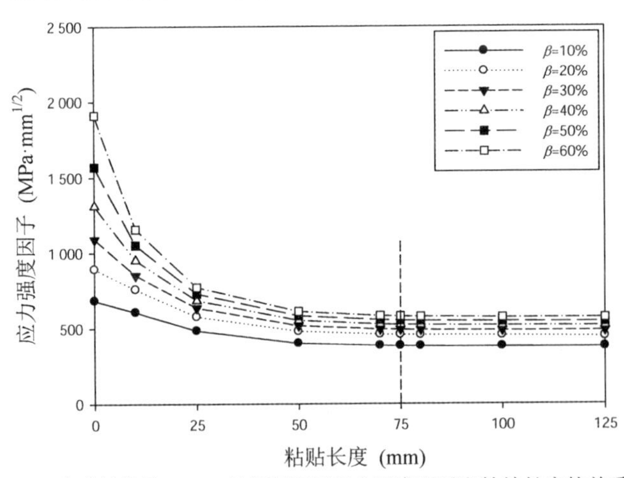

(b) 高弹性模量 CFRP 板补强钢板应力强度因子和粘结长度的关系

图 7－31　CFRP 粘结长度对应力强度因子的影响

模型中补强材料的半长，即从CFRP板中心量起。粘结长度为0的结果对应于未补强钢板的裂纹尖端应力强度因子。从图中可以看到，应力强度因子随着粘结长度的增加而不断降低，当粘结长度增加到一定值后，应力强度因子降低不明显，几乎保持不变。对于普通弹性模量CFRP板补强的钢板，这个值大约为55 mm；对于高弹性模量CFRP板补强的钢板，这个值大约为75 mm。由此可以确定，对于CFRP补强体系中的粘贴长度，存在一个特定的界限。当粘结长度小于该值，可以通过增加粘结长度来降低裂纹尖端应力强度因子值，提高补强效率；当粘结长度超过该值时，进一步增加粘结长度值没有明显提高效果，这也和双边连接节点(double-strap joint)粘结试验中的有效粘结长度类似[157,198]。普通弹性模量CFRP补强钢板试件有效粘结长度小于高弹性模量CFRP补强钢板试件有效粘结长度，这是由于有效粘结长度事实上取决于通过该长度需要传递的荷载大小。在上文有关CFRP板弹性模量对补强效应的影响探讨中，已经表明，提高补强材料弹性模量能够帮助分担更多远端外荷载，因此，需要传递的荷载增加，有效粘结长度增加。补强钢板模型应力强度因子K_{CFRP}和对应的未补强钢板模型应力强度因子K_{plate}比值和粘结长度关系曲线绘制于图7-32中。可以看到，补强效应随着试件损伤程度的增加而愈加明显，同时高弹性模量CFRP能够达到更好的补强效果。这里粘结长度对应力强度因子的影响趋势和Liu[121]中CFRP布补强钢板模型一致，即存在一个有效粘结长度，并且采用高弹性模量CFRP材料补强的钢板试件有效粘结长度比普通弹性模量CFRP材料补强的钢板试件有效粘结长度大。但是，CFRP布补强钢板试件的有效粘结长度(普通弹性模量30 mm，高弹性模量60 mm)和CFRP板补强钢板试件(普通弹性模量为55 mm，高弹性模量为75 mm)略有不同。这可能是由于不同补强材料的不同弹性模量和不同厚度引起的。静力荷载作用下粘结试验中有关有效粘结长度的研究也观察到类似现象[194-196]。

2. CFRP板补强率对应力强度因子的影响

除了粘结长度以外，补强率也是补强体系中的一个重要参数。从试件截面受力分析可以看到，它直接影响了钢板上的应力分量。一共计算了5种不同CFRP板补强率模型对应的应力强度因子值，补强率S分别为0，0.14，0.21，0.26和0.31(对应于5种CFRP板宽度0 mm，40 mm，60 mm，75 mm和90 mm)。这里的CFRP板粘结长度相同，粘结宽度不同，置于钢板中心位置。图7-33为采用普通弹性模量CFRP板和高弹性模量CFRP板补强的钢板模型应力强度因子和补强率的关系曲线。随着补强率增加，应力强度因子

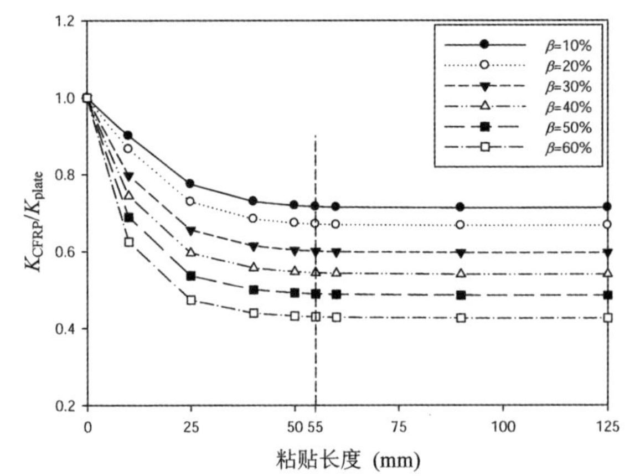

(a) 普通弹性模量 CFRP 补强钢板应力强度因子比值和粘结长度的关系

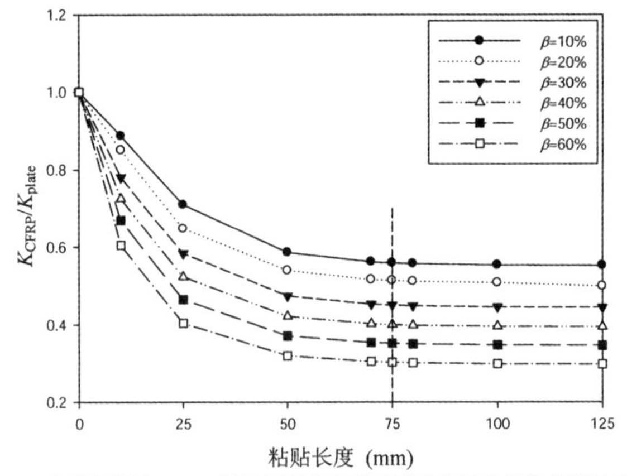

(b) 高弹性模量 CFRP 补强钢板应力强度因子比值和粘结长度的关系

图 7-32　CFRP 粘结长度对应力强度因子比的影响

明显下降，和 CFRP 布补强钢板模型趋势类似[121]。对于普通弹性模量 CFRP 板补强的钢板模型，当模型损伤程度为 10%时，应力强度因子值随着补强率的增加从 684.8 MPa·mm$^{1/2}$(未补强)降低到 529.7 MPa·mm$^{1/2}$(S=0.21)，或 488.5 MPa·mm$^{1/2}$(S=0.31)。当模型损伤程度增加到 60%时，应力强度因子随着补强率的增加从 1 911.9 MPa·mm$^{1/2}$(未补强)降低到 917.4 MPa·mm$^{1/2}$(S=0.21)，或 813.8 MPa·mm$^{1/2}$(S=0.31)。对于高弹性模量 CFRP 板补强钢板模型，可以观察到类似的趋势。同时，从图 7-34 所示的应力强度因子比值曲线的斜率表明，高弹性模 CFRP 板能够进一步提高补强效果。

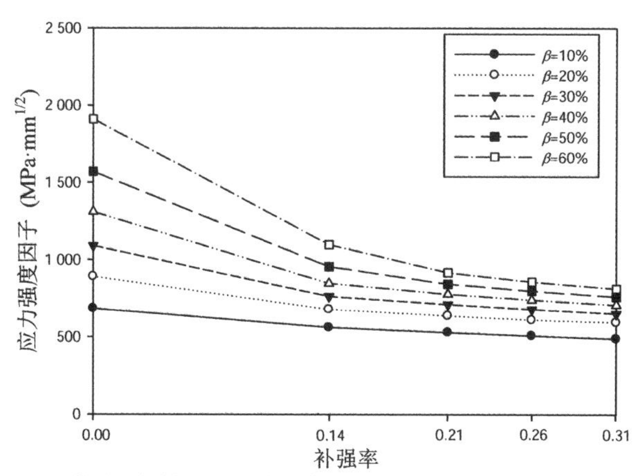

(a) 普通弹性模量 CFRP 补强钢板应力强度因子和补强率的关系

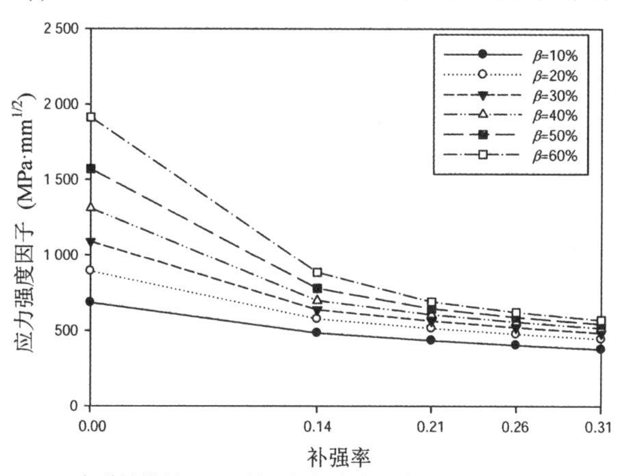

(b) 高弹性模量 CFRP 补强钢板应力强度因子和补强率的关系

图 7－33　CFRP 补强率对应力强度因子的影响

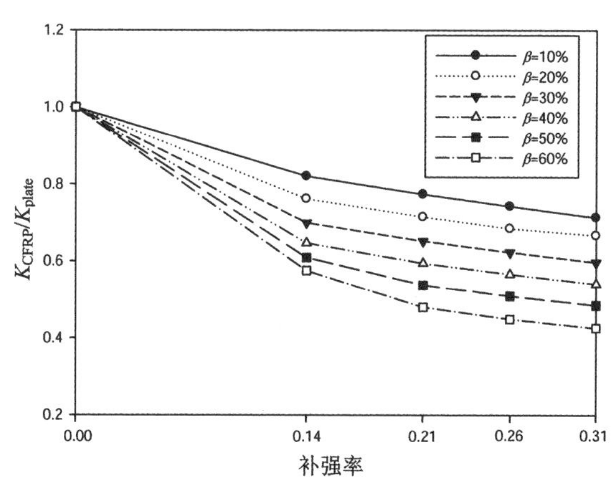

(a) 普通弹性模量 CFRP 补强钢板应力强度因子比值和补强率的关系

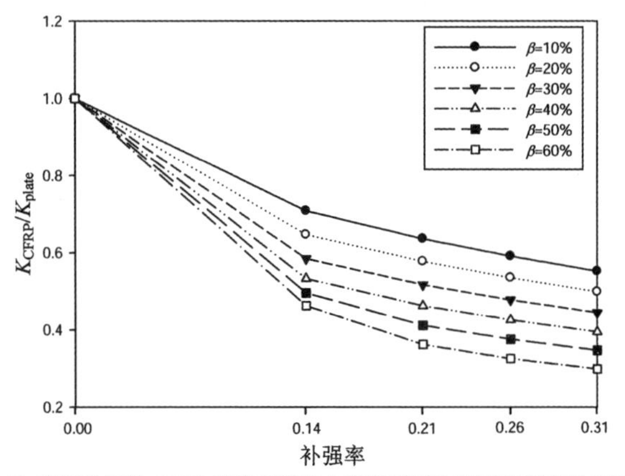

(b) 高弹性模量 CFRP 补强钢板应力强度因子比值和补强率的关系

图 7－34　CFRP 补强率对应力强度因子比的影响

3. CFRP 板弹性模量对应力强度因子的影响

目前,市面上有多种不同弹性模量的复合材料,因此这里研究了 5 种不同弹性模量 CFRP 板对应力强度因子的影响,从 80 GPa 到 640 GPa 不等。显而易见,图 7－35 所示的曲线表明提高补强材料弹性模量能够提高补强效率。当裂纹宽度为钢板宽度的 10%时,未补强钢板模型裂纹尖端的应力强度因子为 684.8 MPa · $mm^{1/2}$。粘贴 CFRP 板补强后,随着 CFRP 板弹性模量从 80 GPa 增加到 640 GPa,应力强度因子降低程度从 15%增加到 52%。当裂纹长度增长到钢板宽度的 60%时,模型裂纹尖端应力强度因子和未补强钢板模型相比降低了 42%到 75%。从中可以得出结论,CFRP 板弹性模量对应力强度因子有显著的影响,这里和 CFRP 布补强钢板模型趋势一致[121]。

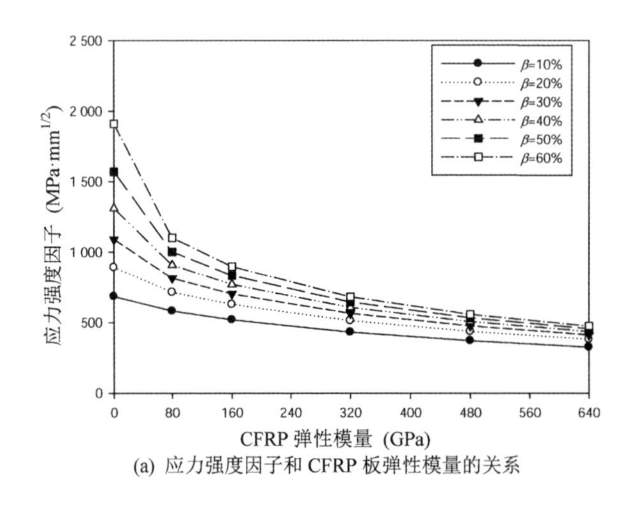

(a) 应力强度因子和 CFRP 板弹性模量的关系

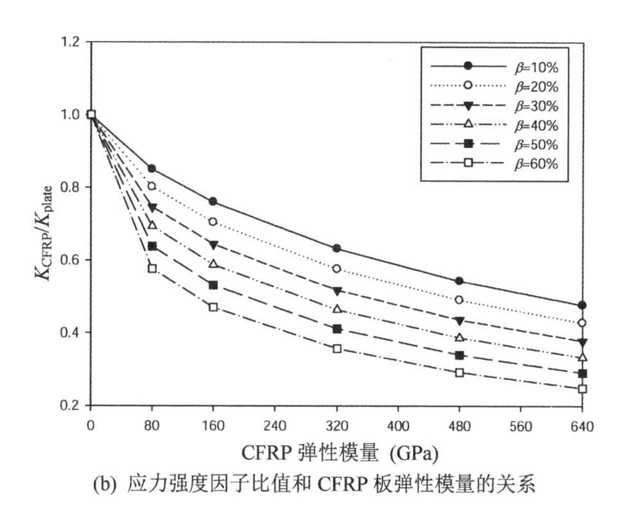

(b) 应力强度因子比值和 CFRP 板弹性模量的关系

图 7 - 35　CFRP 弹性模量对应力强度因子的影响

4. 粘结层剪切模量对应力强度因子的影响

粘结层力学性能在补强体系中非常重要，因为它直接影响了荷载传递的效率，从而影响补强效果。在 BEASY 模型中，采用界面弹簧单元来模拟粘结层。这里采用 4 种不同剪切模量的粘结层来调查其对应力强度因子的影响，分别为 350 MPa，700 MPa，1 050 MPa 和 1 500 MPa，和文献[121]中一致。根据第 5 章中式(5 - 1)至式(5 - 3)设置对应的弹簧剪切模量和轴向模量。对应的应力强度因子值和应力强度因子比值随粘结材料剪切模量变化趋势如图 7 - 36 和图 7 - 37 所示。注意到，即使粘结层剪切模量仅为350 MPa，相比未补强钢板，无论采用普通弹性模量 CFRP 板或是高弹性模量 CFRP 板补强，应力强度因子均明显下降。但是当粘结层剪切模量进一步增加时，应力强度因子的降低速率明显下降，这也和文献[121]中 CFRP 布补强钢板模型趋势一致。

相比未补强试件，当裂纹长度为板宽 30%，采用剪切模量为 350 MPa 的粘结材料粘贴 CFRP 板补强后，裂纹尖端应力强度因子下降 36%。然后，当粘结材料剪切模量增加到 2～4 倍，应力强度因子值仅继续下降 7%～14%。随着裂纹扩展到板宽 60%，若采用剪切模量为 350 MPa 的粘结材料粘贴补强，应力强度因子下降 52%，若采用剪切模量为 700 MPa 的粘结材料粘贴补强，应力强度因子仅进一步下降 12%。同时从图 7 - 37 中发现，对应不同的模型损伤程度，当粘结层剪切模量从 350 MPa 增加到 1 400 MPa，

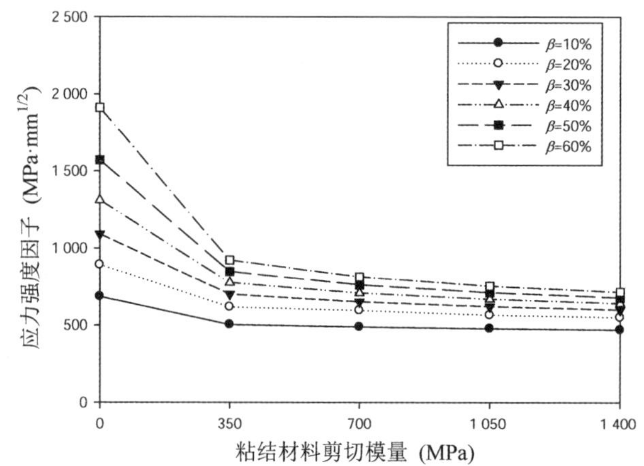

(a) 普通弹性模量 CFRP 补强钢板应力强度因子和粘结层剪切模量的关系

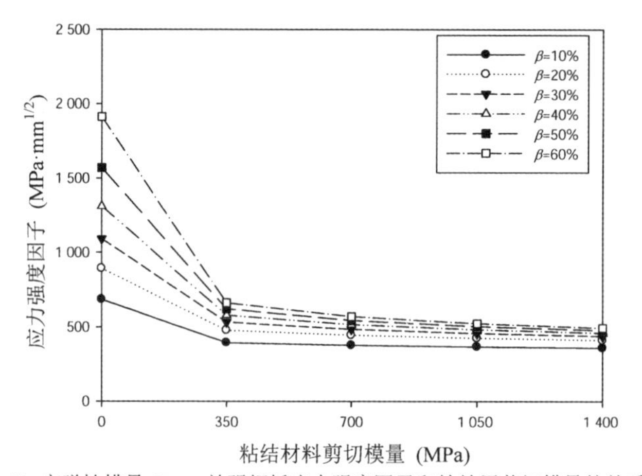

(b) 高弹性模量 CFRP 补强钢板应力强度因子和粘结层剪切模量的关系

图 7-36　粘结层剪切模量对应力强度因子的影响

应力强度因子比值曲线基本保持平行。这表明补强效应对于损伤程度较大时更为明显，而应力强度因子值随着粘结层剪切模量的变化程度基本和损伤程度无关。

从上面的参数分析看到，CFRP 补强体系中存在一个临界粘结长度，且高弹性模量 CFRP 材料补强体系中该粘结长度较大。随着 CFRP 板补强率的增加，裂纹尖端应力强度因子值持续下降。提高补强材料弹性模量能够有效提高补强效率。但须注意，当粘结层剪切模量超过 350 MPa，进一步提高其力学性能带来的应力强度因子降低速率将明显下降。

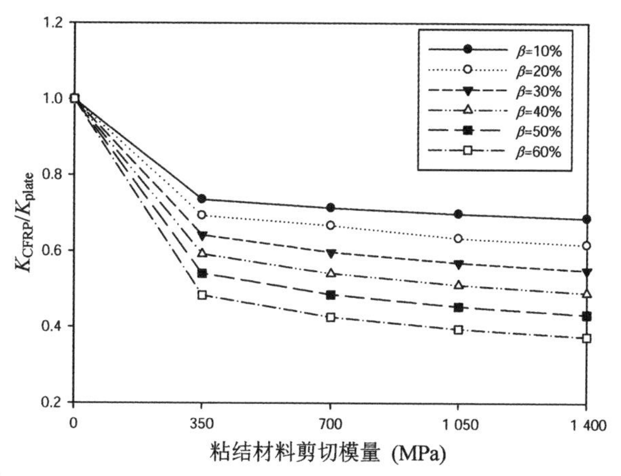

(a) 普通弹性模量 CFRP 补强模型应力强度因子比值和粘结层剪切模量的关系

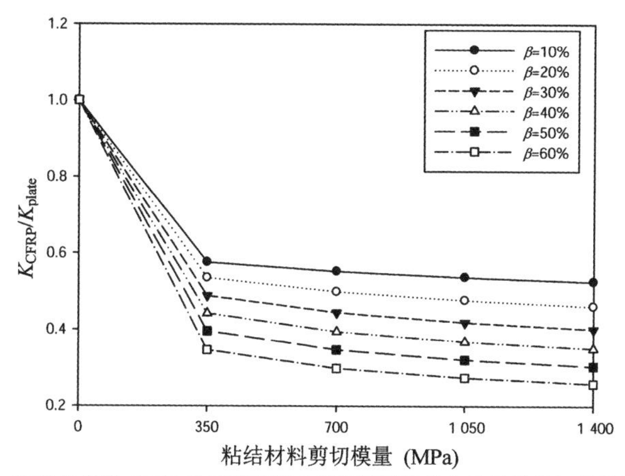

(b) 高弹性模量 CFRP 补强模型应力强度因子比值和粘结层剪切模量的关系

图 7－37　粘结层剪切模量对应力强度因子比的影响

7.3 本 章 小 结

本章中首先采用有限元方法对 CFRP 板补强的含缺陷钢板试件裂纹尖端应力强度因子进行了参数分析，包括不同裂纹长度、单/双面补强及 CFRP 板弹性模量。数值分析结果显示，采用 CFRP 板粘贴补强能够有效降低裂纹尖端应力强度因子，不论初始损伤程度，这种补强方法均能够有效延长试件残余寿命，且对于初始损伤程度较大的试件，补强后残余寿命的提高更为明显。但是考虑到试件整体疲劳寿命，仍应尽早采取补强措施。相比双面补强，单面补强体系中因存在平面外弯曲而补强效率略有下降。采用高弹性模量 CFRP 材料补强能够达到更好的效果。

随后采用边界元方法对含不同程度初始损伤钢板模型采用 CFRP 板补强后的疲劳性能进行预测分析，计算了静力荷载作用下钢板试件表面应力场及疲劳荷载作用下裂纹尖端应力强度因子和对应的疲劳寿命。预测分析的结果和对应的试验结果吻合良好，表明边界元方法能够有效预测 CFRP 板补强的含缺陷钢板静力和疲劳性能。数值分析表明试件疲劳寿命随着初始损伤程度的增加而明显下降，而采用 CFRP 板补强后试件残余疲劳寿命的延长程度反而愈加明显。裂纹尖端应力强度因子在补强后明显下降，采用 CFRP 板覆盖整个开裂试件表面或采用高弹性模量 CFRP 板均能够有效提高补强效率。初始损伤程度对试件疲劳寿命有重要影响，而在补强试件中，一定裂纹长度对应的裂纹尖端应力强度因子和补强措施施加时疲劳裂纹扩展阶段无关。

在此基础上，采用边界元方法对补强体系中的重要影响因素进行参数分析，包括粘结长度、补强率、CFRP 板弹性模量和粘结层剪切模量。结果表明，补强体系中存在一个有效粘结长度，当粘结长度小于此值时，能够通过增加补强材料长度来提高补强效率，而当粘结长度超过此值时，进一步增加补强材料长度已无明显效果。高弹性模量 CFRP 板补强钢板试件的临界粘结长度大于普通弹性模量 CFRP 板补强钢板试件的粘结长度。随着 CFRP 补强率增加，观察到应力强度因子持续下降，因此在对损伤钢板试件进行补强时应尽可能覆盖整个开裂表面，以达到比较好的补强效果。在数值计算中，采用 5 种不同弹性模量的 CFRP 板进行建模计算，模型裂纹尖端应力强度因子随着 CFRP 板弹性模量的增加而显著下降，表明可以通过采用高弹性模量补强材料来提高补强效率。粘结层力学性能被认为是影响补强体系效率重要因素之一。数值结果表明，提高粘结层剪切模量能够降低补强钢板试件裂纹尖端应力强度因子，但是，当粘结层剪切模量超过 350 MPa 后，应力强度因子下降速率明显减缓。

第8章 粘贴 CFRP 改善含缺陷钢板疲劳性能理论分析

第 6 章与第 7 章已经对含不同程度初始缺陷的钢板试件经 CFRP 补强后的疲劳性能做了详细的分析和讨论。为了进一步深入研究粘贴 CFRP 这种补强方法，并完善这种补强体系理论，有必要对采用 CFRP 材料补强后的钢结构构件裂纹尖端应力强度因子值作出系统分析。一般来说，可以通过三种方法来获取钢构件裂纹尖端应力强度因子，分别为试验研究、数值模拟和理论分析。目前，未补强钢板试件裂纹尖端的应力强度因子已有经典求解方法，CFRP 材料补强的含缺陷钢板试件裂纹尖端应力强度因子计算分析主要依赖于试验研究和数值模拟方法，耗费的经济成本和时间成本较高，理论方面研究较为缺乏。

本章采用线弹性断裂力学理论，提出 CFRP 材料补强的含中心缺陷钢板裂纹尖端应力强度因子计算方法。这种方法是在未补强钢板试件裂纹尖端应力强度因子经典解法的基础上，考虑了复合材料粘贴补强后的荷载分担效应和由此引起的裂纹表面张开应力不均匀程度变化两大因素，采用试验结果对比分析来验证其适用性。试验数据来源于第 6.2 节第二批疲劳试验，以及相关文献中的类似试验（第 6.1 节第一批疲劳试验过程中存在提前发生粘结失效的情况，而且沙滩纹方法采集的数据点相对较少，因此在这里暂不考虑）。试验结果涵盖了诸多不同因素，包括试件初始疲劳损伤程度、补强材料力学性能、几何尺寸以及粘贴方式等。理论方法得到的结果和试验结果吻合良好，表明这种方法能够用来预测 CFRP 材料补强的含中心缺陷钢板裂纹尖端应力强度因子。之后，基于这种方法对应力强度因子重要影响因素进一步展开参数分析，包括 CFRP 弹性模量、补强率和粘结长度。

8.1 试验研究介绍

8.1.1 作者进行的疲劳试验

这里的疲劳试验主要指第 6.2 节第二批疲劳试验。具体试验内容不再赘述。其中共有 15 个补强钢板试件，疲劳试验记录的 $N-a$ 曲线如图 8-1 所示。图中，横坐标为疲劳荷载循环次数，纵坐标为从中心圆孔边缘量起的裂纹半长，包括初始缺陷长度。注意，这里的裂纹半长不包括圆孔半径。

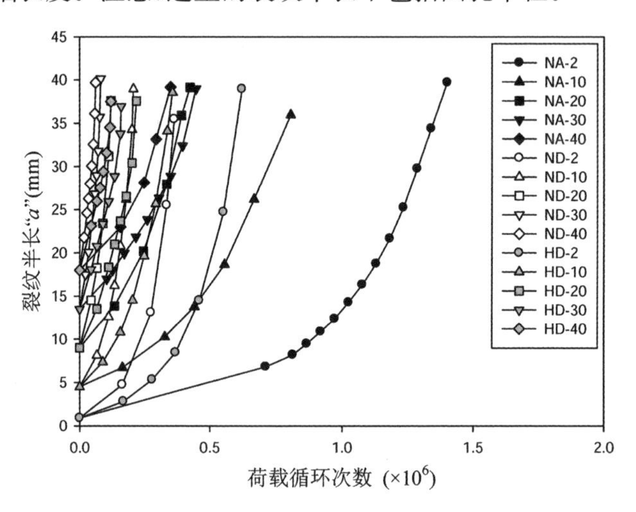

图 8-1 试验试件裂纹长度和疲劳荷载循环次数关系

8.1.2 相关文献的试验结果

除了作者的疲劳试验结果外，还调研了相关文献，以期覆盖更多的补强工况。Liu 等[84]和 Wu 等[85]分别对采用 CFRP 布和高弹性模量 CFRP 板补强的含中心缺陷钢板试件，进行一系列疲劳试验。Liu 等[84]主要考察了以下参数对补强试件疲劳性能的影响：CFRP 布弹性模量、粘结长度、粘结宽度、粘结层数以及单/双面粘贴。Wu 等[85]则采用高弹性模量 CFRP 板，同时考虑了不同补强方式的影响。这里选取所有双面补强试件的试验结果进行计算。文献中试验试件形状和几何尺寸与第 6 章中图 6-13 类似，而预制裂纹长度统一为 1 mm。具体的补强粘贴方式如图 8-2 和图 8-3 所示。试验中的粘结材料力学性能和第 6 章中表 6-5 数据一致，钢板和 CFRP 材料力学性能如表 8-1 所列。

表 8-1 Liu 等[84]和 Wu 等[85]的钢材和 CFRP 力学性能

材料性能	钢板		CFRP 材料		
	Liu 等	Wu 等	CFRP 布(Liu 等)		CFRP 板(Wu 等)
			MBrace CF130	MBrace CF530	MBrace 460/1500
极限强度(MPa)	420	507	3 800	2 650	1 602
屈服强度(MPa)	297	397	—	—	—
弹性模量(GPa)	200	194	240	640	477
厚度(mm)	10	10	0.176	0.190	1.40

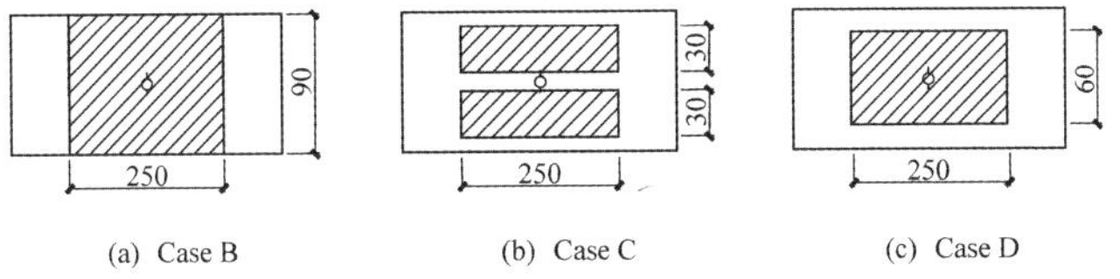

(a) Case B　(b) Case C　(c) Case D

图 8-2 Liu 等[84]的补强粘贴方式(mm)

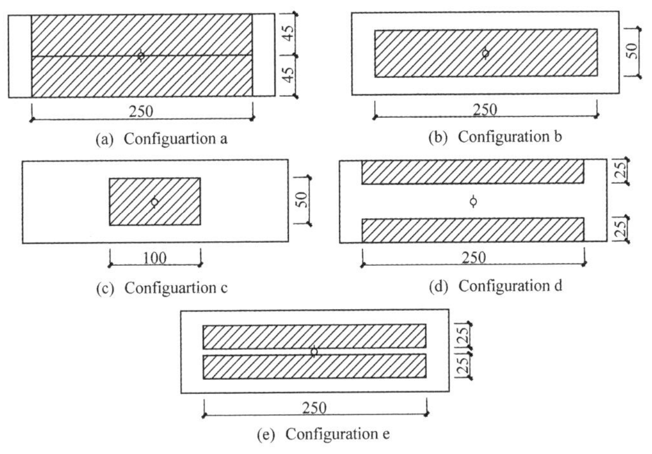

图 8-3 Wu 等[85]的补强粘贴方式(mm)

所有试件均采用正弦曲线疲劳荷载加载,最小荷载为 13.5 kN,最大荷载为 135 kN。试验结果列于表 8-2 和表 8-3 中,对应的 $N-a$ 曲线绘于图 8-4 和图8-5 中。图中的坐标轴和图 8-1 中一致。表 8-2 和表 8-3 中的试件名称和源文献保持一致,可以参考源文献获取更多的试验细节。Liu 等[84]采用多层 CFRP 布补强,因此这里沿用 Liu 等[140]的方法,根据不同层的应变分布,将所有复合材料(包括 CFRP 布和粘结层)折算为一层,以下计算中采用折算后的复合材料厚度 t_e 和等效弹性模量 E_e。

表 8-2　Liu 等[84]的疲劳试验结果

试　件	CFRP 布	粘贴层数	补强形式	t_e(mm)	E_e(MPa)	疲劳寿命
DN3B250	MBrace CF130	3	Case B	1.6	50 966	542 353
DN5B250	MBrace CF130	5	Case B	2.9	33 220	656 712
DH3B250	MBrace CF530	3	Case B	2.1	136 577	1 604 008
DH5B100	MBrace CF530	5	Case B	3.3	127 700	1 872 900
DH5B250	MBrace CF530	5	Case B	3.3	127 700	1 920 000
DH5C250	MBrace CF530	5	Case C	3.3	127 700	1 219 451
DH5D250	MBrace CF530	5	Case D	3.3	127 700	1 135 592

表 8-3　Wu 等[85]的疲劳试验结果

试　件	CFRP 板	粘贴层数	补强形式	粘结层厚度(mm)	疲劳寿命
Da-1	MBrace 460/1500	1	Configuration a	0.46	大于 10^8
Da-2	MBrace 460/1500	1	Configuration a	0.61	大于 10^8
Db-1	MBrace 460/1500	1	Configuration b	0.77	1 829 410
Db-2	MBrace 460/1500	1	Configuration b	0.62	2 107 272
Dc-1	MBrace 460/1500	1	Configuration c	0.85	1 493 001
Dc-1	MBrace 460/1500	1	Configuration c	0.63	1 251 356
Dd-1	MBrace 460/1500	1	Configuration d	0.58	858 486
De-1	MBrace 460/1500	1	Configuration e	0.67	1 532 384

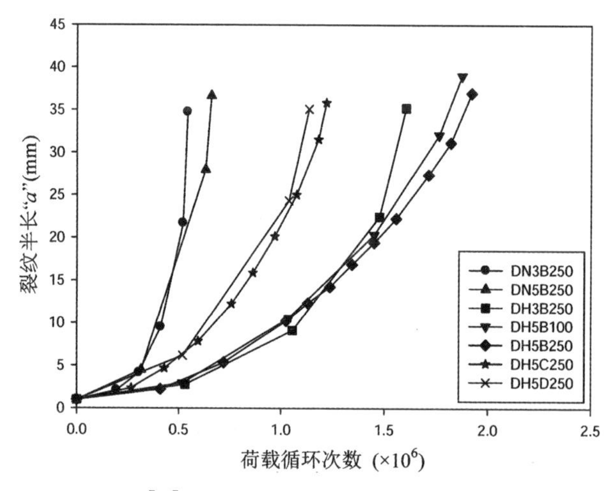

图 8-4　Liu 等[84]的试件裂纹长度和疲劳荷载循环次数的关系

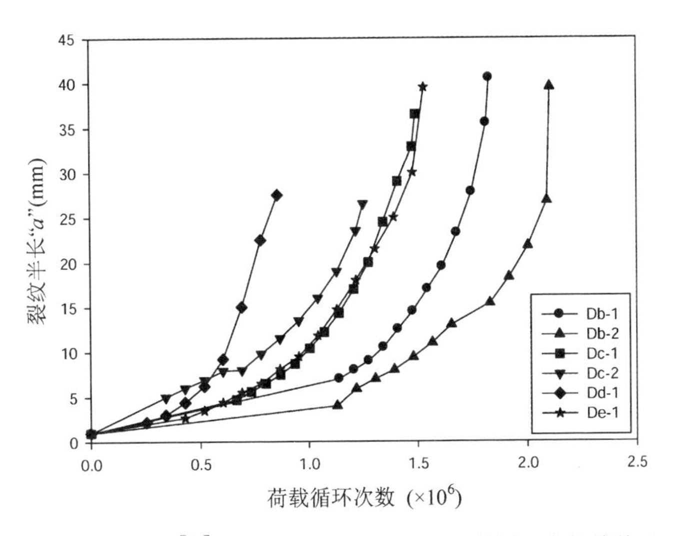

图 8-5　Wu 等[85]的试件裂纹长度和疲劳荷载循环次数的关系

8.2　CFRP 补强含缺陷钢板裂纹尖端应力强度因子分析方法

8.2.1　未补强钢板裂纹尖端应力强度因子经典解

断裂力学中，采用应力强度因子预测裂纹扩展速率，继而根据裂纹扩展模型计算相应的疲劳寿命。对于未补强钢板试件，裂纹尖端应力强度因子已有经典解[191,148,197]。Albrecht & Yamada[191] 中应力强度因子的计算表达式已在式(7-1)给出。

对于一块含中心缺陷的钢板试件，由于几何尺寸和边界条件的对称性，可以只考虑一半模型，因此中心预制裂纹成为边缘裂纹，如图 8-6 所示。

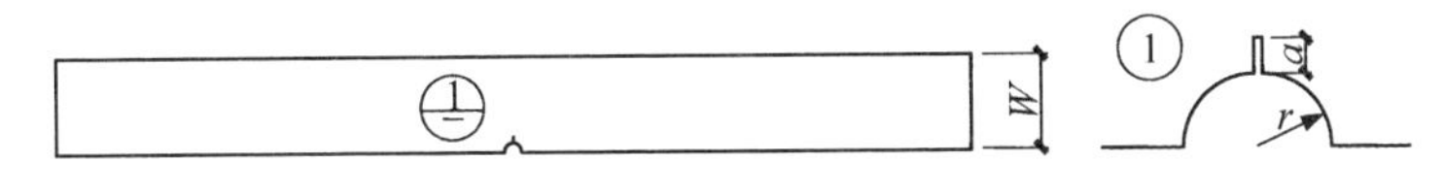

图 8-6　含中心缺陷钢板半模型图示

在这种情况下，F_E等于 1.0；F_S等于 1.12；F_W可以用式(8-1)计算[148]。

$$F_W = (1-0.025\lambda^2+0.06\lambda^4)\sqrt{\sec(\pi\lambda/2)} \tag{8-1}$$

这里，$\lambda = a/W$。a 为裂纹半长(不包括圆孔半径)，W 为半钢板宽度，如图 8-6

中所示。

修正系数 F_G 表征构件中由于局部结构细节引起的裂纹表面不均匀张开应力对裂纹尖端应力强度因子的影响，例如结构几何形状的不连续性。因此，F_G 也被称为几何修正系数。在含中心缺陷的未补强钢板试件中，钢板中心圆孔附近区域存在应力集中现象。当裂纹长度远小于中心圆孔半径时，认为 F_G 等于中心圆孔引起的应力集中系数 3。随着裂纹长度增长到一定程度，直至超过中心圆孔引起的应力集中范围之外，F_G 值逐渐降低到 1.0[191]。Albrecht & Yamada[191]中给出了含中心缺陷钢板对应于裂纹长度与圆孔半径之比 a/r 从 0～2范围内的 F_G 曲线。

8.2.2 CFRP 补强钢板应力强度因子求解

如果尝试采用式(7-1)来求解粘贴 CFRP 材料补强的含中心缺陷钢板试件裂纹尖端应力强度因子值，必须注意到，和未补强钢板试件相比，其中有两个重要参数发生改变，它们分别是钢板应力"σ"和几何修正系数"F_G"。对于钢板应力"σ"，当粘贴 CFRP 材料补强后，通过粘结层传递，CFRP 材料能够帮助分担远端荷载。随着裂纹扩展，钢板净截面积减小，CFRP 材料分担的荷载比例增加。因此，钢板应力不再等于远端荷载。除此之外，粘贴 CFRP 材料补强之后，钢板中心圆孔附近的应力场改变，应力集中程度下降，即几何修正系数 F_G 也随之改变。这两个关键系数"σ"和"F_G"值的计算会在下文具体讨论。

1. CFRP 材料荷载分担效应

对于未补强钢板试件而言，钢板承受远端疲劳拉伸应力 σ_0，轴向拉力荷载可由式(8-2)计算。对于复合材料补强的钢板试件，在靠近 CFRP 材料边缘的一段应力传递范围内，胶层受剪，将钢板承受的荷载传递给 CFRP 材料。当复合材料粘结长度超过此应力传递范围的长度，应力传递范围外，外荷载由钢板、粘结层和复合材料一起承担。我们主要关注钢板试件中疲劳裂纹的扩展，因此着重于试件中间部位的情况，而对于应力传递范围内的情况暂不考虑。双面补强钢板试件荷载平衡关系可以表达为式(8-3)—式(8-6)。所有荷载平衡关系如图 8-7所示。

$$Q = \sigma_0 b_p t_p \tag{8-2}$$

$$Q = F_s + 2(F_f + F_a) \tag{8-3}$$

$$F_s = E_s \varepsilon_s b_s t_s \tag{8-4}$$

$$F_f = E_f \varepsilon_f b_f t_f \tag{8-5}$$

$$F_a = E_a \varepsilon_a b_a t_a \tag{8-6}$$

$$b_s = b_p - 2r - 2a \tag{8-7}$$

式中，Q 为远端拉伸荷载，σ_0 为未补强试件钢板截面上名义应力；F、E、ε、b 和 t 分别代表荷载、弹性模量、应变、宽度和厚度；下标 p、s、a 和 f 分别代表未补强钢板试件和 CFRP 补强钢板试件的钢板，粘结层和 CFRP 材料，如图 8-7 所示。

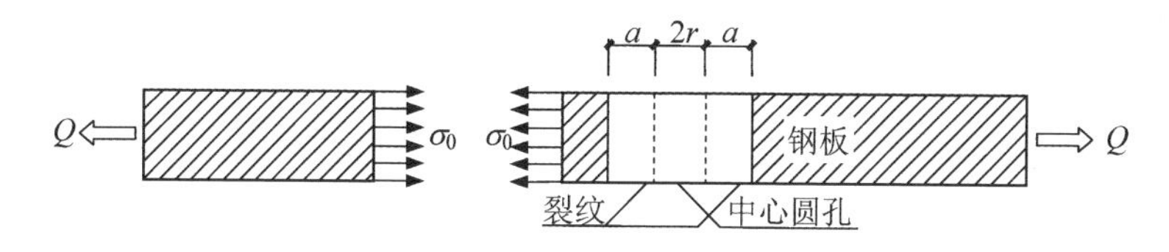

(a) 未补强钢板试件

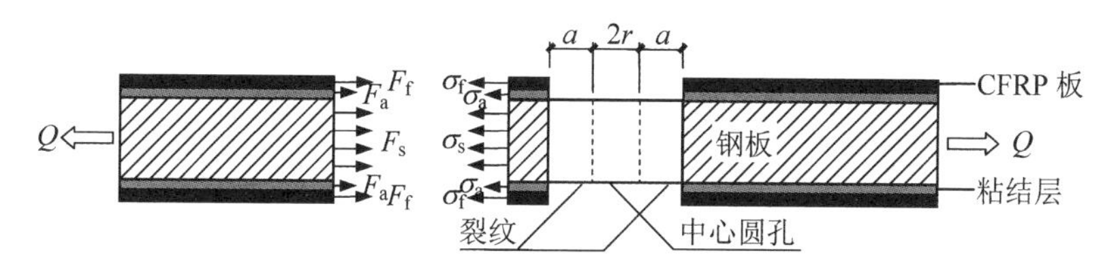

图 8-7　未补强钢板试件和补强钢板试件截面应力分析

将式(8-2)、式(8-4)至式(8-6)代入式(8-3)，可以得到式(8-8)。由前面的完全粘结假定，认为钢板、CFRP 板和粘结层应变相同，即式(8-9)，又由式(8-10)和式(8-11)，最后可以得到补强钢板内应变值如式(8-12)。

$$\sigma_0 b_p t_p = E_s \varepsilon_s b_s t_s + 2(E_f \varepsilon_f b_f t_f + E_a \varepsilon_a b_a t_a) \tag{8-8}$$

$$\varepsilon_s = \varepsilon_f = \varepsilon_a \tag{8-9}$$

$$t_p = t_s \tag{8-10}$$

$$b_f = b_a \tag{8-11}$$

$$\varepsilon_s = \frac{\sigma_0 b_p t_s}{E_s b_s t_s + 2b_f(E_f t_f + E_a t_a)} \tag{8-12}$$

在疲劳裂纹扩展分析中，一般采用整个截面上的平均应力进行计算，因此钢板截面平均应力可由式(8-13)和式(8-14)计算得到。

$$\sigma_s = E_s \varepsilon_s b_s / b_p \tag{8-13}$$

$$\sigma_s = \frac{E_s t_s}{E_s t_s + 2(b_f/b_s)(E_f t_f + E_a t_a)} \sigma_0 \tag{8-14}$$

将式(8－7)代入式(8－14)，得到钢板截面内平均应力

$$\sigma_s = \frac{E_s t_s}{E_s t_s + 2b_f/(b_p - 2r - 2a) \cdot (E_f t_f + E_a t_a)} \sigma_0 \tag{8-15}$$

基于式(8－15)，可以求解 CFRP 补强试件中钢板内应力。所有工况的相关计算参数列于表 8－4 中。

表 8－4　粘贴 CFRP 含缺陷钢板内应力相关计算参数

文　献	试　件	E_s (GPa)	t_s (mm)	E_f (GPa)	t_f (mm)	E_a (GPa)	t_a (mm)	b_f (mm)	b_p (mm)
论文试验	NA	200	10	177	1.57	1.901	实测	90	90
	ND	200	10	177	1.57	1.901	实测	2×25	90
	HD	200	10	477	1.46	1.901	实测	2×25	90
Liu 等[84]	DN3B250	200	10	240	0.176	1.901	实测	90	90
	DN5B250	200	10	240	0.176	1.901	实测	90	90
	DH3B250	200	10	640	0.190	1.901	实测	90	90
	DH5B100	200	10	640	0.190	1.901	实测	90	90
	DH5B250	200	10	640	0.190	1.901	实测	90	90
	DH5C250	200	10	640	0.190	1.901	实测	2×30	90
	DH5D250	200	10	640	0.190	1.901	实测	60	90
Wu 等[85]	Da	194	10	477	1.40	1.901	实测	2×45	90
	Db	194	10	477	1.40	1.901	实测	50	90
	Dc	194	10	477	1.40	1.901	实测	50	90
	Dd	194	10	477	1.40	1.901	实测	2×25	90
	De	194	10	477	1.40	1.901	实测	2×25	90

2. 几何修正系数 F_G

粘贴补强材料后，几何修正系数 F_G 随着中心圆孔附近应力场的改变而改变，具体可以采用文献 Albrecht & Yamada[191] 中的步骤来计算。

(1) 采用有限元方等各种方法建立和目标模型完全一致的数值模型,但不含裂纹。

(2) 计算无裂纹模型中对应于裂纹位置的实际应力。

(3) 在模型中插入指定长度的裂纹,采用式(8-16)根据步骤 b)中得到的应力结果计算 F_G值。

$$F_G = \frac{2}{\pi} \sum_{i=1}^{n} \frac{\sigma_{b_i}}{\sigma} \left(\arcsin \frac{b_{i+1}}{a} - \arcsin \frac{b_i}{a} \right) \tag{8-16}$$

式中,σ_b为步骤 b)中数值计算中得到的沿着裂纹位置的应力,如图 8-8 所示。

这里采用 ABAQUS 6.10,建立有限元模型,计算几何修正系数 F_G值。根据试验试件几何尺寸建立三维含中心缺陷钢板试件模型,考虑到模型形状和边界条件的对称性,仅建立 1/8 模型。一共分析计算了 28 个 CFRP 材料补强钢板模型。图 8-9 为一个典型的有限元模型(NA-2)。

模型 NA-2 沿着预期裂纹位置的最大主应力分布如图 8-10 所示,对应的几何修正系数 F_G值和裂纹半长 a 与圆孔半径 r 之比 a/r 的关系曲线绘于图 8-11 中。

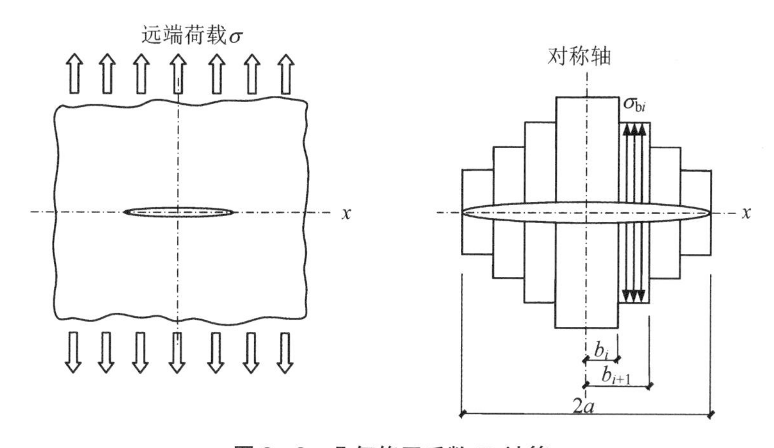

图 8-8　几何修正系数 F_G 计算

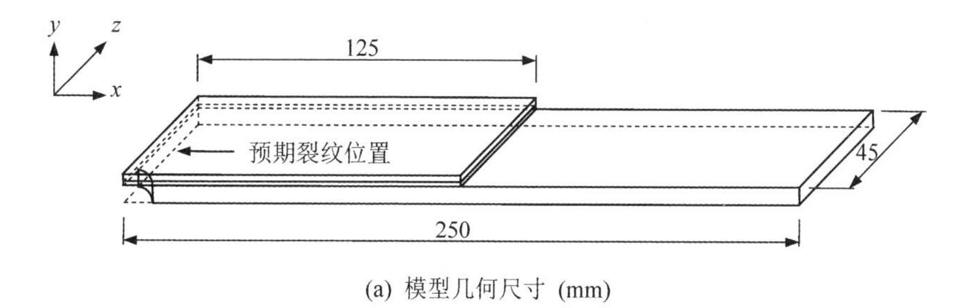

(a) 模型几何尺寸 (mm)

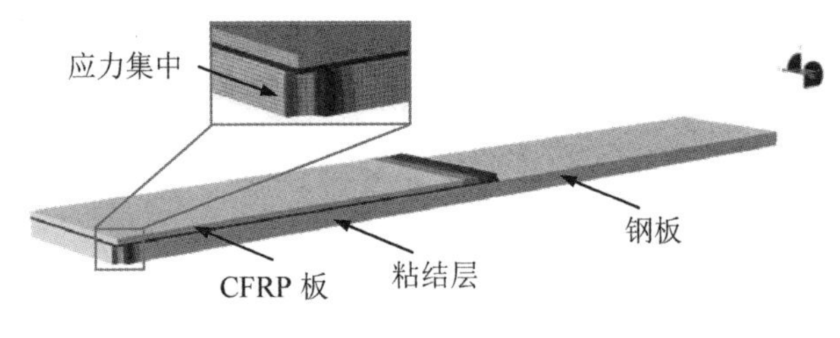

(b) 最大主应力分布

图 8-9　几何修正系数分析典型 1/8 补强钢板试件模型(NA-2)

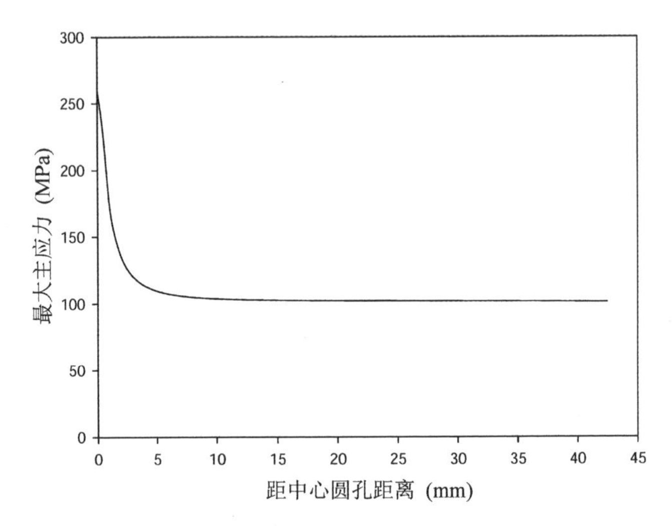

图 8-10　预期裂纹位置最大主应力分布(NA-2)

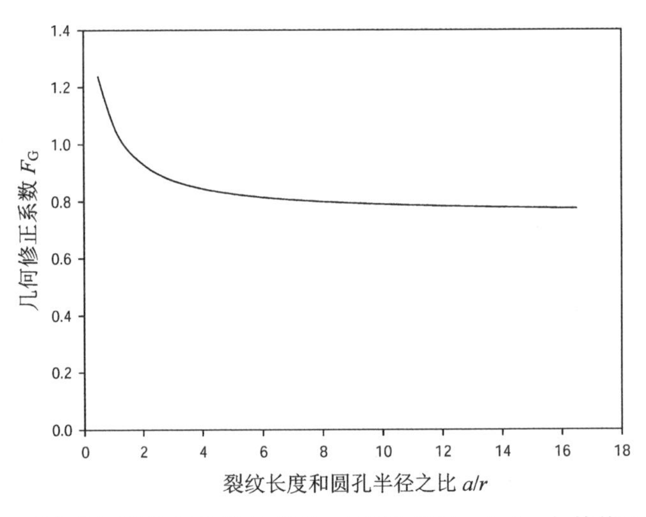

图 8-11　几何修正系数 F_G和裂纹半长 a 与圆孔半径 r 之比 a/r 的关系(NA-2)

8.3　未补强钢板试件裂纹尖端应力强度因子经典解验证

首先，利用未补强钢板试件裂纹尖端应力强度因子经典解来验证如图 8－6 所示的半钢板模型方法。对于含中心圆孔和预制裂纹的钢板试件，基于第 7 章中式(7－1)，可以采用两种模型来计算裂纹尖端的应力强度因子。第一种考虑到模型几何形状和边界条件的对称性，计算边缘含半圆孔和预制裂纹的半钢板模型，如图 8－6 所示。在这种情况下，F_E等于 1.0；F_S等于 1.12；分别采用文献 Albrecht & Yamada[191]中给出的 F_G值(a/r 处于 0～2 范围内)和上节中数值积分方法计算得到的 F_G值进行比较计算。第二种则将其考虑为整个钢板模型，中间含线裂纹，长度包括中心圆孔直径和预制裂纹。在这种情况下，认为裂纹为无不均匀张开应力的贯穿裂纹，F_E、F_S和 F_G均等于 1.0[137,140]。采用以上两种模型得到的应力强度因子比较于图 8－12 中。

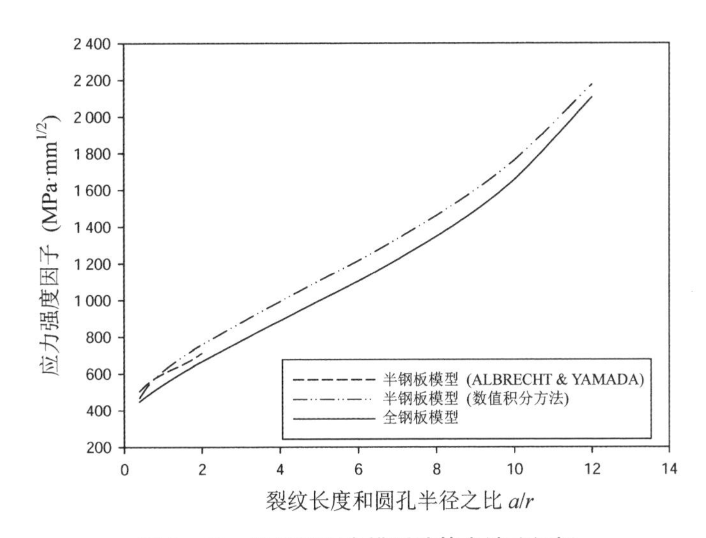

图 8－12　半模型和全模型计算含缺陷钢板应力强度因子的比较

从图 8－12 可以看到，采用两种模型计算得到的裂纹尖端应力强度因子非常接近，而且采用半钢板模型得到的结果比全钢板模型略大，也就是在疲劳性能评估上略微保守。同时，采用文献 Albrecht & Yamada[191]中的 F_G值和数值积

分方法得到的 F_G值计算得到的应力强度因子结果具有一致性，也验证了这里采用有限元方法计算几何修正系数 F_G值的可靠性。

8.4 CFRP 补强钢板试件裂纹尖端应力强度因子解法试验结果验证

8.4.1 计算试验结果对应的应力强度因子值

根据疲劳试验过程中得到疲劳裂纹扩展 $N-a$ 曲线，可以采用 ASTM E647-11e1(2011)中的割线法来计算试验结果对应的应力强度因子值[199]。式(8-17)描述了在裂纹步长 $(a_{i+1}-a_i)$ 范围内的裂纹扩展平均速率，因此对应于裂纹平均长度 $\bar{a}=(a_{i+1}+a_i)/2$ 的应力强度因子 ΔK 可以用式(8-18)表达。式(8-18)中的材料常数 C 和 m 采用日本钢结构协会(Japanese Society of Steel Construction)推荐的值[148]。对于 CFRP 材料覆盖或靠近初始裂纹的试件模型，即 NA 试件、文献 Liu 等[84]中的所有试件和文献 Wu 等[85]中的试件 Db、Dc、De，选取 Mean Curve，C 和 m 分别为 1.12×10^{-12} 和 2.75($\mathrm{d}a/\mathrm{d}N$ 单位为 mm/cycle，ΔK 单位为 $\mathrm{MPa\cdot mm^{1/2}}$)。对于 CFRP 材料远离初始裂纹的试件模型，即 ND 试件，HD 试件和文献 Wu 等[85]中的试件 De，选取 Conservative Cureve，C 和 m 分别为 2.02×10^{-12} 和 2.75($\mathrm{d}a/\mathrm{d}N$ 单位为 mm/cycle，ΔK 单位为 $\mathrm{MPa\cdot mm^{1/2}}$)。这里对不同的试件模型采用不同的材料常数的原因和第 7.2 节边界元分析中类似。之所以和第 7 章的参数不同，是由于选择了不同的疲劳裂纹扩展模型导致的。根据试验数据一共得到 183 个应力强度因子值。

$$(\mathrm{d}a/\mathrm{d}N)_{\bar{a}}=(a_{i+1}-a_i)/(N_{i+1}-N_i) \tag{8-17}$$

$$(\Delta K)_{\bar{a}}=\left\{\frac{1}{C}\left(\frac{\mathrm{d}a}{\mathrm{d}N}\right)_{\bar{a}}\right\}^{1/m} \tag{8-18}$$

8.4.2 计算结果和试验结果比较

将所有数据代入第 7 章中式(7-1)，即可以计算得到对应的应力强度因子值，结果和试验结果的比较如图 8-13 至图 8-17 所示。计算结果和试验结果应力强度因子比值的平均值和变异系数如表 8-5 所列。从中发现，该方法能够有效预测 CFRP 材料补强的含中心缺陷钢板裂纹尖端应力强度因子，结果具有合理的精确度。图8-13至图8-17和表8-5表明理论预测得到的结果大多略高于比试验数据,也就是这种分析方法在评估CFRP材料补强含中心缺陷钢板试件的疲劳性能上偏于保守,具有工程实际意义。

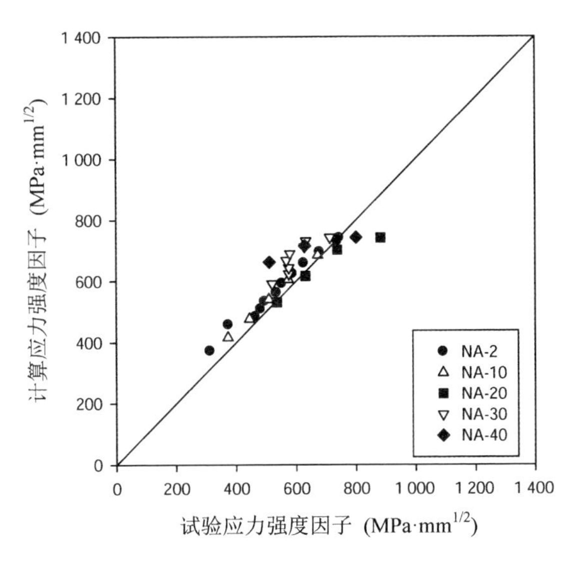

图8-13 NA试件应力强度因子计算结果和试验结果的比较

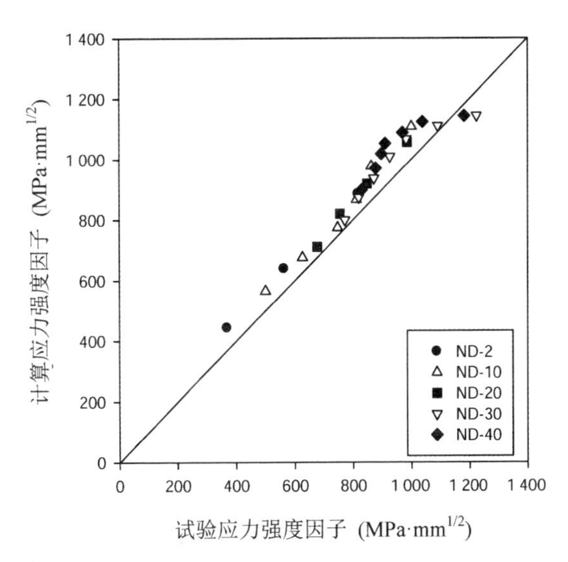

图8-14 ND试件应力强度因子计算结果和试验结果的比较

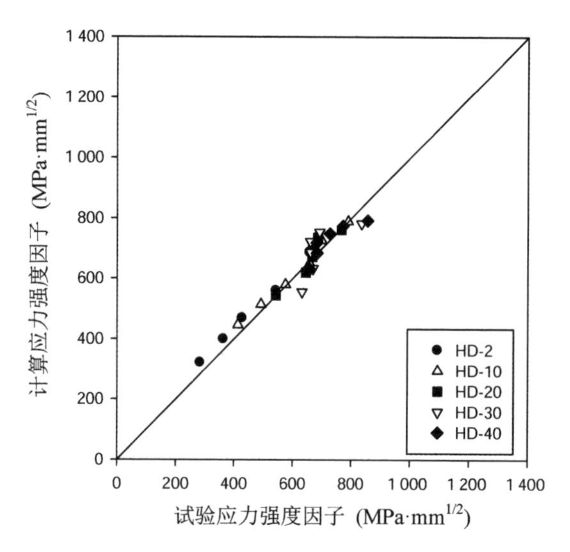

图 8-15 HD 试件应力强度因子计算结果和试验结果的比较

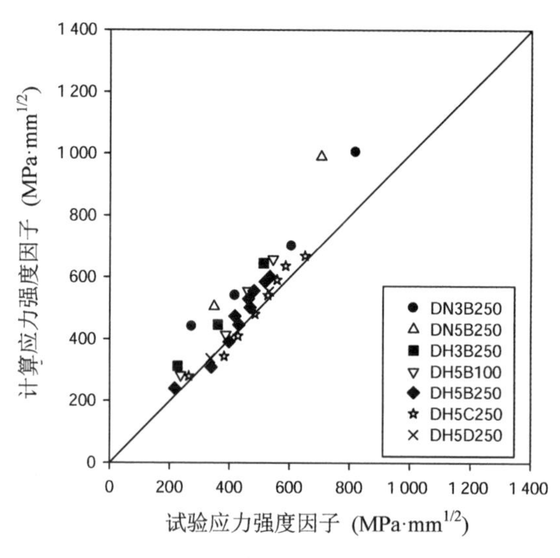

图 8-16 文献 Liu 等[84]中试件应力强度因子计算结果和试验结果的比较

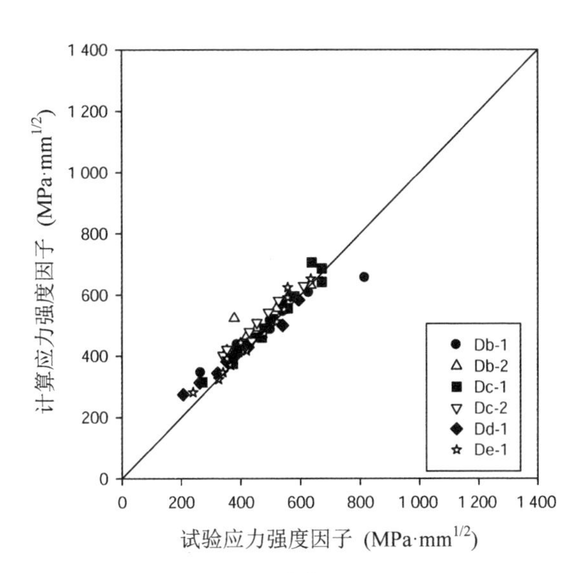

图 8-17　文献 Wu 等[85]中试件应力强度因子计算结果和试验结果的比较

表 8-5　应力强度因子计算结果和试验结果比值的平均值和变异系数

文　献	试　件	平均值	变异系数
论文试验	NA-2	1.07	0.064
	NA-10	1.06	0.032
	NA-20	0.94	0.072
	NA-30	1.13	0.043
	NA-40	1.12	0.164
	ND-2	1.14	0.052
	ND-10	1.09	0.034
	ND-20	1.07	0.015
	ND-30	1.04	0.052
	ND-40	1.09	0.056
	HD-2	1.08	0.039
	HD-10	1.03	0.034
	HD-20	1.04	0.041
	HD-30	1.05	0.070
	HD-40	1.05	0.069

续 表

文　献	试　件	平均值	变异系数
Liu 等[84]	DN3B250	1.32	0.152
	DN5B250	1.43	0.022
	DH3B250	1.29	0.062
	DH5B100	1.14	0.060
	DH5B250	1.08	0.075
	DH5C250	1.01	0.061
	DH5D250	1.02	0.026
Wu 等[85]	Db-1	1.03	0.118
	Db-2	1.12	0.099
	Dc-1	1.03	0.052
	Dc-2	1.11	0.052
	Dd-1	1.08	0.127
	De-1	1.05	0.059

表 8-5 指出，该方法计算得到的试件 NA-20 的应力强度因子值略小于试验结果。和前面类似，这主要是由于不同的试件破坏模式引起的。对于试件 NA-20，试验中疲劳裂纹扩展速率比预计的快，因此对应的应力强度因子也较大。同时从表 8-5 中发现，试件 DN3B250、DN5B250 和 DH3B250 的预测结果高于试验数据大约 30%，误差相较于其他试件结果偏大。产生这种现象的原因，主要是这些试件对应的 $N-a$ 曲线上数据点较少，可能造成应力强度因子计算的误差。除此之外，从图 8-13 至图 8-17 中可以观察到，当应力强度因子值较大(接近试件破坏)时，这种分析方法有低估试验应力强度因子值的趋势。分析认为这种现象主要是由于钢板内的应力计算误差产生的。当裂纹长度达到较大值，试件接近断裂时，采用式(8-15)计算得到的钢板内应力将会下降到很低的水平。式(8-15)是基于粘结性能良好，钢板、粘结层和复合材料荷载传递有效的前提下推到的，但事实上，在试验过程中疲劳裂纹扩展后期，观察到 CFRP 材料开裂、裂纹尖端局部粘结失效等现象，因此采用式(8-15)计算得到的钢板内应力可能小于试验过程中的实际钢板内应力。但在疲劳寿命后期，裂纹扩展速率很快，因此对应的疲劳寿命仅占总体疲劳寿命中很小一部分，对试件总体疲劳性能评估影响可以忽略不计。

8.5　应力强度因子参数分析

上面的比较分析表明，这种计算方法能够有效预测 CFRP 材料补强的含中心缺陷钢板试件裂纹尖端应力强度因子值。因此采用这种方法对应力强度因子值的重要影响因素作进一步研究，包括 CFRP 材料弹性模量、补强率和粘结长度。同时和第 7 章中采用边界元方法进行参数分析的结果相比较，验证这种方法的可靠性。为了简化起见，参数分析以第 6 章中图 6 - 13(b)中的 CFRP 板双面补强，粘贴方式为 A 的试件为基础模型。认为其他类型试件的参数分析趋势和此类似。CFRP 板的材料力学性能参照产品生产商提供的名义数据，定义粘结层厚度为常数 0.5 mm。模型中所有相关部件材料力学性能参数列于表 8 - 6 中。

表 8 - 6　参数分析中材料力学性能

材料性能	钢板	结构粘胶[157]	普通弹性模量 CFRP 板	高弹性模量 CFRP 板
弹性模量(GPa)	200	1.901	210	460
泊松比	0.3	0.36	0.3	0.3
厚度(mm)	10	0.5	1.4	1.2

8.5.1　CFRP 板弹性模量影响

这里一共计算了 6 种不同弹性模量的 CFRP 板对应模型的裂纹尖端应力强度因子值，分别为 150 GPa、200 GPa、300 GPa、400 GPa、500 GPa 和 600 GPa。CFRP 板厚度设定为普通弹性模量 CFRP 板厚度(1.4 mm)。应力强度因子值和 CFRP 板弹性模量的关系曲线如图 8 - 18 所示，同时考虑了 6 种不同的裂纹长度。这里，裂纹半长“a”和钢板半宽“W”定义和图 8 - 6 中一致。图中对应于 CFRP 弹性模量为 0 GPa 的结果为未补强钢板试件裂纹尖端应力强度因子值。从图中观察到采用高弹性模量 CFRP 板补强的试件模型应力强度因子值较小，趋势和第 7 章中一致。补强试件裂纹尖端应力强度因子 K_{CFRP}和未补强试件裂纹尖端应力强度因子 K_{plate}比值关于 CFRP 板弹性模量变化曲线绘于图 8 - 19 中。当裂纹长度为钢板宽度的 10%时，和未补强钢板试件相比，当采

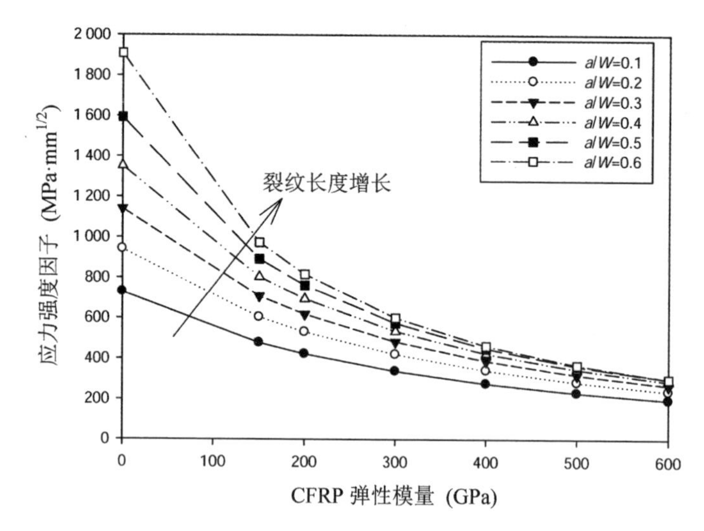

图 8-18　CFRP 弹性模量对应力强度因子的影响

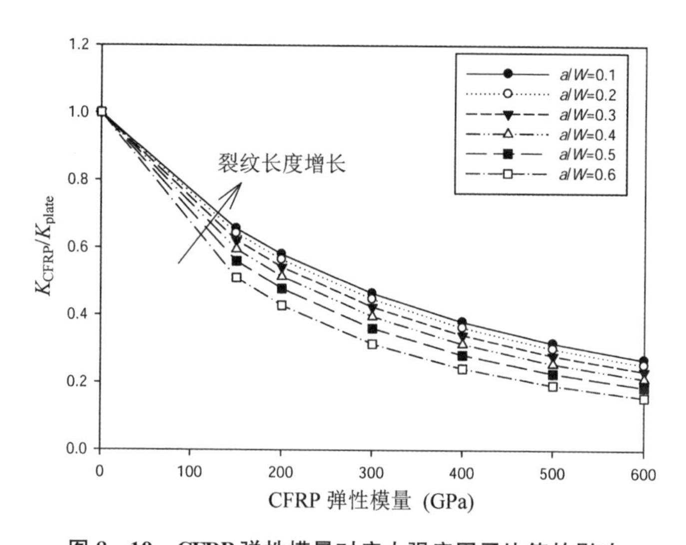

图 8-19　CFRP 弹性模量对应力强度因子比值的影响

用 150 GPa 弹性模量 CFRP 板补强和 600 GPa 弹性模量 CFRP 板补强后，应力强度因子值分别下降了 34.5%和 73.1%。随着裂纹长度进一步增长，补强后应力强度因子降低更加明显。这是由两方面的原因造成的，首先从式(8-15)中可以看到，提高 CFRP 材料弹性模量能够降低钢板应力场。其次，从计算结果中发现，几何修正系数 F_G同时也随着 CFRP 弹性模量的增加而降低，如图 8-20 所示，从而进一步降低了应力强度因子值。因此，可以得出结论，提高补强材料的弹性模量，不仅有助于分担远端荷载，降低钢板应力场，同

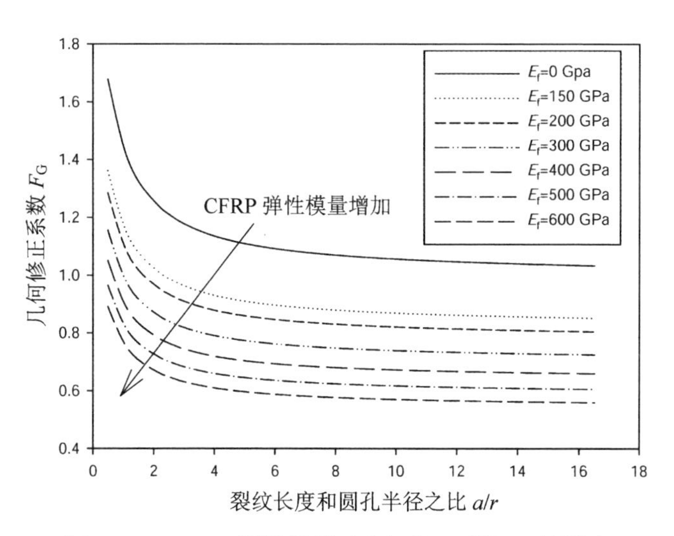

图 8-20 CFRP 弹性模量对几何修正系数 F_G 的影响

时能够改善裂纹表面张开应力不均匀程度，最终降低裂纹尖端应力强度因子值，显著提高补强效率。

8.5.2 CFRP 补强率影响

一共计算了 6 种不同补强率模型的裂纹尖端应力强度因子值，补强率 S 分别为 0，0.06，0.12，0.19，0.25 和 0.28（对应于六种不同的 CFRP 板宽度 0，20 mm，40 mm，60 mm，80 mm 和 90 mm），同时考虑了普通弹性模量和高弹性模量 CFRP 板补强体系，具体结果如图 8-21 至图 8-23 所示。从图 8-22(a)中发现，补强率的增加能够有效提高补强效果，整体趋势和第 7 章中一致。当裂纹长度扩展至钢板宽度的 60%时，普通弹性模量 CFRP 补强钢板模型应力强度因子比值 K_{CFRP}/K_{plate}，随着补强率 S 从 0.06 增加到 0.28，从 0.79 降低到 0.41。而对于高弹性模量 CFRP 板补强钢板模型，对应的比值为 0.65 和 0.25。从图 8-22(b)中的曲线斜率也可以看出应力强度因子随着补强率的增加而变化的程度在高弹性模量 CFRP 板补强体系中更为明显。从以上分析中可以明确得出，CFRP 补强率对普通弹性模量 CFRP 板补强和高弹性模量 CFRP 板补强钢板模型均有显著影响。和采用不同弹性模量 CFRP 板补强的情况类似，补强率对应力强度因子的影响主要包括两个方面：分别为钢板应力和几何修正系数 F_G。不同补强率模型中几何修正系数 F_G 曲线比较如图 8-23 所示。

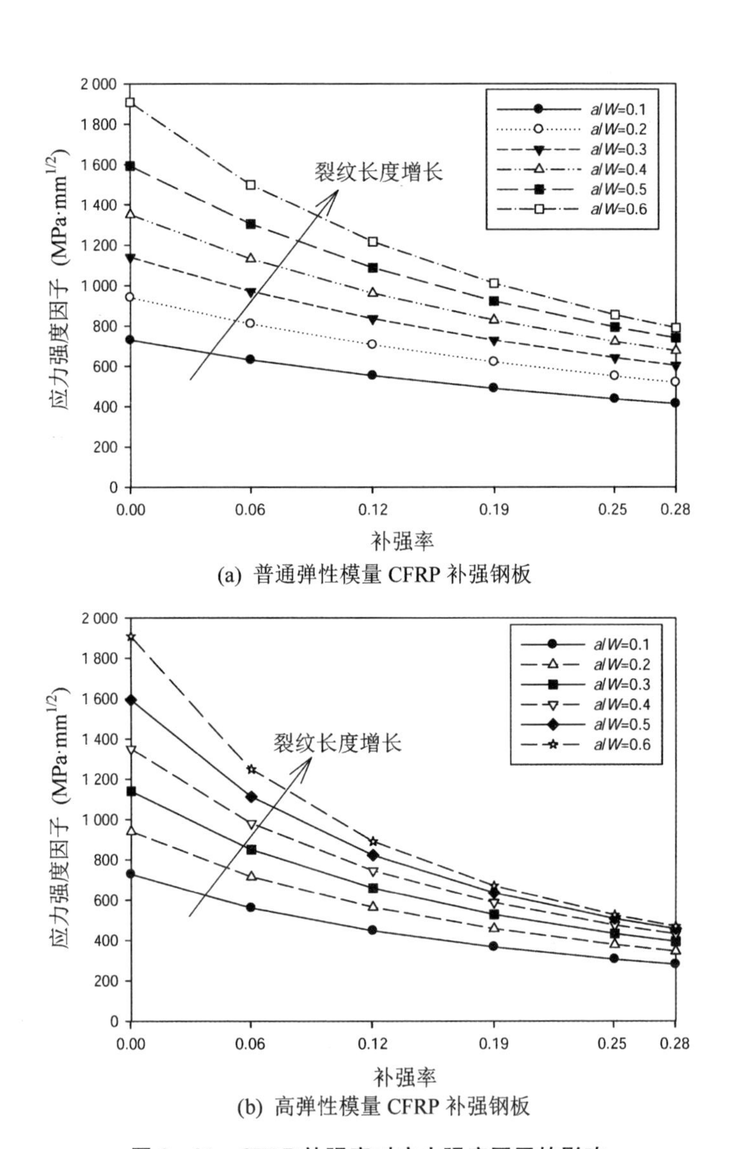

(a) 普通弹性模量 CFRP 补强钢板

(b) 高弹性模量 CFRP 补强钢板

图 8-21 CFRP 补强率对应力强度因子的影响

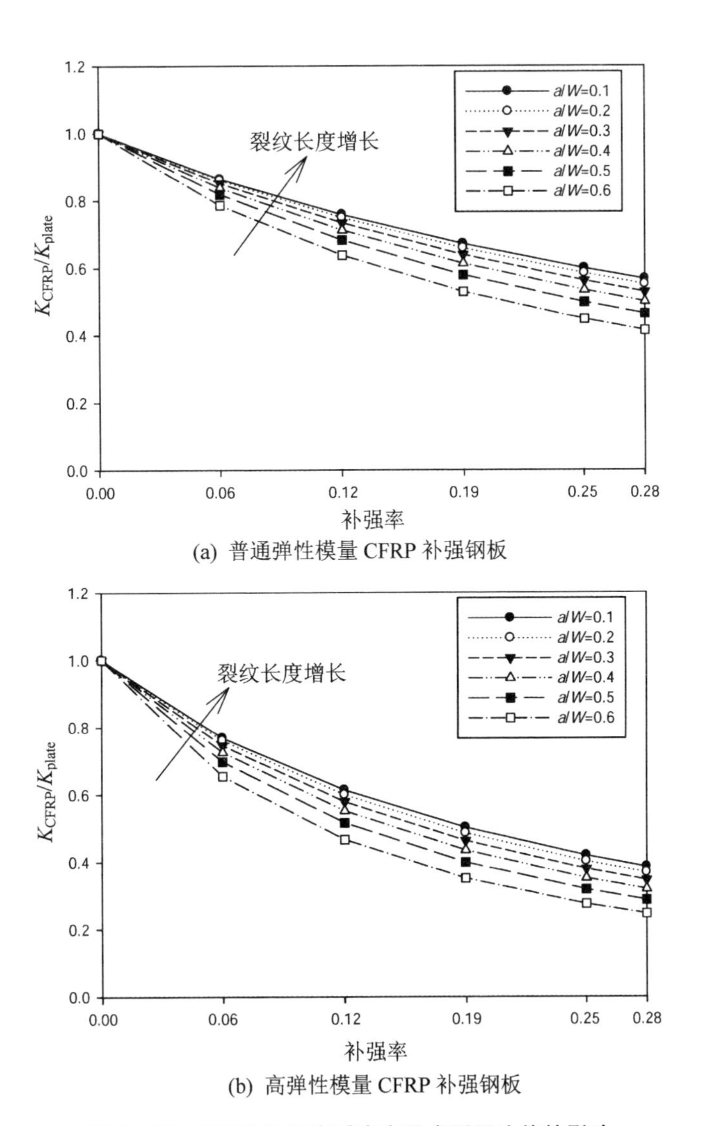

(a) 普通弹性模量 CFRP 补强钢板

(b) 高弹性模量 CFRP 补强钢板

图 8-22 CFRP 补强率对应力强度因子比值的影响

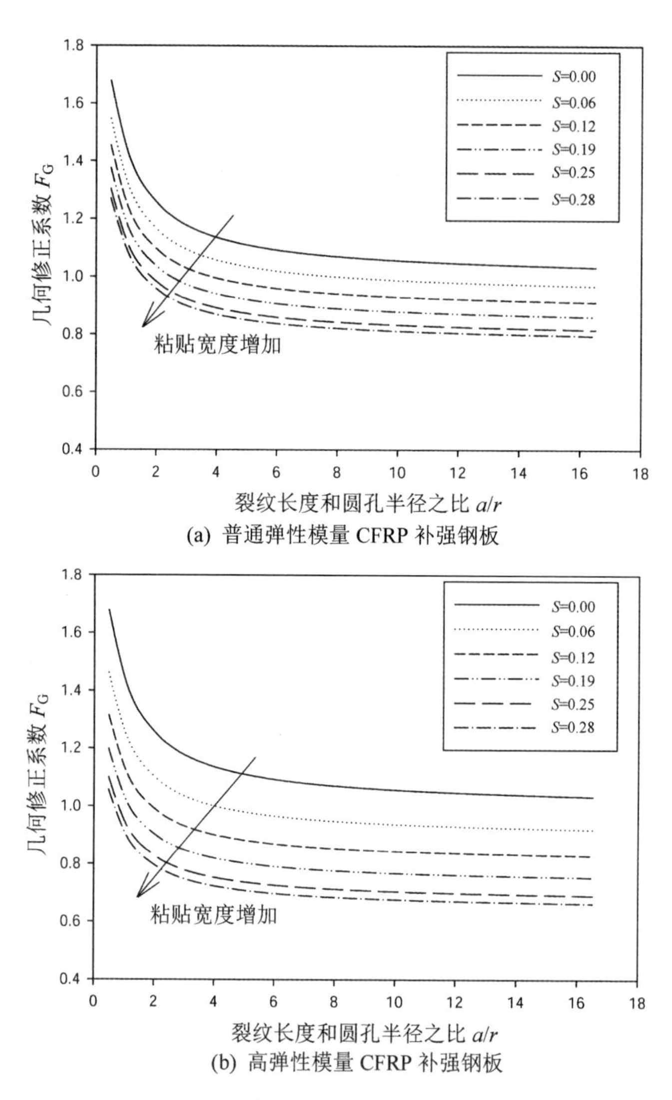

(a) 普通弹性模量 CFRP 补强钢板

(b) 高弹性模量 CFRP 补强钢板

图 8－23　CFRP 补强率对几何修正系数 F_G 的影响

8.5.3　CFRP 粘结长度影响

图 8－24 和图 8－25 描述了普通弹性模量 CFRP 板和高弹性模量 CFRP 板补强钢板模型中的应力强度因子和粘结长度的关系。如图所示，随着粘结长度的增加，应力强度因子开始下降。但当粘结长度超过到一定大小后，应力强度因子值基本保持常数不变。对于普通弹性模量 CFRP 板补强钢板模型，这个值大约为 55 mm，而对高弹性模量 CFRP 板补强钢板模型，这个值大约为

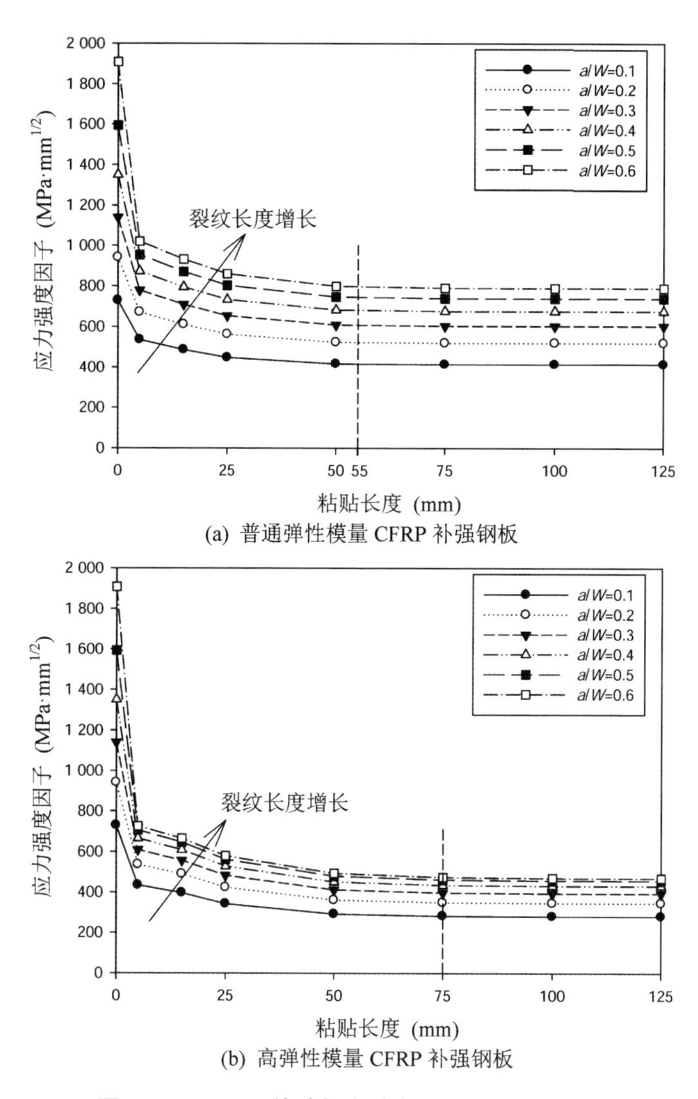

(a) 普通弹性模量 CFRP 补强钢板

(b) 高弹性模量 CFRP 补强钢板

图 8－24　CFRP 粘贴长度对应力强度因子的影响

75 mm。注意到，这里得出的有效粘结长度数值和第7章中边界元分析中的结果一致，也验证了这种方法的可靠性。和复合材料弹性模量和补强率对应力强度因子的影响不同，从式(8-15)中可以看到，粘结长度对钢板应力场并无影响，而仅影响几何修正系数F_G，如图8-26所示。可以看到，当粘结长度达到一定值后，F_G值曲线非常靠近，表明进一步增加粘结长度已对应力强度因子影响不大。

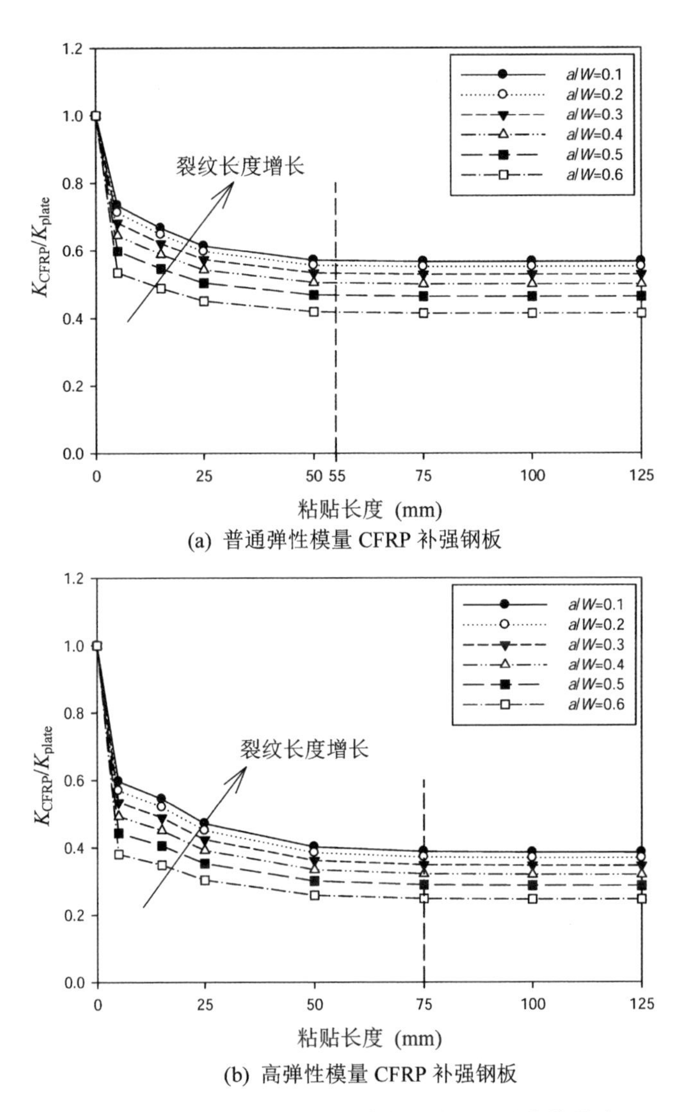

图8-25 CFRP粘贴长度对应力强度因子比值的影响

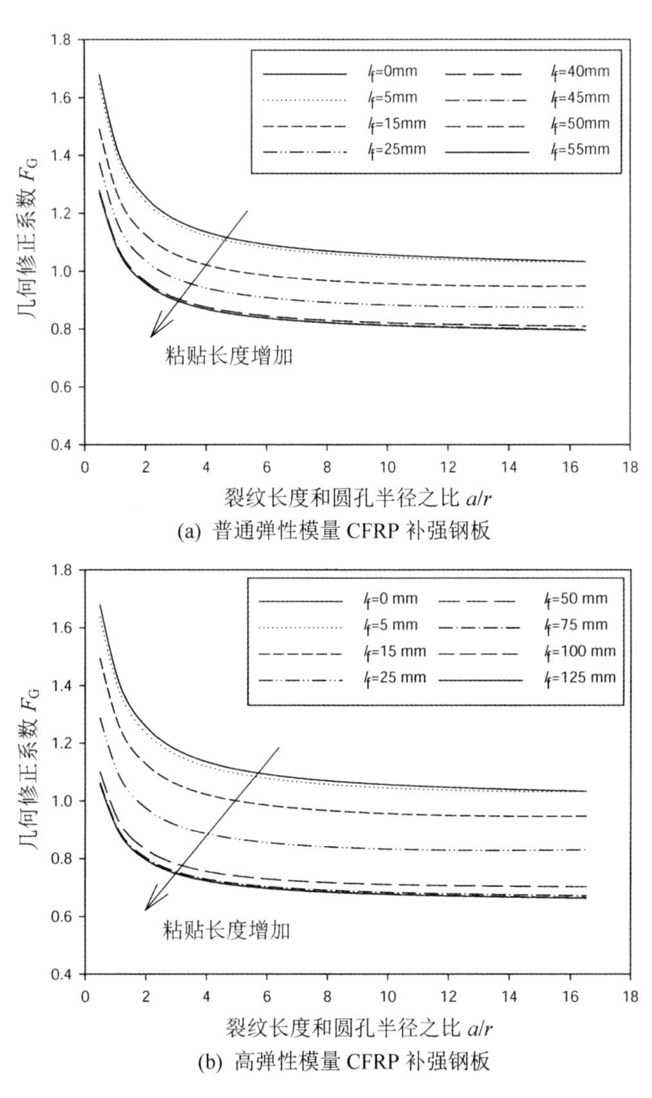

(a) 普通弹性模量 CFRP 补强钢板

(b) 高弹性模量 CFRP 补强钢板

图 8－26　CFRP 粘贴长度对几何修正系数 F_G 的影响

8.6　本 章 小 结

本章采用线弹性断裂力学理论提出 CFRP 材料补强的含中心缺陷钢板裂纹尖端应力强度因子值求解方法。基于未补强钢板试件裂纹尖端应力强度因子经典解，考虑了粘贴复合材料补强后钢板应力降低和表征裂纹表面张开应力不均匀程度的几何修正系数 F_G的改变。采用本书进行的钢板疲劳试验结果和其他文献中类似试验结果，验证这种方法的可靠性。试验数据包括试件初始损伤程度、补强材料力学性能及补强材料粘贴方式等多种因素。计算结果表明，通过这种分析方法得到的应力强度因子和试验结果吻合良好，结果偏于保守，即这种方法能够有效预测 CFRP 材料补强的含中心缺陷钢板裂纹尖端应力强度因子。在此基础上，采用这种方法对应力强度因子的重要影响因素包括 CFRP 弹性模量、补强率和粘贴长度进行参数分析。比较结果表明，可以通过提高补强材料弹性模量，增加补强率及选取合适的粘贴长度，来降低裂纹尖端应力强度因子，提高补强效率，且参数分析结果和第 7 章采用边界元方法得出的结论一致。CFRP 弹性模量和补强率同时影响钢板试件应力场和几何修正系数 F_G，而粘贴长度仅影响几何修正系数 F_G。

第9章 结论和展望

本书围绕 CFRP 材料补强的非承重十字形焊接接头、平面外纵向焊接接头和含人工缺陷钢板试件，采用试验研究、数值模拟和理论分析手段展开研究，基于目前的数据结果，得到以下结论：

（1）对 5 个非承重十字形焊接接头进行疲劳试验，试验结果表明，粘贴 CFRP 布补强后，试件疲劳强度提高 16.2%～29.1%。采用数值分析的方法对试件焊趾处应力集中系数和裂纹尖端应力强度因子做进一步参数分析，表明焊趾半径和补强率是影响补强试件疲劳性能的重要参数。但考虑到疲劳裂纹通常从焊趾处萌发，且采用 CFRP 材料补强此类焊接接头存在内折角的构造缺陷，因此补强体系易于提前发生粘结失效，不能很好地发挥 CFRP 材料的力学性能，补强效果较为有限。

（2）对 21 个平面外纵向焊接接头试件进行疲劳试验，疲劳裂纹从焊趾处萌发，不断向试件宽度方向和厚度方向扩展，继而发生试件断裂。原状焊接接头疲劳性能离散性较大，粘贴 CFRP 材料补强试件疲劳寿命最多延长至 135%。

（3）数值分析表明，焊趾半径是影响平面外纵向焊接接头疲劳性能的重要影响参数。粘贴 CFRP 材料能够明显减缓焊接接头焊趾处和钢板缺陷处应力集中程度，减小裂纹尖端应力强度因子，从而提高疲劳性能。增加补强率或采用高弹性模量补强材料能够提高补强效果。

（4）为了剔除焊缝缺陷和焊趾几何参数离散性对疲劳试验的影响，采用边界元方法分析 CFRP 补强含人工缺陷的平面外纵向焊接接头疲劳性能。结果表明，CFRP 粘贴补强能够有效提高这类焊接接头疲劳性能，双面粘贴 CFRP 板补强更为有效。相比无焊接钢板试件，补强效率在单面粘贴 CFRP 焊接接头试件中明显下降，而双面粘贴 CFRP 焊接接头试件则相差无几。除此之外，复合材料粘贴位置对试件疲劳性能的影响也在双面补强情况中更为明显。若采用双面粘贴方式补强，高弹性模量 CFRP 板能够有效提高补强效率。而对于单面粘贴试件，提高 CFRP 弹性模量对试件疲劳寿命影响不大。进而比较规范中关于此类焊接接头强度分类曲线结果和边界元计算数据，认为若只考虑试件疲劳寿命而不关注裂纹形态的不同，可以用初始损伤程度为 2.22%（贯穿线裂纹）表征此类平面外纵向焊接接头焊缝中的初始损伤。

（5）为了进一步调查缺陷对 CFRP 补强试件疲劳性能的影响，尤其是不同程度的初始损伤对补强效率的影响，采用含不同长度线裂纹钢板试件进行疲劳加载。试验结果表明，不论试件初始损伤程度大小，采用 CFRP 补强均能够有效延长试件残余疲劳寿命（1.8～29.4 倍），但考虑到整体疲劳寿命，仍建议尽早采取补强措施。尽量靠近初始缺陷粘贴或采用高弹性模量 CFRP 材料，均能够有效提高补强效率。沙滩纹加载方式和裂纹扩展片均能够有效记录试验过程中裂纹随疲劳荷载扩展情况。

（6）边界元方法能够有效预测 CFRP 补强的含不同程度初始损伤钢板疲劳寿命和疲劳裂纹扩展。初始损伤程度对试件疲劳寿命有重要影响，而补强试件中，一定裂纹长度对应的裂纹尖端应力强度因子和补强措施施加时疲劳裂纹扩展阶段无关。裂纹尖端应力强度因子参数分析结果表明，CFRP 补强体系中存在一个临界粘结长度，且高弹性模量 CFRP 材料补强体系中该粘结长度较大。随着 CFRP 板补强率的增加，裂纹尖端应力强度因子值持续下降。提高补强材料弹性模量能够有效提高补强效率。但须注意，当粘结层剪切模量超过 350 MPa 时，进一步提高其力学性能带来的应力强度因子降低速率将明显下降。

（7）基于线弹性断裂力学，提出 CFRP 钢板试件裂纹尖端应力强度因子计算方法。在未补强钢板试件裂纹尖端应力强度因子经典解基础上，主要考虑了补强体系中钢板应力场变化和裂纹不均匀张开应力修正系数变化。通过大量试验结果对比，表明这种方法能够偏于保守地预测 CFRP 补强的含缺陷钢板裂纹尖端应力强度因子值，结果合理准确。采用该方法对补强体系中 CFRP 弹性模量、补强率和粘结长度进行参数分析，计算结果和第 7 章采用边界元方法得出的结论一致。CFRP 弹性模量和补强率同时影响钢板试件应力场和几何修正系数 F_G，而粘贴长度仅影响几何修正系数 F_G。

CFRP 材料补强是近年来新兴的一种结构修缮维护方式，在改善钢结构疲劳性能方面的研究应用尚处在起步阶段。论文的研究围绕 CFRP 材料应用于两种不同形式的焊接接头，同时关注了不同程度的初始损伤，拓展了 CFRP 补强钢构件疲劳性能方面的认知，对这种补强方法提出了一些建议，但是尚有许多有待完善之处：

(1) 焊接接头疲劳试验结果离散，未能很好地体现补强效果；钢板试件虽有考虑不同程度初始缺陷，但毕竟是通过机械切割引入理想的预制缺陷，和实际情况不尽相同。需要进行更多的焊接接头补强试验以得出系统的结果，建议采取一定措施以最大限度地降低焊趾几何参数离散性对试验的影响。同时可以针对实际工程中焊接接头的缺陷、表征参数及钢板缺陷的几何形态、表征参数进行调查，统计分析，为研究成果的推广应用奠定基础。

(2) 本研究主要关注缺陷或疲劳损伤在 CFRP 补强钢构件系统中的影响。建议未来进行更多的疲劳试验及分析，对焊接引入的不利影响做出系统的研究，如热影响区和残余应力等。

(3) 文中钢板裂纹尖端应力强度因子计算基于未补强试件裂纹尖端应力强度因子经典解，考虑补强后钢板应力场变化和由此带来的裂纹不均匀张开程度修正系数变化。几何修正系数 F_G的计算基于未开裂模型，因此未能考虑裂纹尖端应力应变场高度集中引起的局部粘结失效对应力强度因子的影响。在后期研究分析中，可以进一步引入关于局部粘结失效影响的修正系数。考虑到 CFRP-钢板之间的双材料界面呈应力振荡，应力强度因子不能对这种双材料界面进行有效表征，可以尝试采用基于能量法的能量释放率来表征双材料界面特性，研究界面裂纹扩展的情况。

(4) 书中采用贯穿裂纹来模拟焊接接头中的初始缺陷，后续研究中可以进一步采用精细化的平面裂纹模型，考察 CFRP 补强焊接接头疲劳裂纹扩展情况和疲劳寿命。结合展望(1)中对应的试验结果，增强对试验数据和数值方法的预测比较的内容，进一步发展有试验验证的数值分析方法。

(5) 目前有关焊接接头补强分析中应力强度因子的计算大多仍依赖于试验研究或数值分析，可以尝试采用类似补强钢板试件的方法，求解 CFRP 补强焊接接头试件裂纹尖端应力强度因子。

参考文献

[1] Cadei J M C, Stratford T J, Hollaway L C, et al. Strengthening metallic structures using externally bonded fibre-reinforced composites [R]. London: Construction Industry Research & Information Association (CIRIA), 2004.

[2] Tavakkolizadeh M, Saadatmanesh H. Fatigue strength of steel girders strengthened with carbon fiber-reinforced polymer patch [J]. Journal of Structural Engineering, 2003, 129(2): 186 - 196.

[3] National Emergency Management Agency (NEMA). Disaster Reports-Collapse of Seongsu Bridge [EB/OL]. http://www.nema.go.kr/eng/m4_seongsu.jsp.

[4] Fisher J W, Kaufmann E J, Wright W, et al. Hoan bridge forensic investigation failure analysis final report [R]. Madison: Wisconsin Department of Transportation and the Federal Highway Administration, 2001.

[5] 彭福明,郝际平,岳清瑞,等.碳纤维增强复合材料(CFRP)加固修复损伤钢结构[J].工业建筑,2003,33(9): 7 - 10.

[6] 国家自然科学基金委员会工程与材料科学部.建筑、环境与土木工程 II(土木工程卷)[M].北京:科学出版社,2006.

[7] Alsayed S H, Al-salloum Y A, Almusallam T H. Fibre-reinforced polymer repair materials-some facts [C]//Proceedings of ICE-Civil Engineering, 2000, 138: 131 - 134.

[8] Baker A A, Jones R. Bonded repair of aircraft structures [M]. Dordrecht: Martinus-Nijhoff Publishers, 1988.

[9] Baker A. Bonded composite repair of fatigue-cracked primary aircraft structure [J]. Composite Structures, 1999, 47(1 - 4): 431 - 443.

[10] Wang Q Y, Pidaparti R M. Static characteristics and fatigue behavior of composite-repaired aluminum plates [J]. Composite Structures, 2002, 56(2): 151 - 155.

[11] Baker A A. Repair of cracked or defective metallic aircraft components with advanced fibre composite — an overview of Australian work [J]. Composite Structures, 1984,

2(2): 153 - 181.

[12] Seo D C, Lee J J. Fatigue crack growth behavior of cracked aluminum plate repaired with composite patch [J]. Composite Structures, 2002, 57(1 - 4): 323 - 330.

[13] Okafor A C, Singh N, Enemuoh U E, et al. Design, analysis and performance of adhesively bonded composite patch repair of cracked aluminum aircraft panels [J]. Composite Structures, 2005, 71(2): 258 - 270.

[14] Umamaheswar T V R S, Singh R. Modelling of a patch repair to a thin cracked sheet [J]. Engineering Fracture Mechanics, 1999, 62(2 - 3): 267 - 289.

[15] Kaddouri K, Ouinas D, Bachir Bouiadjra B. FE analysis of the behaviour of octagonal bonded composite repair in aircraft structures [J]. Computational Materials Science, 2008, 43(4): 1 109 - 1 111.

[16] Rarthlomeusz R A, Paul J J, Roberts J D. Application of bonded composite repair technology to civil aircraft-B747 demonstration programme [J]. Aircraft Engineering and Aerospace Technology, 1993, 65(4): 4 - 7.

[17] Baker A A. Repair efficiency in fatigue-cracked aluminum components reinforced with boron/epoxy patches [J]. Fatigue & Fracture of Engineering Materials & Structures, 1993, 16(7): 753 - 765.

[18] Bakis C E, Bank L C, Brown V L, et al. Fiber-reinforced polymer composites for construction-state-of-the-art review [J]. Journal of Composites for Construction, 2002, 6(2): 73 - 87.

[19] Neale K W. FRPs for structural rehabilitation: a survey of recent progress [J]. Progress in Structural Engineering and Materials, 2000, 2(2): 133 - 138.

[20] Meier U. Carbon fiber-reinforced polymers: Modern materials in bridge engineering [J]. Structural Engineering International, 1992, 2(1): 7 - 12.

[21] Gosbell T, Meggs R. West gate bridge approach spans FRP strengthening Melbourne [C]//IABSE 2002: proceedings of IABSE Symposium, Melbourne 2002: Towards a Better Built Environment-Innovation, Sustainability, Information Technology. Melbourne, Australia, September 11 - 13, 2002.

[22] Sen R, Liby L, Mullins G. Strengthening steel bridge section using CFRP laminates [J]. Composites Part B: Engineering, 2001, 32(4): 309 - 322.

[23] Fam A, Witt S, Rizkalla S. Repair of damaged aluminum truss joints of highway overhead sign structures using FRP [J]. Construction and Building Materials, 2006, 20(10): 948 - 956.

[24] Nadauld J D, Pantelides C P. Rehabilitation of cracked aluminum connections with GFRP composites for fatigue stresses [J]. Journal of Composites for Construction,

2007, 11(3): 328 - 335.

[25] Moy S S J. FRP composites: life extension and strengthening of metallic structures: ICE design and practice guide [M]. London: Thomas Telford Ltd, 2001.

[26] 卢亦焱,黄银燊,张号军,等. FRP 加固技术研究新进展[J]. 中国铁道科学,2006, 27(3): 34 - 42.

[27] Teng J G, Chen J F, Smith S T, et al. FRP strengthened RC structures [M]. Hoboken: John Wiley & Sons, 2001.

[28] Rizkalla S, Hassan T, Hassan N. Design recommendations for the use of FRP for reinforcement and strengthening of concrete structures [J]. Progress in Structural Engineering and Materials, 2003, 5(1): 16 - 28.

[29] Masoud S, Soudki K, Topper T. CFRP-strengthened and corroded RC beams under monotonic and fatigue loads [J]. Journal of Composites for Construction, 2001, 5(4): 228 - 236.

[30] Ekenel M, Rizzo A, Myers J J, et al. Flexural fatigue behavior of reinforced concrete beams strengthened with FRP fabric and precured laminate systems [J]. Journal of Composites for Construction, 2006, 10(5): 433 - 442.

[31] Wang Y C, Lee M G, Chen B C. Experimental study of FRP-strengthened RC bridge girders subjected to fatigue loading [J]. Composite Structures, 2007, 81 (4): 491 - 498.

[32] 陆新征. FRP 与混凝土的界面行为研究[D]. 北京: 清华大学,2005.

[33] 欧阳煜,黄奕辉. 粘钢加固 RC 梁的剥离正应力参数分析[J]. 华侨大学学报(自然科学版),2001,22(2): 169 - 173.

[34] Zhao X L, Zhang L. State-of-the-art review on FRP strengthened steel structures [J]. Engineering Structures, 2007, 29(8): 1808 - 1823.

[35] Linghoff D, Haghani R, Al-emrani M. Carbon-fibre composites for strengthening steel structures [J]. Thin-Walled Structures, 2009, 47(10): 1048 - 1058.

[36] Teng J G, Yu T, Fernando D. Strengthening of steel structures with fiber-reinforced polymer composites [J]. Journal of Constructional Steel Research, 2012, 78: 131 - 143.

[37] 郑云,叶列平,岳清瑞. FRP 加固钢结构的研究进展[J]. 工业建筑,2005,35(8): 20 - 25.

[38] 完海鹰,郭裴. CFRP 加固钢结构的现状与展望[J]. 安徽建筑工业学院学报(自然科学版),2006,14(6): 1 - 4.

[39] Kim Y J, Green M F, Fallis G J. Repair of bridge girder damaged by impact loads with prestressed CFRP sheets [J]. Journal of Bridge Engineering, 2008, 13(1): 15 - 23.

[40] Kim Y J, Yoon D K. Identifying critical sources of bridge deterioration in cold regions through the constructed bridges in North Dakota [J]. Journal of Bridge Engineering, 2010, 15(5): 542 - 552.

[41] Harries K A. Structural testing of prestressed concrete girders from the Lake View Drive bridge [J]. Journal of Bridge Engineering, 2009, 14(2): 78 - 92.

[42] Tavakkolizadeh M, Saadatmanesh H. Repair of damaged steel-concrete composite girders using carbon fiber-reinforced polymer sheets [J]. Journal of Composites for Construction, 2003, 7(4): 311 - 322.

[43] American Society of Civil Engineers (ASCE). Report card for America's infrastructure [R]. Reston: American Society of Civil Engineers, 2005.

[44] Photiou N K, Hollaway L C, Chryssanthopoulos M K. Strengthening of an artificially degraded steel beam utilising a carbon/glass composite system [J]. Construction and Building Materials, 2006, 20(1 - 2): 11 - 21.

[45] Xiao Z G, Yamada K, Inoue J, et al. Fatigue cracks in longitudinal ribs of steel orthotropic deck [J]. International Journal of Fatigue, 2006, 28(4): 409 - 416.

[46] Ocel J M, Dexter R J, Hajjar J F. Fatigue-Resistant design for overhead signs, aast-arm signal poles, and lighting standards [R]. St. Paul: Minnesota Department of Transportation, 2006.

[47] Hollaway L C, CADEI J. Progress in the technique of upgrading metallic structures with advanced polymer composite [J]. Progress Structural Engineering and Material, 2002, 4(2): 131 - 148.

[48] Lenwari A, Thepchatri T, Albrecht P. Debonding strength of steel beams strengthened with CFRP plates [J]. Journal of Composites for Construction, 2006, 10(1): 69 - 78.

[49] Domazet Ž. Comparison of fatigue crack retardation methods [J]. Engineering Failure Analysis, 1996, 3(2): 137 - 147.

[50] Hollaway L C, Head P R. Advanced polymer composites and polymers in the civil infrastructure [M]. Amsterdam: Elsevier, 2001.

[51] Baker A A, Rose L R F, Jones R. Advances in the bonded composite repair of metallic aircraft structures [M]. Amsterdam: Elsevier, 2003.

[52] Kinloch A J. Durability of structural adhesives [M]. New York: Springer, 1983.

[53] Davis M, Bond D. Principles and practices of adhesive bonded structural joints and repair [J]. International Journal of Adhesion and Adhesives, 1999, 19(2 - 3): 91 - 105.

[54] Mays G C, Hutchinson A R. Adhesives in civil engineering [M]. Cambridge:

Cambridge University Press, 1992.

[55] Baldan A. Adhesively-bonded joints and repairs in metallic alloys, polymers and composite materials: adhesives, adhesion theories and surface pretreatment [J]. Journal of Materials Science, 2004, 39(1): 1-49.

[56] Packham D E. Surface energy, surface topography and adhesion [J]. International Journal of Adhesion and Adhesives, 2003, 23(6): 437-448.

[57] Brazel C S, Rosen S L. Fundamental principles of polymeric materials, 3rd Edition [M]. Hoboken: John Wiley and Sons, 2012.

[58] Gent A N, Lai S M. Adhesion and autohesion of rubber compounds: effect of surface roughness [J]. Rubber Chemistry and Technology, 1995, 68(1): 13-25.

[59] Harris A F, Beevers A. The effects of grit-blasting on surface properties for adhesion [J]. International Journal of Adhesion and Adhesives, 1999, 19(6): 445-452.

[60] Hollaway L C, TENG J G. Strengthening and rehabilitation of civil infrastructures using fibre-reinforced polymer (FRP) composites [M]. Cambridge: Woodhead Publishing Limited incorporating Chandos Publishing, 2008.

[61] Allan R C, Bird J, Clarke J D. Use of adhesives in repair of cracks in ship structures [J]. Materials Science and Technology, 1988, 4(10): 853-859.

[62] Deng J, Lee M M K. Behaviour under static loading of metallic beams reinforced with a bonded CFRP plate [J]. Composite Structure, 2007, 78(2): 232-242.

[63] Schnerch D, Dawood M, Rizkalla S, et al. Proposed design guidelines for strengthening of steel bridges with FRP materials [J]. Construction and Building Materials, 2007, 21(5): 1001-1010.

[64] Colombi P. Plasticity induced fatigue crack growth retardation model for steel elements reinforced by composite patch [J]. Theoretical and Applied Fracture Mechanics, 2005, 43(1): 63-76.

[65] Schijve J. Fatigue of Structures and Materials, 2nd Edition [M]. New York: Springer, 2009.

[66] Miller T C, Chajes M J, Mertz D R, et al. Strengthening of a steel bridge girder using CFRP plates [J]. Journal of Bridge Engineering, 2001, 6(6): 514-522.

[67] Dawood M, Rizkalla S, Sumner E. Fatigue and overloading behavior of steel-concrete composite flexural members strengthened with high modulus CFRP materials [J]. Journal of Composites for Construction, 2007, 11(6): 659-669.

[68] Rizkalla, S, Dawood M, Schnerch D. Development of a carbon fiber reinforced polymer system for strengthening steel structures [J]. Composites Part A: Applied Science and Manufacturing, 2008, 39(2): 388-397.

[69] Zhao X L, Fernando D, Al-mahaidi R. CFRP strengthened RHS subjected to transverse end bearing force [J]. Engineering Structures, 2006, 28(11): 1555 - 1565.

[70] Jiao H, Zhao X L. Strengthen of butt welds and transverse fillet welds in very high strength (VHS) circular steel tubes: PSSC 2001 [C]//Proceedings of the 6th Pacific Steel Structure Conference, Beijing, October 15 - 17, 2001.

[71] Jiao H, Zhao X L. CFRP strengthened butt-welded very high strength (VHS) circular steel tubes [J]. Thin-Walled Structures, 2004, 42(7): 963 - 978.

[72] 张宁,岳清瑞,杨勇新,等. 碳纤维布加固钢结构疲劳试验研究[J]. 工业建筑,2004, 34(4): 19 - 21.

[73] Inaba N, Tomita Y, Shito K, et al. Fundamental study on a fatigue strength of a cruciform welded joint patched a glass fiber reinforced plastic [J]. Doboku Gakkai Ronbunshu, 2005, 798: 89 - 99. (in Japanese)

[74] Suzuki H, Inaba N, Tomita Y, et al. Experimental study on application of glass fiber reinforced plastic for improvement of fatigue strength of welded joints-Study on fatigue tests and FEM analyses of out-of plane gusset welded joints [J]. Journal of Structural Engineering, 2008, 54A: 659 - 666. (in Japanese)

[75] Xiao Z G, Zhao X L. CFRP repaired welded thin-walled cross-beam connections subject to in-plane fatigue loading [J]. International Journal of Structural Stability and Dynamics, 2012, 12(1): 195 - 211.

[76] 佐佐木裕. CFRP 板貼付による疲労き裂の補修効果[D]. 名古屋: 名古屋大学,2008.

[77] Inaba N, Tomita Y, Shito K, et al. Experimental study on application of glass fiber reinforced plastic for improvement of fatigue strength of welded joints-fatigue tests of welded joints considered details of real structures [J]. Journal of Structural Engineering, 2008, 54A: 667 - 674. (in Japanese)

[78] Nakamura H, Jiang W, Suzuki H, et al. Experimental study on repair of fatigue cracks at welded web gusset joint using CFRP strips [J]. Thin-Walled Structures, 2009, 47(10): 1059 - 1068.

[79] Wu C, Zhao X L, Al-mahaidi R, et al. Fatigue tests on steel plates with longitudinal weld attachment strengthened by ultra high modulus carbon fibre reinforced polymer plate [J]. Fatigue & Fracture of Engineering Materials & Structures, 2013, 36(10): 1027 - 1038.

[80] Pantelides C P, Nadauld J, Cercone L. Repair of cracked aluminum overhead sign structures with glass fiber reinforced polymer composites [J]. Journal of Composites for Construction, 2003, 7(2): 118 - 126.

[81] Colombi P, Bassetti A, Nussbaumer A. Analysis of cracked steel members reinforced

by pre-stressed composite patch [J]. Fatigue Fracture of Engineering Materials and Structures, 2003, 26(1): 59 - 66.

[82] Jones S C, Civjan S A. Application of fiber-reinforced polymer overlays to extend steel fatigue life [J]. Journal of Composites for Construction, 2003, 7(4): 331 - 338.

[83] Suzuki H. Experimental study on repair of cracked steel member by CFRP strip and stop hole: ECCM 11 [C]//Proceedings of the 11th European conference on composites materials, Rhodes, May 31 - June 3, 2004.

[84] Liu H B, Al-mahaidi R, Zhao X L. Experimental study of fatigue crack growth behaviour in adhesively reinforced steel structures [J]. Composite Structures, 2009, 90(1): 12 - 20.

[85] Wu C, Zhao X L, Al-mahaidi R, et al. Fatigue tests of cracked steel plates strengthened with UHM CFRP plates [J]. Advances in Structural Engineering, 2012, 15(10): 1801 - 1816.

[86] Monfared A, Soudki K, Walbridge S. CFRP reinforcing to extend the fatigue lives of steel structures: CICE 2008 [C]//Proceedings of the 4th International Conference on FRP Composites in Civil Engineering, Zurich, July 22 - 24, 2008.

[87] Zheng Y, Ye L P, Lu X Z. Experimental study on fatigue behavior of tensile steel plates strengthened with CFRP plates: CICE 2006 [C]//Proceedings of the 3rd International Conference on FRP Composites in Civil Engineering, Miami, December 13 - 15, 2006.

[88] Täljsten B, Hansen C S, Schmidt J W. Strengthening of old metallic structures in fatigue with prestressed and non-prestressed CFRP laminates [J]. Construction and Building Materials, 2009, 23(4): 1665 - 1677.

[89] Huawen Y, König C, Ummenhofer T, et al. Fatigue performance of tension steel plates strengthened with prestressed CFRP laminates [J]. Journal of Composites for Construction, 2010, 14(5): 609 - 615.

[90] Ghafoori E, Motavalli M, Botsis J, et al. Fatigue strengthening of damaged steel beams using unbonded and bonded prestressed CFRP plates [J]. International Journal of Fatigue, 2012, 44: 303 - 315.

[91] 郑云,叶列平,岳清瑞. CFRP 板加固含裂纹受拉钢板的疲劳性能研究[J]. 工程力学, 2007,24(6): 91 - 97.

[92] Lam A C C, Yam M C H, Cheng J J R, et al. Study of stress intensity factor of a cracked steel plate with a single-side CFRP composite patching [J]. Journal of Composites for Construction, 2010, 14(6): 791 - 803.

[93] Tsouvalis N G, Mirisiotis L S, Dimou D N. Experimental and numerical study of the

fatigue behaviour of composite patch reinforced cracked steel plates [J]. International Journal of Fatigue, 2009, 31(10): 1613 - 1627.

[94] Mitchell R A, Woolley R M, Chwirut D J. Analysis of composite-reinforced cutouts and cracks [J]. AIAA Journal, 1975, 13(6): 744 - 749.

[95] Ratwani M M. Analysis of cracked, adhesively bonded laminated structures [J]. AIAA Journal, 1979, 17(9): 988 - 994.

[96] Naboulsi S, MALL S. Three layer technique for bonded composite patch: ICF 9 [C]// Proceedings of International Conference on Fracture, Sydney, 1997.

[97] Naboulsi S, Mall S. Fatigue crack growth analysis of adhesively repaired panel using perfectly and imperfectly composite patches [J]. Theoretical and Applied Fracture Mechanics, 1997, 28(1): 13 - 28.

[98] NaboulSi S, MALL S. Modeling of a cracked metallic structure with bonded composite patch using the three layer technique [J]. Composite Structures, 1996, 35(3): 295 - 308.

[99] Callinan R J, Rose L R F, WANG C H. Three dimensional stress analysis of crack patching: ICF 9 [C]//Proceedings of International Conference on Fracture, Sydney, 1997.

[100] Jones R, Davis M, Callinan R J, et al. Crack patching: analysis and design [J]. Journal of Structural Mechanics, 1982, 10(2): 177 - 190.

[101] Jones R, Callinan R J. Thermal considerations in the patching of metal sheets with composite overlays [J]. Journal of Structural Mechanics, 1980, 8(2): 143 - 149.

[102] Bouiadjra B B, Belhouari M, Serier B. Computation of the stress intensity factors for repaired cracks with bonded composite patch in mode I and mixed mode [J]. Composite Structures, 2002, 56(4): 401 - 406.

[103] Sun C T, Klug J, Arendt C. Analysis of cracked aluminum plates repaired with bonded composite patches [J]. AIAA Journal, 1996, 34(2): 369 - 374.

[104] 郑云,叶列平,岳清瑞,等. CFRP 加固含疲劳裂纹钢板的有限元参数分析[J]. 工业建筑,2006,36(6): 99 - 103.

[105] 彭福明,岳清瑞,杨勇新,等. FRP 加固金属裂纹板的断裂力学分析[J]. 力学与实践,2006,28(3): 34 - 39.

[106] Gu L X, Kasavaijhala A R M, Zhao S J. Finite element analysis of cracks in aging aircraft structures with bonded composite-patch repairs [J]. Composite Part B: Engineering, 2011, 42(3): 505 - 510.

[107] Kumar A M, Singh R. 3D finite element modelling of a composite patch repair: ICF 9 [C]//Proceedings of International Conference on Fracture, Sydney, 1997.

[108] Zacharopoulos D A. Arrestment of cracks in plane extension by local reinforcements [J]. Theoretical and Applied Fracture Mechanics, 1999, 32(3): 177 - 188.

[109] Brighenti R. Patch repair design optimization for fracture and fatigue improvements of cracked plates [J]. Solids and Structures, 2007, 44(3 - 4): 1115 - 1131.

[110] Brighenti R, Carpinteri A, VANTADORI S. A genetic algorithm applied to optimization of patch repairs for cracked plates [J]. Computer Methods in Applied Mechanics and Engineering, 2006, 196(1 - 3): 466 - 475.

[111] Ouinas D, Hebbar A. Full-width disbonding effect on repaired cracks in structural panels with bonded composite patches [J]. Journal of Thermoplastic Composite Materials, 2010, 23(4): 401 - 412.

[112] Colombi P, Bassetti A, Nussbaumer A. Delamination effects on cracked steel members reinforced by prestressed composite patch [J]. Theoretical and Applied Fracture Mechanics, 2003, 39(1): 61 - 71.

[113] Chen C S, Wawrzynek P A, Ingraffea A R. Residual strength prediction of fuselage structures with multiple site damage [C]//Proceedings of the 2nd Joint NASA/FAA/DOD Conference on Ageing Aircraft, Williamsburg, August 31 - September 3, 1999. Springfield: National Technical Information Service (NTIS), 1999.

[114] Wells G N, Sluys L J. A new method for modelling cohesive cracks using finite elements [J]. International Journal for Numerical Methods in Engineering, 2001, 50(12): 2667 - 2682.

[115] Dhondt G, Chergui A, Buchholz F G. Computational fracture analysis of different specimens regarding 3D and mode coupling effects [J]. Engineering Fracture Mechanics, 2001, 68(1): 383 - 401.

[116] Lee W Y, Lee J J. Successive 3D FE analysis technique for characterization of fatigue crack growth behavior in composite-repaired aluminum plate [J]. Composite Structures, 2004, 66(1 - 4): 513 - 520.

[117] Ellyin F, Ozah F, Xia Z H. 3-D modelling of cyclically loaded composite patch repair of a cracked plate [J]. Composite Structures, 2007, 78(4): 486 - 494.

[118] Young A, Rooke D P. Analysis of patched and stiffened cracked panels using the boundary element method [J]. International Journal of Solids and Structures, 1992, 29(17): 2201 - 2216.

[119] Wen P H, Aliabadi M H, Young A. Boundary element analysis of flat cracked panels with adhesively bonded patches [J]. Engineering Fracture Mechanics, 2012, 69(18): 2129 - 2146.

[120] Chen T, Zhao X L, Gu X L, et al. Numerical analysis on fatigue crack growth life of

non-load-carrying cruciform welded joints repaired with FRP materials [J]. Composites Part B: Engineering, 2014, 56: 171 - 177.

[121] Liu H B, Zhao X L, Al-mahaidi R. Boundary element analysis of CFRP reinforced steel plates [J]. Composite Structural, 2009, 91(1): 74 - 83.

[122] International Institute of Welding (IIW). Recommendations for fatigue design of welded joints and components [M]. 2008.

[123] 姚卫星. 结构疲劳寿命分析[M]. 北京：国防工业出版社，2003.

[124] 董聪. 现代结构系统可靠性理论及其应用[M]. 北京：科学出版社，2001.

[125] Pavlou D G. Prediction of fatigue crack growth under real stress histories [J]. Engineering Structures, 2000, 22(12): 1707 - 1713.

[126] Skorupa M, Machniewicz T, Skorupa A. Applicability of the ASTM compliance offset method to determine crack closure levels for structural steel [J]. International Journal of Fatigue, 2007, 29(8): 1434 - 1451.

[127] Paris P, Erdogan F. A critical analysis of crack propagation laws [J]. Journal of Fluids Engineering, 1963, 85(4): 528 - 533.

[128] 岳清瑞，张宁，彭福明，等. 碳纤维增强复合材料(CFRP)加固修复钢结构性能研究与工程应用[M]. 北京：中国建筑工业出版社，2009.

[129] 陈传尧. 断裂与疲劳[M]. 武汉：华中科技大学出版社，2002.

[130] 张行，赵军. 金属构件应用疲劳损伤力学[M]. 北京：国防工业出版社，1998.

[131] Beden S M, Abdullah S, Ariffin A K. Review of fatigue crack propagation models for metallic components [J]. European Journal of Scientific Research, 2009, 28(3): 364 - 397.

[132] Irwin G. Analysis of stresses and strains near the end of a crack traversing a plate [J]. Journal of Applied Mechanics, 1957, 24: 361 - 364.

[133] Rosenfeld M S. Effects of environment and complex load history on fatigue life [M]. West Conshohocken: American Society for Testing and Materials (ASTM), 1970.

[134] Forman R G, Kearney V E, Engle R M. Numerical analysis of crack propagation in cyclic-loaded structures [J]. Journal of Fluids Engineering, 1967, 89(3): 459 - 463.

[135] Rosenfeld M S. Damage tolerance in aircraft structures [M]. West Conshohocken: American Society for Testing and Materials (ASTM), 1971.

[136] Shen H, Hou C. SIFs of CCT plate repaired with single-sided composite patch [J]. Fatigue & Fracture of Engineering Materials & Structures, 2011, 34(9): 728 - 733.

[137] Wu C, Zhao X L, Al-mahaidi R, et al. Mode I stress intensity factor of center-cracked tensile steel plates with CFRP reinforcement [J]. International Journal of Structural Stability and Dynamics, 2013, 13(1): 1350005 1 - 26.

[138] Wu C, Zhao X L, Al-mahaidi R, et al. Effects of CFRP bond locations on the Mode I stress intensity factor of centre-cracked tensile steel plates [J]. Fatigue & Fracture of Engineering Materials & Structures, 2013, 36(2): 154 - 167.

[139] Hosseini-Toudeshky H, Mohammadi B. A simple method to calculate the crack growth life of adhesively repaired aluminum panels [J]. Composite Structures, 2007, 79(2): 234 - 241.

[140] Liu H B, Xiao Z G, Zhao X L, et al. Prediction of fatigue life for CFRP-strengthened steel plates [J]. Thin-Walled Structures, 2009, 47(10): 1069 - 1077.

[141] Ghafoori E, Schumacher A, Motavalli M. Fatigue behavior of notched steel beams reinforced with bonded CFRP plates: determination of prestressing level for crack arrest [J]. Engineering Structures, 2012, 45: 270 - 283.

[142] GB/T 228 - 2002. 金属材料室温拉伸试验方法[S]. 北京：中国建筑工业出版社,2002.

[143] Fernando N D. Bond behaviour and debonding failures in CFRP-strengthened steel members [D]. Hong Kong: The Hong Kong Polytechnic University, 2010.

[144] Lee C H, Chang K H, Jang G C, et al. Effect of weld geometry on the fatigue life of non-load-carrying fillet welded cruciform joints [J]. Engineering Failure Analysis, 2009, 16(3): 849 - 955.

[145] Barsoum Z, Gustafsson M. Fatigue of high strength steel joints welded with low temperature transformation consumables [J]. Engineering Failure Analysis, 2009, 16(7): 2186 - 2194.

[146] Shimokawa H, Takena K, Itoh F, et al. Fatigue strengths of large-size gusset joints of 800 MPa class steels [C]//Proceedings of JSCE Structural Engineering/Earthquake Engineering, 1985, 2(1): 279 - 287.

[147] Mashiri F R, Zhao X L, Grundy P. Effects of weld profile and undercut on fatigue crack propagation life of thin-walled cruciform joint [J]. Thin-Walled Structures, 2001, 39(3): 261 - 285.

[148] Japan Society of Steel Construction (JSSC). Fatigue design recommendations for steel structures [M]. Tokyo: Japan Society of Steel Construction, 1995.

[149] Gho W M, Gao F, Yang Y. Load combination effects on stress and strain concentration of completely overlapped tubular K(N)-joints [J]. Thin-Walled Structures, 2005, 43(8): 1243 - 1263.

[150] Gho W M, Gao F, Yang Y. Strain and stress concentration of completely overlapped tubular CHS joints under basic loadings [J]. Journal of Constructional Steel Research, 2006, 62(7): 656 - 674.

[151] Pang N L, Zhao X L. Finite element analysis to determine stress concentration factors of dragline tubular joints [J]. Advances in Structural Engineering, 2009, 12(4): 463 - 478.

[152] Mashiri F R, Zhao X L. Thin circular hollow section-to-plate T-joints: Stress concentration factors and fatigue failure under in-plane bending [J]. Thin-Walled Structures, 2006, 44(2): 159 - 169.

[153] Mashiri F R, Zhao X L, GRUNDY P. Stress concentration factors and fatigue behaviour of welded thin-walled CHS-SHS T-joints under in-plane bending [J]. Engineering Structures, 2004, 26(13): 1861 - 1875.

[154] Ansys. Ansys Release 9.0 theory Reference [M]. Canonsburg: ANSYS Inc, 2004.

[155] Radaj D, Sonsino C M. Fatigue assessment of welded joints by local approaches [M]. Cambridge: Woodhead Publishing limited incorporating Chandos Publishing, 1998.

[156] Hanji T, Tateishi K, Minami K, et al. Extremely low cycle fatigue assessment for welded joints based on peak strain approach [J]. Journal of Structure Mechanics and Earthquake Engineering, 2006, I-74(808): 137 - 145. (in Japanese)

[157] Fawzia S. Bond characteristics between steel and carbon fibre reinforced polymer (CFRP) composites [D]. Melbourne: Monash University, 2007.

[158] Anderson T L. Fracture Mechanics: Fundamentals and Applications, 3rd edition [M]. Boca Raton: CRC Press, 2004.

[159] Rice J R. A path independent integral and the approximate analysis of strain concentrations by notches and cracks [J]. Journal of Applied Mechanics, 1968, 35(2): 379 - 386.

[160] Abaqus. ABAQUS version 6.10 online documentation [M]. Rhode Island: SIMULIA Inc, 2010.

[161] Maddox S J. An analysis of fatigue cracks in fillet welded joints [J]. International Journal of Fracture, 1975, 11(2): 221 - 243.

[162] Brebbia C A, Dominguez J. Boundary element: an introductory course, 2nd Edition [M]. Southampton: WIT Press, 1996.

[163] Alibadi M H, Rooke D P. Numerical fracture mechanics [M]. New York: Springer, 1991.

[164] Blandford G E, Ingraffea A R, Liggett J A. Two-dimensional stress intensity factor computations using the boundary element method [J]. International Journal for Numerical Methods in Engineering, 1981, 17(3): 387 - 404.

[165] Portela A, Aliabadi M H, Rooke D P. The dual boundary element method: effective implementation for crack problems [J]. International Journal for Numerical Methods

in Engineering, 1992, 33(6): 1269 - 1287.

[166] Mi Y, Aliabadi M H. Three-dimensional crack growth simulation using BEM [J]. Computers & Structures, 1994, 52(5): 871 - 878.

[167] Beasy. Beasy Fatigue and Crack Growth [M]. Southampton: Computational Mechanics BEASY Ltd, 2003.

[168] Baumgartner J, Bruder T. Influence of weld geometry and residual stresses on the fatigue strength of longitudinal stiffeners [C]//Proceedings of the 65th IIW Annual Assembly and International Conference, Denver, July 8 - 11, 2012.

[169] BS7910: 2005. Guide to methods for assessing the acceptability of flaws in metallic structures [S]. London: British Standards Institution, 2005.

[170] Mashiri F R, Zhao X L, Grundy P. Crack propagation analysis of welded thin-walled joints using boundary element method [J]. Computational Mechanics, 2000, 26(2): 157 - 165.

[171] Chen T, Xiao Z G, Zhao X L, et al. A boundary element analysis of fatigue crack growth for welded connections under bending [J]. Engineering Fracture Mechanics, 2013, 98: 44 - 51.

[172] BS EN 1993 - 1 - 9: 2005. Eurocode 3: Design of steel structures [S]. London: British Standards Institution, 2005.

[173] BS 7608: 1993. Code of practice for Fatigue design and assessment of steel structures [S]. London: British Standards Institution, 2005.

[174] Hmidan A, Kim Y J, Yazdani S. CFRP repair of steel beams with various initial crack configurations [J]. Journal Composites for Construction, 2011, 15 (6): 952 - 962.

[175] Xiao Z G, Zhao X L, Borrie D. Fatigue behaviour of CFRP-strengthened thin-walled RHS-to-SHS cross-beam connections [C]//Proceedings of the 14th International Symposium on Tubular Structures, London, September 12 - 14, 2012. Boca Raton: CRC Press, 2012.

[176] AS 1391 - 1991. Methods of tensile testing of metals [S]. Sydney: Standards Australia, 1991.

[177] ASTM D3039/D3039M - 08. Standard test method for tensile properties of polymer matrix composite materials [S]. West Conshohocken: American Society for Testing and Materials (ASTM).

[178] Mall S, Ramamurthy G. Effect of bond thickness on fracture and fatigue strength of adhesively bonded composite joints [J]. International Journal of Adhesion and Adhesives, 1989, 9(1): 33 - 37.

[179] Lam A C C, Cheng J J R, YAM M C H, et al. Repair of steel structures by bonded carbon fibre reinforced polymer patching: experimental and numerical study of carbon fibre reinforced polymer-steel double-lap joints under tensile loading [J]. Canadian Journal of Civil Engineering, 2007, 34(12): 1542 - 1553.

[180] Liu H B. Fatigue behaviour of CFRP reinforced steel plates [D]. Melbourne: Monash University, 2008.

[181] Ghafoori E, Motavalli M, Botsis J, et al. Fatigue strengthening of damaged metallic beams using prestressed unbonded and bonded CFRP plates [J]. International Journal of Fatigue, 2012, 44: 303 - 315.

[182] Huawen Y, König C, Ummenhofer T, et al. Fatigue performance of tension steel plates strengthened with prestressed CFRP laminates [J]. Journal of Composites for Construction, 2010, 14(5): 609 - 615.

[183] Bassetti A, Liechti P, Nussbaumer A. Fatigue resistance and repairs of riveted bridge members [J]. European Structural Integrity Society, 1999, 23: 207 - 218.

[184] Baik B, Yamada K, Ishikawa T. Fatigue crack propagation analysis for welded joints subjected to bending [J]. International Journal of Fatigue, 2011, 33(5): 746 - 758.

[185] Kotowsky M P. Wireless sensor networks for monitoring cracks in structures [D]. Evanston: Northwestern University, 2010.

[186] Soh A K, Bian L C. Mixed mode fatigue crack growth criteria [J]. International Journal of Fatigue, 2001, 23(5): 427 - 439.

[187] Wallbrink C, Peng D, Jones R, et al. Predicting the fatigue life and crack aspect ratio evolution in complex structures [J]. Theoretical and Applied Fracture Mechanics, 2006, 46(2): 128 - 139.

[188] Yang Z M, Lie S T, GHO W M. Fatigue crack growth analysis of a square hollow section T-joint [J]. Journal of Constructional Steel Research, 2007, 63 (9): 1184 - 1193.

[189] Bian L C, Fawaz Z, Behdinan K. An improved model for predicting the crack size and plasticity dependence of fatigue crack propagation [J]. International Journal of Fatigue, 2008, 30(7): 1200 - 1210.

[190] Papazian J M, Nardiello J, Silberstein R P, et al. Sensors for monitoring early stage fatigue cracking [J]. International Journal of Fatigue, 2007, 29 (9 - 11): 1668 - 1680.

[191] Albrecht P, Yamada K. Rapid calculation of stress intensity factors [J]. Journal of the Structural Division, 1977, 103(2): 377 - 389.

[192] Portela A, Aliabadi M H, Rooke D P. Dual boundary element incremental analysis of

crack propagation [J]. Computers & Structures, 1993, 46 (2): 237 - 247.

[193] Mashiri F R, Zhao X L, Grundy P. Crack propagation analysis of welded thin-walled joints using boundary element method [J]. Computational Mechanics, 2000, 26 (2): 157 - 165.

[194] Fawzia S, Al-mahaidi R, Zhao X L. Experimental and finite element analysis of a double strap joint between steel plates and normal modulus CFRP [J]. Composite Structures, 2006, 75(1 - 4): 156 - 162.

[195] Wu C, Zhao X L, Duan W H, et al. Bond characteristics between ultra high modulus CFRP laminates and steel [J]. Thin-Walled Structures, 2012, 51: 147 - 157.

[196] Yu T, Fernando D, Teng J G, et al. Experimental study on CFRP-to-steel bonded interfaces [J]. Composites Part B: Engineering, 2012, 43(5): 2279 - 2289.

[197] Tada H, Paris P C, Irwin G R. The stress analysis of cracks handbook, 3rd Edition [M]. New York: ASME Press, 2000.

[198] Hart-Smith L J. Adhesive-bonded double-lap joints [R]. Long Beach: National Aeronautics and Space Administration, 1973.

[199] ASTM E647 - 11e1. Standard Test Method for Measurement of Fatigue Crack Growth Rates [S]. West Conshohocken: American Society for Testing and Materials (ASTM), 2001.

后 记

还记得在研究生推免复试的时候，张伟平老师曾对我说，硕博连读的5年可是不短的时间。时光如梭。回首这5年，期间或多或少的彷徨痛苦早已随风飘走，只留下一段珍贵美好的回忆。感谢当时的自己作下的决定，更感谢这些年来遇到的所有人。

从2007年秋天，坐在顾祥林先生“混凝土结构基本原理”的课堂上，聆听先生对混凝土结构深入浅出的讲解，到后来有幸成为先生的学生，已经有7年了。先生在桌边手把手地指导我计算，休息日把批满注释的文章返还给我，例会上对我的研究作出一语中的的点评，这些情景都还历历在目。“世界上没有解决不了的问题，只不过解决的方式不同而已。”先生的这句话我铭记在心，每每遇到困境，总能够让我充满勇气，敢于迎难而上。先生不仅在学术研究上给予我指引，更以身作则地教导我许多待人接物和为人处世的道理。先生对我的严格要求和不倦教诲使我受益终生。在此谨向尊敬的导师致以深深的谢意！

感谢我的副导师陈涛老师，从本科毕业设计开始，到课题试验研究，数值分析和论文撰写，我得到了陈老师细心和周到的帮助。陈老师谦和的为人和积极的心态都值得我敬佩和学习。

感谢我在联合培养期间的导师 Prof. Xiao-Ling Zhao。初到陌生的环境，赵老师温暖的微笑让我放下了不安和紧张。科学研究中的深入点拨，参加学术会议时的细致指导，赵老师让我在这两年里拓宽了视野，进一步深入课题研究，收获颇丰。

鉴定加固与数值仿真研究室是一个团结进取、积极向上的大集体。感谢张伟平老师、林峰老师、李翔老师、黄庆华老师、宋晓滨老师和孔蔚老师在学习生活中的点滴关怀和帮助。感谢研究室所有同学朝夕相处的陪伴，科研工作的切磋讨论和闲暇时刻的调侃玩笑，都让我难忘。在 Monash 大学联合培养期间，有幸得到 Dr. Zhi-Gang Xiao、Dr. Hong-Bo Liu、Jenny Manson、Kim-Long Goh 等的帮助。感谢同济大学航空航天与力学学院聂国华老师在试验研究中予以的帮助和指导。

感谢一路走来的战友张东明、室友王菁菁、文人张超、同门孙栋杰、才子崔巍、密友刘川宁，在 Monash 大学认识的 Daniel Borrie、Anna Lintern、宋谦益、刘洋、张科峰和众多好友，这些年的时光，因为有你们而变得丰富多彩，祝愿你们在各自的学习工作中更上一层楼！

感谢建筑工程系钱爱民老师、史明华老师、徐波老师、罗佳明老师和乔微老师长久以来的关心和帮助！

感谢国家自然科学基金，上海市教育发展基金会 2009 年度“晨光计划”和光华同济大学土木工程学院基金项目-学科交叉基础研究基金对本课题的支持！感谢国家留学基金委和 Monash University 对我在澳洲学习生活的支持！感谢为本书工作带来启发的相关学者！

最后，感谢一如既往支持我的父母，你们从不苛求我成为更优秀的人，总是期望我成为更快乐的人。日后我将以不懈的努力来回报你们付出！

余倩倩